房屋建筑学

（第 2 版）

主　编　郝峻弘

副主编　张凤红　李文利　文　博　柴頔生

清华大学出版社
北京交通大学出版社
·北京·

内 容 简 介

本书系统介绍了民用与工业建筑设计原理与构造方法的相关内容。全书共分14章，包括概述，建筑平面设计，建筑剖面设计，建筑体型和立面设计，常用建筑结构概述，民用建筑构造概述，基础与地下室，墙体，楼地层及阳台、雨篷，屋顶，楼梯等垂直交通设施，门窗，变形缝，工业建筑设计概论。另附有建筑设计施工图。教材内容适应房屋建筑学课程教学改革发展现状和趋势，配有全套某商业和住宅建筑设计施工图。内容丰富而简洁，附图清晰、明了。在第1版的基础上补充了与本专业相关的新规范、新标准、绿色建筑部分的内容，增补了建筑构件对应的相关建筑施工图对照的内容，突出理论与实践的结合，强化应用、实用技能的培养，使该教材更具"工程"特色。

本书在章节后增设"思政映射与融入点"，认真汲取中华历史文化和传统工匠思想精华，可达到为学生输送文化自信、培养社会主义核心价值观的目标。

本书主要作为土木类相关专业的教学用书，也可作为从事建筑设计、房地产开发、建筑施工的技术人员及管理人员的参考书。

本书封面贴有清华大学出版社防伪标签，无标签者不得销售。
版权所有，侵权必究。侵权举报电话：010-62782989　13501256678　13801310933

图书在版编目（CIP）数据

房屋建筑学 / 郝峻弘主编. -- 2版. -- 北京：北京交通大学出版社：清华大学出版社，2024.8. -- ISBN 978-7-5121-5289-2

Ⅰ．TU22

中国国家版本馆 CIP 数据核字第 2024FD3992 号

房屋建筑学
FANGWU JIANZHUXUE

责任编辑：陈跃琴　　助理编辑：安秀静
出版发行：清 华 大 学 出 版 社　邮编：100084　电话：010-62776969
　　　　　北京交通大学出版社　　邮编：100044　电话：010-51686414
印　刷　者：北京鑫海金澳胶印有限公司
经　　　销：全国新华书店
开　　　本：185 mm×260 mm　印张：23.25　字数：580 千字
版 印 次：2010 年 1 月第 1 版　2024 年 8 月第 2 版　2024 年 8 月第 1 次印刷
定　　　价：59.00 元

本书如有质量问题，请向北京交通大学出版社质监组反映。对您的意见和批评，我们表示欢迎和感谢。
投诉电话：010-51686043，51686008；传真：010-62225406；E-mail：press@bjtu.edu.cn。

前　言

本书按照土木工程专业人才培养目标对"房屋建筑学"课程的基本教学要求，依据我国现行国家规范、标准，为培养应用技术型人才而编写。

本书重点介绍了民用建筑设计原理与构造，对工业建筑仅作一般介绍。内容上精心组合，文字通俗易懂，图文并茂，论述由浅入深，循序渐进，便于学习和理解。全书注重理论内容的精练，以"实用"为主要宗旨，在第1版的基础上补充了与本专业相关的新规范、新标准、绿色建筑部分的内容，增补了建筑构件对应的相关建筑施工图对照的内容，突出实践内容的重要性，在重点章节后新增加设计实训指导书。

本教材由三江学院郝峻弘担任主编，北方工业大学柴文革、北京城市学院张凤红担任副主编。编写分工为：第1、2、3、4、11章由郝峻弘编写；第5、7、8、14章由李文利和柴顼生编写；第9、10、13章由张凤红编写；第6、12章由三江学院文博编写。郝峻弘最后统稿、定稿、补充思政部分内容。

本书的编写工作得到了多所院校领导和许多教师的支持与帮助，在此表示衷心的感谢。编写过程中，编者还参考和借鉴了国内同类教材和相关文献资料，在此特向有关作者致以诚挚的谢意，由于部分文字、图片等资料来源于多年的教学课件总结，出处不详，请原著者见书后与出版社或主编联系。

由于编者水平有限，书中难免存在错误和不足，敬请读者批评指正。

编　者
2024 年 5 月

目 录

第1章 概述 ·· 1
1.1 建筑及构成建筑的基本要素 ·· 1
1.1.1 建筑的起源 ·· 1
1.1.2 建筑的定义 ·· 3
1.1.3 建筑的基本要素 ·· 3
1.2 建筑的分类与等级划分 ··· 6
1.2.1 建筑的分类 ·· 6
1.2.2 建筑的等级划分 ·· 7
1.3 房屋建筑学研究的主要内容 ·· 9
1.4 建筑工程设计的内容、程序及要求 ·· 9
1.4.1 建筑工程设计的内容 ·· 9
1.4.2 建筑工程设计的程序 ··· 10
1.4.3 建筑工程设计的要求 ··· 13
1.4.4 建筑工程设计的依据 ··· 14
1.5 建筑制图基本知识 ·· 16
1.5.1 图纸幅面规格 ·· 16
1.5.2 图线 ·· 17
1.5.3 图样画法 ·· 17
1.5.4 字体与比例 ··· 18
1.5.5 符号 ·· 19
1.5.6 定位轴线 ·· 20
1.5.7 尺寸标注 ·· 20
思政映射与融入点 ·· 21
思考题 ·· 21

第2章 建筑平面设计 ·· 22
2.1 概述 ·· 22
2.2 建筑平面功能设计 ·· 23
2.2.1 使用部分的平面功能设计 ··· 23
2.2.2 交通联系部分的平面功能设计 ·· 30
2.3 建筑平面组合设计 ·· 32

  2.3.1 建筑平面功能分析 ·· 32
  2.3.2 建筑平面组合形式 ·· 36
  2.3.3 建筑平面组合与结构选型关系 ······························ 39
  2.3.4 基地环境对平面组合的影响 ································ 41
思政映射与融入点 ··· 43
思考题 ·· 43
住宅类建筑设计实训指导书 ·· 43

第3章 建筑剖面设计 ··· 48
3.1 建筑剖面形状及各部分高度的确定 ································ 50
  3.1.1 建筑高度及剖面形状的确定 ································ 50
  3.1.2 各部分高度的确定 ·· 55
3.2 建筑层数的确定 ··· 58
  3.2.1 基地环境和城市规划的要求 ································ 58
  3.2.2 建筑使用性质的要求 ······································· 58
  3.2.3 建筑结构类型和建筑材料的要求 ·························· 58
  3.2.4 社会经济条件的要求 ······································· 59
3.3 剖面组合及空间的利用 ·· 60
  3.3.1 建筑剖面的组合方式 ······································· 60
  3.3.2 建筑空间的充分利用 ······································· 64
思政映射与融入点 ··· 68
思考题 ·· 68

第4章 建筑体型和立面设计 ·· 69
4.1 建筑体型和立面设计的要求 ·· 70
  4.1.1 反映建筑使用功能要求和建筑体型特征 ·················· 70
  4.1.2 反映物质技术条件的特点 ································· 71
  4.1.3 符合国家标准和相应的经济指标 ·························· 71
  4.1.4 适应基地环境和城市规划的要求 ·························· 71
  4.1.5 符合建筑美学原则 ·· 71
4.2 建筑体型的组合 ··· 76
  4.2.1 单一体型 ··· 77
  4.2.2 组合体型 ··· 77
4.3 建筑立面设计 ·· 78
  4.3.1 立面的比例与尺度处理 ···································· 78
  4.3.2 立面的虚实与凹凸处理 ···································· 80
  4.3.3 立面的线条处理 ·· 80
  4.3.4 立面的色彩与质感处理 ···································· 81
  4.3.5 立面的重点与细部处理 ···································· 82

思政映射与融入点 ·· 82
　　思考题 ·· 82

第5章 常用建筑结构概述 ·· 83
5.1 概述 ··· 83
5.2 墙体承重结构体系 ·· 86
　　5.2.1 砌体墙承重的混合结构 ·· 86
　　5.2.2 钢筋混凝土墙承重结构 ·· 86
5.3 骨架承重结构体系 ·· 90
　　5.3.1 框架结构 ·· 91
　　5.3.2 框-剪结构（含框-筒结构） ··· 92
　　5.3.3 板柱结构 ·· 93
　　5.3.4 单层刚架、拱及排架结构 ·· 93
5.4 空间结构体系 ·· 95
　　5.4.1 薄壳结构 ·· 95
　　5.4.2 折板结构 ·· 97
　　5.4.3 空间网格结构 ·· 97
　　5.4.4 悬索结构 ·· 102
　　5.4.5 膜结构 ·· 103
5.5 筒体结构体系 ·· 105
　　5.5.1 框筒结构 ·· 106
　　5.5.2 筒中筒结构 ·· 106
　　5.5.3 筒束结构 ·· 107
5.6 巨型结构体系 ·· 108
5.7 世界著名超高层建筑结构体系选用案例 ·· 109
　　思政映射与融入点 ·· 114
　　思考题 ·· 114

第6章 民用建筑构造概述 ·· 115
6.1 建筑构造的研究对象 ·· 115
6.2 建筑的构造组成及作用 ·· 116
6.3 影响建筑构造的因素 ·· 117
　　6.3.1 荷载因素 ·· 117
　　6.3.2 环境因素 ·· 117
　　6.3.3 技术因素 ·· 118
　　6.3.4 建筑标准 ·· 118
6.4 建筑构造设计的基本原则 ·· 118
　　6.4.1 满足建筑使用功能的要求 ·· 118
　　6.4.2 有利于结构安全 ·· 118

		6.4.3	技术先进 ···	119
		6.4.4	合理降低造价 ··	119
		6.4.5	美观大方 ···	119
	6.5	建筑构造详图的表达 ···		119
		6.5.1	详图的索引方法 ···	119
		6.5.2	剖视详图 ···	120
		6.5.3	详图符号表示 ··	120
	思政映射与融入点 ···			121
	思考题 ···			121

第7章 基础与地下室 ··· 122

	7.1	地基与基础 ···		122
		7.1.1	地基与基础的概念 ··	122
		7.1.2	基础应满足的要求 ··	123
		7.1.3	地基应满足的要求 ··	123
		7.1.4	地基的类型 ···	123
		7.1.5	案例 ···	126
	7.2	基础埋置深度及其影响因素 ···		128
		7.2.1	基础埋置深度概念 ··	128
		7.2.2	基础埋深影响因素 ··	128
	7.3	基础的类型与构造 ···		130
		7.3.1	基础按所用材料及其受力特点的分类及特征 ·················	130
		7.3.2	基础按构造形式的分类及特征 ····································	134
	7.4	基础构造中特殊问题的处理 ···		138
		7.4.1	基础错台 ···	138
		7.4.2	基础管沟 ···	138
	7.5	地下室构造 ···		139
		7.5.1	概述 ···	139
		7.5.2	地下室的防潮、防水构造 ···	141
	思政映射与融入点 ···			147
	思考题 ···			147

第8章 墙体 ··· 149

	8.1	墙体的作用、类型及设计要求 ··		149
		8.1.1	墙体的作用 ···	149
		8.1.2	墙体的类型 ···	150
		8.1.3	墙体的设计要求 ···	153
	8.2	砌体墙的基本构造 ···		156
		8.2.1	砌体墙的材料 ··	157

8.2.2　砌体墙的组砌方式 ·········· 161
　　　8.2.3　砌体墙的尺度 ·············· 164
　　　8.2.4　砌体墙的细部构造 ·········· 165
　8.3　隔墙、隔断的基本构造 ············ 179
　　　8.3.1　隔墙 ······················ 179
　　　8.3.2　隔断 ······················ 187
　8.4　非承重外墙板与幕墙 ·············· 188
　　　8.4.1　非承重外墙板 ·············· 188
　　　8.4.2　幕墙 ······················ 190
　8.5　墙面装修构造 ···················· 198
　思政映射与融入点 ···················· 199
　思考题 ······························ 199

第9章　楼地层及阳台、雨篷 ·············· 201
　9.1　概述 ···························· 201
　　　9.1.1　楼地层的构造组成 ·········· 201
　　　9.1.2　楼板层的设计要求 ·········· 202
　　　9.1.3　楼板的类型 ················ 203
　9.2　钢筋混凝土楼板 ·················· 203
　　　9.2.1　现浇整体式钢筋混凝土楼板 ·· 204
　　　9.2.2　预制装配式钢筋混凝土楼板 ·· 206
　　　9.2.3　装配整体式钢筋混凝土楼板 ·· 209
　9.3　地坪层的基本构造 ················ 211
　9.4　楼地层防水、隔声构造 ············ 211
　　　9.4.1　楼地层的防水构造 ·········· 211
　　　9.4.2　楼地层的隔声构造 ·········· 212
　9.5　楼地层面层装修构造 ·············· 214
　　　9.5.1　地面设计要求 ·············· 214
　　　9.5.2　地面类型 ·················· 214
　　　9.5.3　地面构造 ·················· 215
　　　9.5.4　顶棚构造 ·················· 218
　9.6　阳台、雨篷基本构造 ·············· 220
　　　9.6.1　阳台 ······················ 220
　　　9.6.2　雨篷 ······················ 226
　思政映射与融入点 ···················· 227
　思考题 ······························ 227

第10章　屋顶 ·························· 228
　10.1　概述 ··························· 228

  10.1.1 屋顶的设计要求 228
  10.1.2 屋顶的类型 229
  10.1.3 屋面防水的"导"与"堵" 231
  10.1.4 屋顶排水设计 231
 10.2 平屋顶构造 237
  10.2.1 刚性防水屋面 237
  10.2.2 卷材防水屋面 241
  10.2.3 涂膜防水屋面 248
  10.2.4 屋面接缝密封防水 249
  10.2.5 平屋顶的保温与隔热 250
 10.3 坡屋顶构造 254
  10.3.1 坡屋顶的承重结构 254
  10.3.2 坡屋顶的屋面构造 257
  10.3.3 坡屋顶的保温与隔热 264
思政映射与融入点 265
思考题 265

第 11 章 楼梯等垂直交通设施 267
 11.1 楼梯概述 267
  11.1.1 楼梯的组成 268
  11.1.2 楼梯的形式 268
  11.1.3 楼梯的坡度 270
 11.2 钢筋混凝土楼梯的构造 270
  11.2.1 现浇整体式钢筋混凝土楼梯 270
  11.2.2 预制装配式钢筋混凝土楼梯 272
 11.3 楼梯的设计 277
  11.3.1 楼梯的主要尺寸 277
  11.3.2 楼梯的尺寸计算 279
 11.4 台阶与坡道 281
  11.4.1 台阶 281
  11.4.2 坡道 282
 11.5 电梯与自动扶梯 282
  11.5.1 电梯 282
  11.5.2 自动扶梯 284
思政映射与融入点 285
思考题 285
楼梯实训设计指导书 285

第 12 章 门窗 290
12.1 概述 290
12.1.1 门窗的作用 290
12.1.2 门窗的设计要求 291
12.1.3 门窗的分类 293
12.2 门 297
12.2.1 门的尺寸 297
12.2.2 门的组成 298
12.2.3 门的构造 299
12.3 窗 306
12.3.1 窗的尺寸 306
12.3.2 窗的组成 306
12.3.3 窗的构造 307
12.4 特殊门窗 309
12.4.1 特殊门 309
12.4.2 特殊窗 310
12.5 遮阳 310
思政映射与融入点 312
思考题 313

第 13 章 变形缝 314
13.1 概述 314
13.2 变形缝的种类及设置 314
13.2.1 变形缝的种类 314
13.2.2 伸缩缝的设置 315
13.2.3 沉降缝的设置 316
13.2.4 防震缝的设置 317
13.3 变形缝的盖缝构造 318
13.3.1 伸缩缝盖缝构造 318
13.3.2 沉降缝盖缝构造 322
13.3.3 防震缝盖缝构造 322
思政映射与融入点 324
思考题 324

第 14 章 工业建筑设计概论 325
14.1 概述 325
14.1.1 工业建筑的特点和分类 328
14.1.2 工业建筑的设计任务与要求 330
14.2 单层工业建筑设计 331

- 14.2.1 单层工业建筑的组成 ⋯⋯ 331
- 14.2.2 单层工业建筑的结构类型和选择 ⋯⋯ 332
- 14.2.3 单层工业建筑的内部起重运输设备的类型 ⋯⋯ 333
- 14.2.4 单层工业建筑的平面设计 ⋯⋯ 334
- 14.2.5 单层工业建筑的剖面设计 ⋯⋯ 339
- 14.2.6 单层工业建筑的立面设计 ⋯⋯ 342
- 14.3 多层工业建筑设计 ⋯⋯ 343
  - 14.3.1 多层工业建筑的特点与适用范围 ⋯⋯ 344
  - 14.3.2 多层工业建筑的平面设计 ⋯⋯ 344
  - 14.3.3 多层工业建筑的剖面设计 ⋯⋯ 346
  - 14.3.4 多层工业建筑的楼梯、电梯间及生活、辅助用房布置 ⋯⋯ 348
  - 14.3.5 多层工业建筑的体型组合和立面设计 ⋯⋯ 351
- 思政映射与融入点 ⋯⋯ 351
- 思考题 ⋯⋯ 351

附录 A 常用商业建筑图纸目录 ⋯⋯ 352

附录 B 常用住宅施工图纸目录 ⋯⋯ 353

参考文献 ⋯⋯ 354

第 1 章

概　　述

请按表 1-1 的教学要求，学习本章的相关教学内容。

表 1-1　教学内容和教学要求表

教学内容	教学要求	教学内容	教学要求
1.1　建筑及构成建筑的基本要素	了解	1.4.3　建筑工程设计的要求	重点掌握
1.1.1　建筑的起源		1.4.4　建筑工程设计的依据	
1.1.2　建筑的定义		1.5　建筑制图基本知识	掌握
1.1.3　建筑的基本要素		1.5.1　图纸幅面规格	
1.2　建筑的分类与等级划分	重点掌握	1.5.2　图线	
1.2.1　建筑的分类		1.5.3　图样画法	
1.2.2　建筑的等级划分		1.5.4　字体与比例	
1.3　房屋建筑学研究的主要内容	了解	1.5.5　符号	
1.4　建筑工程设计的内容、程序及要求	重点掌握	1.5.6　定位轴线	
1.4.1　建筑工程设计的内容		1.5.7　尺寸标注	
1.4.2　建筑工程设计的程序			

1.1　建筑及构成建筑的基本要素

1.1.1　建筑的起源

在漫长的原始社会，为了躲避恶劣的气候环境及防御野兽，人类的祖先从艰难地建造穴居和巢居开始，逐步掌握了营建地面建筑的技术，创造了原始的木架建筑，满足了人们最基本的居住和社会活动的需求。图 1-1 为西安半坡村遗址平面和想象外观复原图；图 1-2 为美洲印第安人的树枝棚。

(a) 西安半坡遗址1号（方形大房子）

(b) 西安半坡遗址2号（圆形大房子）

(c) 方形大房子复原图

(d) 圆形大房子复原图

图 1-1 西安半坡村遗址平面和想象外观复原图

图 1-2 美洲印第安人的树枝棚

随着人类社会的不断发展，逐渐产生了国家和阶级，人类活动也变得日益复杂和丰富，逐渐出现了宗教、祭祀、殡葬及其他社会公共活动，随之也产生了各种不同类型的建筑。图 1-3 为西方原始宗教与纪念性建筑物。

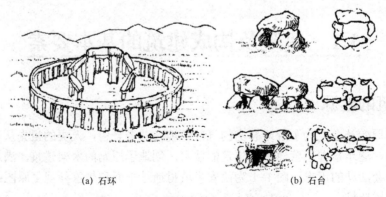

(a) 石环　　　　　　　　　　　　(b) 石台

图 1-3 西方原始宗教与纪念性建筑物

1.1.2 建筑的定义

建筑是建筑物与构筑物的总称，通常把直接供人使用的"建筑"称为"建筑物"，如住宅、学校、商店、影剧院等；把不直接供人使用的"建筑"称为"构筑物"，如水塔、烟囱、水坝等。这两类"建筑"在所用材料、构造形式、施工方法上都相同，因而统称为建筑。本书研究的重点是建筑物，简称"建筑"。建筑是一种人工创造的空间环境，是人们日常生活和从事生产活动不可缺少的场所。建筑在满足人们的物质生活需要的基础上，还应满足人们不同的艺术审美需求，因而建筑是一门融社会科学、工程技术和文化艺术于一体的综合科学。

1.1.3 建筑的基本要素

如上所述，建筑要满足人们的使用要求，建筑需要技术，建筑也涉及艺术。尽管随着社会的发展建筑一直在不断变化，但是这三者却始终是构成建筑的基本内容，因此建筑功能、建筑技术和建筑形象统称为构成建筑的三要素。

1. 建筑功能

不同的建筑有不同的使用要求，如居住建筑、教育建筑、交通建筑、医疗建筑等，但是不同类型的建筑都必须具有某些基本的建筑功能，即人们对房屋的使用要求，充分体现出建筑的目的性。

1）人体活动尺度的要求

建筑空间是供人使用的场所，人在建筑所形成的空间里活动，人体的各种活动尺度与建筑空间具有十分密切的关系。因此为了满足人们活动的需求，首先应该熟悉人体活动的一些基本尺度。图1-4列举了人体尺度及其活动所需的空间尺度，说明了人体工程学在建筑设计中的作用，图中所示是一般的要求，许多尺寸与当时的经济条件、使用者的实际需要等有关，具体应用时会有些变化。

2）人的生理要求

人的生理要求主要是指人对建筑的朝向、保温、防潮、隔热、隔声、通风、采光、照明等方面的要求。随着物质技术水平的提高，可以通过改进材料的各种物理性能、使用机械通风等辅助手段，使建筑满足上述生理要求。

3）使用要求

在各种不同类型的建筑中，人的活动通常是按照一定的顺序或路线进行的。例如，航空港建筑必须充分考虑旅客的活动顺序和特点，合理安排入口大厅、安检厅、候机厅、进出口等各部分之间的关系。再如剧院建筑的视听要求，图书馆建筑的出纳管理要求，实验室对温度和湿度方面的特殊要求等，都直接影响着建筑的使用功能。

注意：不同类型的建筑其功能不是一成不变的，随着人类社会的不断发展和人们生活水平的不断提高，也会有不同的要求和内容。

2. 建筑技术

建筑技术是实现建筑设计的条件和手段，是指房屋用什么建造和怎样建造的问题，如建筑材料种类、建筑结构体系、施工技术和建筑设备等。结构和材料构成建筑的骨架，设备是保证建筑达到某种要求的技术条件，施工是保证建筑实施的重要手段。

建筑技术具体包括建筑材料与制品的生产、建筑设备、施工机具，也包括了建筑设计理

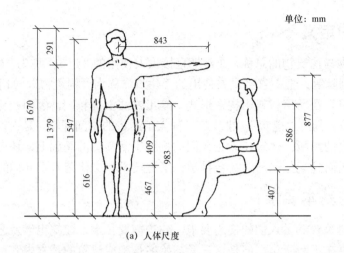

(a) 人体尺度

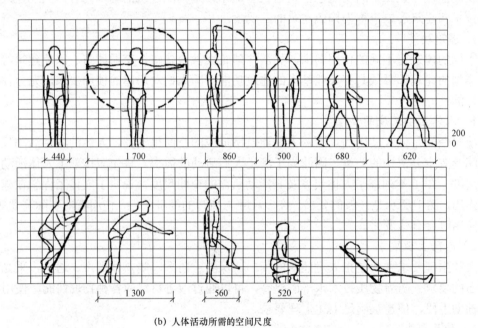

(b) 人体活动所需的空间尺度

图 1-4 人体尺度和人体活动所需的空间尺度

论、工程计算理论、施工方法与管理理论等。新的建筑技术的出现，可以为新型的、现代化的建筑设计提供构思的营养和奠定创造的基础。如果没有建筑技术，建筑设计只能是纸上谈兵。

1）建筑结构

结构为建筑提供合乎使用要求的空间，并承受建筑的全部荷载，是建筑中不可变动的部分，必须具有足够的强度和刚度。结构的坚固程度直接影响着建筑的安全和寿命。

2）建筑材料

建筑材料对于结构的发展具有十分重要的意义。例如，砖的出现使得古典建筑中拱券结构得以发展；钢和水泥的出现又促进了高层框架结构和大跨度空间结构的发展；而塑胶材料则使得充气建筑以全新的面貌出现。

建筑材料对建筑装修和构造也十分重要。如玻璃的出现给建筑带来了更多的方便和光明，油毡的出现解决了平屋顶的防水问题。目前越来越多的复合材料出现了，在混凝土中加入钢筋，大大增强了混凝土的抗弯能力；在铝材、混凝土材料等内部设置泡沫塑料、矿棉等夹心层可以提高其隔声和隔热效果等。

3）建筑施工

建筑施工一般包括两个方面：施工技术和施工组织。前者主要是指人的操作熟练程度、施工工具和机械、施工方法等；后者则是指材料的运输、进度的安排和人力的调配等。

20世纪初，建筑施工开始了机械化、工厂化和装配化的进程，大大提高了建筑施工的速度。机械化是指建筑材料的运输、搅拌、吊装等均采用机械操作，门窗等配件采用机械加工；工厂化则是强调各种构配件都在工厂预制，简化施工现场作业量；装配化是指用吊车等设备吊装预制好的主体结构，如某住宅楼用塔式起重机吊装主体结构，一天就可以完成一个单元三户的工作量。

近年来我国一些大中城市中的民用建筑，以设计定型化为前提，正逐步由传统的生产方式向工业化生产方式转变，其基本内涵是以绿色发展为理念，以技术进步为支撑，以信息管理为手段，运用工业化的生产方式，将工程项目的设计、开发、生产、管理的全过程形成一体化产业链。

3. 建筑形象

建筑虽是物质产品，但也有其艺术形象。建筑形象不仅包括建筑外部的形体和内部空间的组合，还包括表面的色彩和质感，以及建筑各部分的装修处理等的艺术效果，是建筑功能与技术的综合反映。

建筑形象和其他造型艺术一样，涉及文化传统、民族风格、社会思想意识等方面，并不单纯是美观的问题。随着历史的发展，人们的社会审美标准和对美的价值取向也在缓慢地发生着变化。图1-5为中国传统建筑的典范——金碧辉煌的北京皇家建筑，图1-6为美国佛罗里达州迪士尼总部大厦（Team Disney Building），后者建筑简洁，采用组合体块，并涂以不同的颜色，通过不同色块的组合取得斑斓的装饰效果，尤其是中间高耸的柱状体，表面上自由、随意的色块更为显著，不仅体现了设计师大胆的想象力，也反映了形式美规律作用下形态、色彩、质感等形式要素的多样组合。

图1-5　北京皇家建筑

图1-6　迪士尼总部大厦

通常情况下建筑功能起主导作用，满足功能要求是建筑的主要目的；建筑技术是手段，依靠它可以满足和改善功能要求；但对于一些具有纪念性、象征性的建筑，其形象和艺术效果常常起着决定性的作用。因此建筑功能、建筑技术和建筑形象三者既辩证统一，又相互制约。

1.2 建筑的分类与等级划分

1.2.1 建筑的分类

建筑的分类方法很多，可以按照其使用性质、某些特征和规律等进行分类，一般可以按照以下4种情况进行分类。

1. 按建筑使用性质分类

根据使用性质，建筑通常可以分为生产性建筑和非生产性建筑两大类。生产性建筑又可以根据其生产内容的区别划分为工业建筑和农业建筑；非生产性建筑则通称为民用建筑，是指供人们居住和进行各种公共活动的建筑，根据其使用功能可以进一步分为居住建筑和公共建筑。

1）工业建筑

工业建筑主要包括生产厂房、辅助生产厂房、动力建筑、储藏建筑和运输建筑等，其建筑形式和规模往往由产品的生产工艺决定。当生产内容和生产工艺需要发生变化时，建筑往往也须随之改变。

2）农业建筑

农业建筑主要是指供农、牧业生产和加工用的建筑，如温室、粮仓、禽畜饲养场、水产品养殖场、农副产品加工厂、农机修理厂等。

3）居住建筑

居住建筑包括住宅、公寓、宿舍等，其中住宅所占比例最高。近年来随着人们生活水平的提高，城镇居民对住宅的需求量逐年上升，人们对单体建筑和居住环境质量的要求也日益提高。因此，如何改进住宅单体和群体的平面布局及住宅的建造工艺等，使其符合人们的居住需求，并实现住宅工业化和产业化的目标，是建筑设计人员当前的主要任务。

4）公共建筑

公共建筑所涵盖的范围较广，按其功能又可大致做以下划分。

文教建筑：各类学校的教学楼、科学实验楼、图书馆等；

科研建筑：研究所、科研实验场馆等；

行政办公建筑：各类机关、企事业单位的办公楼、档案馆、物业管理所等；

交通建筑：车站、水上客运站、航空港、地铁站等；

通信广播建筑：邮政楼、广播电视楼、国际卫星通信站等；

体育建筑：各种类型的体育馆、体育场等，如游泳馆、拳击馆、高尔夫球场等；

观演建筑：电影院、剧院、音乐厅、杂技厅等；

展览建筑：展览馆、博物馆等；

旅馆建筑：各类旅馆、宾馆、招待所等；
园林建筑：公园、小游园、动植物园等；
纪念性建筑：纪念堂、纪念碑、纪念馆、纪念塔等；
生活服务性建筑：食堂、菜场、浴室、服务站等；
托幼建筑：托儿所、幼儿园等；
医疗建筑：医院、门诊所、疗养院等；
商业建筑：商店、商场、专卖店、社区会所、超市等。

2. 按建筑主要承重结构材料分类

建筑主要承重结构材料对建筑形式、面貌、特点影响很大，根据其主要承重结构材料可划分如下。

砖木结构建筑：如砖、石砌墙体、木楼板、木屋顶的建筑；

砖混结构建筑：如砖、石、砌块等砌筑墙体，钢筋混凝土楼板、屋顶的建筑；

钢筋混凝土结构建筑：如装配式大板、大模板、滑模等工业化方法建造的建筑，钢筋混凝土的高层、大空间结构的建筑；

钢结构建筑：建筑主体全部使用钢作为支撑结构，如全部用钢柱、钢屋架建造的工业厂房、大型商场等；

其他结构建筑：如生土建筑、塑料建筑、充气塑料建筑等。

3. 按建筑规模和数量分类

按照建筑规模和数量可以分为大量性建筑和大型性建筑。

（1）大量性建筑，即修建的数量多、涉及面广，但规模通常不大的建筑，如住宅、学校，中小型的商场、医院、影剧院等。这类建筑与人们生活密切相关，广泛分布在大中小城市及村镇。

（2）大型性建筑，即规模大、耗资多、修建数量较少的建筑，如大型的体育馆、剧场、航空站、火车站等。这类建筑在一个国家或地区一般具有代表性，对城市面貌影响也较大。

4. 民用建筑按照地上建筑高度或层数分类

按照我国现行规范《建筑设计防火规范》（GB 50016—2014，2018 年版）中规定：

（1）建筑高度不大于 27.0 m 的住宅建筑、建筑高度不大于 24.0 m 的公共建筑及建筑高度不大于 24.0 m 的单层公共建筑为低层或多层民用建筑。

（2）建筑高度大于 27.0 m 的住宅建筑和建筑高度大于 24.0 m 的非单层公共建筑，其高度不大于 100.0 m 时，为高层民用建筑。

（3）建筑高度超过 100.0 m 时，不论住宅或公共建筑均称为超高层建筑。

1.2.2 建筑的等级划分

1. 建筑的设计使用年限

按照《工程结构通用规范》（GB 55001—2021）规定，不同建筑的质量要求各异，为了便于控制和掌握，一般民用建筑根据建筑主体结构确定其设计使用年限，分为 3 级，见表 1-2。

表 1-2　房屋建筑的结构设计工作年限

级别	设计使用年限/年	适用建筑范围
1	5	临时性建筑结构
2	50	普通房屋和构筑物
3	100	纪念性建筑和特别重要的建筑结构

2. 建筑的耐火等级

进行建筑构造设计时，应该对建筑的防火与安全给予足够的重视，尤其是选择结构材料和构造做法时。

建筑的耐火等级是根据建筑构件的燃烧性能和耐火极限确定的。划分建筑耐火等级的目的在于，使建筑构造设计可以根据建筑的不同用途和耐火等级要求，做到既有利于安全，又节约投资。

建筑构件的耐火极限是指对任何一种建筑构件按时间-温度标准曲线进行耐火实验，从受到火的作用时起，到失去支承能力（木结构），或完整性被破坏（砖混结构），或失去隔火作用（钢结构）时为止的这段时间，用小时（h）表示。现行《建筑设计防火规范》(GB 50016—2014，2018 年版）中将民用建筑的耐久等级分为 4 级，见表 1-3。

表 1-3　不同耐火等级建筑相应构件的燃烧性能和耐火极限　　　　单位：h

构件名称		耐火等级			
		一级	二级	三级	四级
墙	防火墙	不燃性 3.00	不燃性 3.00	不燃性 3.00	不燃性 3.00
	承重墙	不燃性 3.00	不燃性 2.50	不燃性 2.00	难燃性 0.50
	非承重墙	不燃性 1.00	不燃性 1.00	不燃性 0.50	可燃性
	楼梯间和前室的墙 电梯井的墙 住宅建筑单元之间的墙和分户墙	不燃性 2.00	不燃性 2.00	不燃性 1.50	难燃性 0.50
	疏散走道两侧的隔墙	不燃性 1.00	不燃性 1.00	不燃性 0.50	难燃性 0.25
	房间隔墙	不燃性 0.75	不燃性 0.50	难燃性 0.50	难燃性 0.25
柱		不燃性 3.00	不燃性 2.50	不燃性 2.00	难燃性 0.50
梁		不燃性 2.00	不燃性 1.50	不燃性 1.00	难燃性 0.50

续表

构件名称	耐火等级			
	一级	二级	三级	四级
楼板	不燃性 1.50	不燃性 1.00	不燃性 0.50	可燃性
屋顶承重构件	不燃性 1.50	不燃性 1.00	可燃性 0.50	可燃性
疏散楼梯	不燃性 1.50	不燃性 1.00	不燃性 0.50	可燃性
吊顶（包括吊顶搁栅）	不燃性 0.25	难燃性 0.25	难燃性 0.15	可燃性

1.3 房屋建筑学研究的主要内容

房屋建筑学是土木工程类专业的一门工程技术课程，涉及面较广，涵盖了建筑设计与建筑建造的各个方面，研究对象包括建筑功能、建筑技术、建筑形象及三者的相互关系，并通过研究建筑设计方法及建筑结构、施工、材料、设备等方面的科技成果的综合运用，建造适应生产或生活需要的建筑。

该课程的学习内容主要包括建筑设计和建筑构造两大部分。建筑设计是研究房屋的建筑空间设计原理、设计程序和设计方法，具体包括建筑总平面、平面、立面、剖面、构造、室内外装修及环境设计等诸多方面。建筑构造则是研究房屋的构造组成及其各组成部分的构造原理和构造方法。构造原理研究各组成部分的要求，以及满足这些要求的理论；构造方法则是研究在构造原理指导下，用建筑材料和制品做成构件和配件，以及构配件之间连接的方法。

1.4 建筑工程设计的内容、程序及要求

1.4.1 建筑工程设计的内容

建筑工程设计是整个工程建设中不可缺少的重要环节，是一项政策性、技术性、综合性都非常强的工作。一栋建筑或一项建筑工程，要使其满足人们的使用要求，必须具有合理的建筑设计、精确的结构计算、严密的构造方式，再配合建筑电气、给排水、采暖通风、空调等管线的组织安装工作。因此，建筑工程设计包括建筑设计、结构设计、设备设计三方面的内容。

1. 建筑设计

建筑设计是一个单体建筑或一个建筑群的总体设计。设计单位要根据建设单位（业主）

提供的设计任务书和国家有关政策规定，综合分析其建筑功能、建筑规模、建筑标准、材料供应、施工水平、地区特点、气候条件等因素，考虑建筑、结构、设备等工种的多方面要求，在此基础之上提出建筑设计方案，并进一步深化为建筑施工图设计。

2. 结构设计

结构设计需要结合建筑设计方案完成结构方案、确定结构类型、进行结构计算与构件设计，保证建筑结构的稳定性，并最终完成全部结构施工图设计。

3. 设备设计

设备设计需要根据建筑设计完成给排水、采暖通风、电气照明、通信、燃气、空调、动力、能源等专业的方案、选型、布置及相应的施工图设计。

建筑工程设计是在反复分析比较的基础上，强调各专业设计的协调配合，建筑设计应由建筑师完成，结构设计应由结构工程师完成，其他各专业的设计应分别由相应的工程师来负责。

1.4.2 建筑工程设计的程序

一般情况下，一个设计单位要获得某项建设工程的设计权，不仅要具备与该工程等级相适应的设计资质，还应符合国家规定的工程建设项目招标范围和规模标准规定，通过设计投标赢得设计的资格。

建筑工程设计是工程建设的重要环节，主要是指把计划任务书中的文字资料编制成或表达成一套完整的施工图设计文件，并以此作为施工的依据。建筑工程设计的程序一般可以分为方案设计阶段、初步设计阶段和施工图设计阶段。对于一些大型的、复杂的工程项目，还应该在初步设计阶段和施工图设计阶段之间增加一个技术设计阶段，用来深入解决各工种之间的协调及技术问题。

建造房屋是一个较为复杂的物质生产过程，影响房屋设计和建造的因素有很多，因此该项工作分为编制和审批计划任务书、选址勘察和征用基地、设计、施工及交付使用后的回访总结等几个阶段。实践证明，遵循必要的设计程序，充分做好设计前的准备工作，划分必要的设计阶段，对提高建筑的质量是极为重要的。

一项建筑工程的设计过程主要包括以下 4 个阶段。

1. 设计前期准备阶段

1）熟悉设计任务书

设计任务书是由建设单位或者开发商提供的。具体着手设计前，首先需要熟悉设计任务书，明确建设项目的设计要求。设计任务书的内容一般有以下 6 个方面的内容。

（1）建设项目总的要求和建造目的的说明。

（2）建筑的具体使用要求、建筑面积及各类用途房间的分配面积。

（3）建设项目的总投资和单方造价，以及土建费用、房屋设备费用和道路等室外设施费用情况。

（4）建筑基地范围、大小，周围原有建筑、道路、地段环境等描述，并附有地形测量图。

（5）供电、供水和采暖、空调等设备方面的要求，并附有水源、电源借用许可文件。

（6）设计期限和项目进度要求。

2）收集设计基础资料

开始设计之前要搞清楚与工程设计有关的基本条件，收集下列相关原始数据和设计资料。

(1) 气象资料：建筑项目所在地区的温度、湿度、日照、雨、雪、风向和风速及土壤冻结深度等方面。

(2) 基地地形、地质及水文资料：基地地形标高、土壤种类及承载力、地下水位及地震烈度等方面。

(3) 设备管线资料：基地地下的给排水、电缆等管线布置，以及基地上架空线等线路情况。

(4) 定额指标：国家或所在省市地区有关设计项目的定额指标，如住宅的每套面积或每人面积定额、学校教室的面积定额及建筑用地、用材等指标。

3）设计前期调查研究

(1) 建筑的使用要求。在了解建设单位对建筑使用要求的基础上，深入走访单位中有实践经验的人员，认真调查同类已建建筑的实际使用情况，通过分析、研究和总结，使拟建项目设计更加合理和完善。

(2) 建筑材料供应和结构施工等技术条件。了解当地建筑材料供应的品种、规格、价格等情况，如预制混凝土制品及门窗的种类和规格，新型建筑材料的性能、价格及选用的可能性，可能选择的结构方案，当地施工力量和起重运输设备条件等。

(3) 基地勘查。根据当地城建部门所规定的建筑红线做现场踏勘，深入了解基地和周围环境的现状及历史沿革，核对已有资料与基地现状是否符合，如有出入应予以补充和修正。了解基地的地形、方位、面积及周围原有建筑、道路、绿化等多方面的因素，考虑拟建项目的位置和总平面布局的可能方案。

(4) 当地建筑传统经验和生活习惯。传统建筑中一般有许多符合当地地理、气候条件的设计布局和创作经验，根据拟建建筑的具体情况，"取其精华"，以资借鉴。同时在建筑设计中，也应该考虑当地的生活习惯，创造人们喜闻乐见的建筑形象。

2. 初步设计阶段

初步设计阶段需要完成需提供给主管部门审批的文件，属于建筑设计的第一阶段。在前期调查研究的基础之上，按照设计任务书的要求，综合考虑功能、安全、技术、经济及美观等多方面因素，做多方案的比较、择优、综合，最终提出设计方案。该方案需要征求建设单位的意见，并报建设管理部门审查批准，批准通过后才可以作为实施方案。

初步设计应包括的图纸和设计文件有以下4部分。

1）设计说明书

设计说明书分为设计总说明书和各专业的设计说明书。前者用以说明整个工程设计的主要依据，包括设计的规模和范围、设计指导思想和设计特点、总的经济指标（包括总用地面积、总建筑面积、总投资、水电能源消耗量、主要建筑材料用量等）。后者则主要是对各个专业涉及的不同的、必要的问题的阐述。设计说明书中应包含设计依据和要求、建筑设计方案的构思、所采用的技术措施及主要技术经济指标。

2）设计图纸

设计图纸是建筑方案设计的一个重要环节，设计图纸是否表现充分、美观得体，不仅关系到方案设计的形象效果，而且会影响到方案的社会认可度。设计图纸具体包括总平面布置图、各层平面图、立面图、剖面图。

(1) 总平面布置图。建筑总平面布置图是将拟建房屋四周一定范围内新建、拟建、原有和准备拆除的建筑物、构筑物及周围的地形地物，以水平投影的方式所画出来的图样，用于表达拟建房屋的平面形状、位置、朝向及周围环境、道路、绿化区布置等，是新建房屋的施工定位、给排水及电气管线平面布置的重要依据。常用比例为 1:500～1:2 000。

（2）各层平面图。建筑各层平面图主要表达房屋的平面形状，各房间的分隔与组合，房间的名称，出入口、楼梯的布置，门窗的位置，室外台阶、雨水管的布置，厨房、卫生间的固定设施的布置等。常用比例为 1:100～1:200。

（3）立面图。建筑立面图主要用于表达房屋的高度、层数、屋顶的形式、墙面的做法、门窗的形式及大小位置等。常用比例为 1:100～1:200。

（4）剖面图。建筑剖面图主要用于确定房间各部分高度和空间比例，表达房屋的内部结构形式、分层情况、各层构造做法和各部位的联系等。剖面设计一般要考虑空间垂直方向的组合和利用，选择适当的剖面形式，进行垂直交通和采光、通风等方面的设计。常用比例为 1:100～1:200。

3）主要设备和材料表

主要设备和材料表需要列出该建筑工程选用的主要设备型号和建筑材料。

4）工程概算书

工程概算书是确定一个建设项目从筹建到竣工验收所需的全部建设费用的总文件。

注意：初步设计文件的深度应满足设计方案的选择需要，可以作为主要设备和材料的订货依据，确定土地征用范围，并确定工程造价、编制施工图设计和进行施工准备。根据设计任务的需要，还可能辅以建筑透视图或者建筑模型。

3. 技术设计阶段

如果工程较为复杂，则需要通过技术设计阶段来协调和研究各专业之间的技术问题，因此技术设计阶段是进行三阶段建筑设计时的中间阶段。

技术设计的图纸和设计文件要求：建筑工种的图纸标明与技术工种有关的详细尺寸，并编制建筑部分的技术说明书；结构工种的图纸应包括房屋结构布置方案图，并附初步设计说明；设备工种也应提供相应的设备图纸和说明书。

对于不太复杂的工程，技术设计阶段可以省略，把这个阶段的一部分工作纳入初步设计阶段，称为"扩大初步设计阶段"，其余的工作在施工图设计阶段解决。

4. 施工图设计阶段

施工图设计阶段是建筑设计的最后阶段，是在上级主管部门审批同意后，在初步设计或技术设计的基础上，综合建筑、结构、设备等各工种，相互交底，深入了解材料供应、施工技术、设备等条件，确定施工中的技术措施、用料及具体做法，把工程施工的各项具体要求反映在图纸上，做到整套图纸齐全统一、明确无误的阶段。施工图设计阶段的图纸及设计文件有以下 8 项。

1）设计说明书

设计说明书的内容包括建筑地点、用地、面积、层数、类别、等级、主要结构选型、抗震设防烈度、相对标高、绝对标高、室内外装饰做法及材料等。

2）总平面图

施工图设计阶段的总平面图要标明测量坐标网、坐标值，并详细标明建筑的定位坐标，不同建筑间的相互关系，室内设计标高及室外地面标高，道路、绿化等的位置坐标和详细尺寸，以及指北针和风玫瑰图。常用比例为 1:500。

3）各层平面图

各层平面图是建筑定位放线、砌墙、设备安装、室内装修、编制概预算书和备料的重要依据，应详细标注各部分的详细尺寸、固定设施的位置和尺寸，标注门窗位置与编号、门的开启方向、房间名称、室内外地面标高、各楼层标高、剖切线与编号、构造详图或图索引符号、指北针。常用比例为 1:100。

4）剖面图

剖面图一般是选择建筑复杂部位进行剖切，如层高不同或层数不同的部位。图中需要注释墙和柱轴线及编号、剖视方向可见的所有建筑配件的内容，并标明建筑配件的高度尺寸和相应的标高、室内外设计标高等。比例同各层平面图。

5）立面图

建筑 4 个方向的立面均应画出，并标出建筑两端轴线的编号及建筑各部位的材料做法与色彩，或采用节点详图索引标注，同时还应标注出各部位的标高。比例同各层平面图。

6）详图

对建筑中某些细小的部位或构配件用较大的比例将其形状、大小、材料和做法，按正投影的画法详细表达的图样，称为建筑详图（也称节点详图或大样图）。图中应标注出该构件细部尺寸、用料及详细做法。主要包括外墙详图、楼梯详图、其他节点详图。常用比例为 1:20、1:10、1:5、1:1。

建筑总平面图、各层平面图、剖面图和立面图，都是根据初步设计相应的图纸，经过确定、修改和进一步充实后完成的。

7）各专业相配套的施工图及相关的说明书、计算书

与建筑专业相关的如采光、视线、音效、防护等建筑物理方面的内容，以及各专业的工程计算书，均应作为技术文件归档。

8）工程概算书

与建筑专业相关的建筑物理方面的内容，以及各专业的工程计算书，应作为技术文件归档。

1.4.3 建筑工程设计的要求

建筑工程设计不仅应遵循具有指导意义和法定意义的建筑法规、规范、相应的建筑标准，尤其是一些强制性的规范和标准，还应该满足以下 5 个设计要求。

1. 满足建筑功能的需求

建筑不仅要满足个人或家庭的生活需要，还要满足整个社会的各种需要。因此为人们的生产和生活活动创作良好的环境，是建筑设计的首要任务。例如，住宅设计首先要满足家居生活的需要，各个卧室设置应做到布局合理、通风采光良好，同时还要合理安排起居室、书房、厨房、餐厅、卫生间等用房，使得各类活动有序进行、动静分离、互不干扰。

2. 符合总体规划的要求

总体规划是有效控制城市或局部地区发展的重要手段。单体建筑是总体规划中的组成部分，应符合总体规划提出的要求，充分考虑和周围环境的关系。总体规划通常会为单体建筑提供与城市道路的连接方式等方面的设计依据。同时总体规划还会对单体建筑提出形式、高度、色彩等方面的具体要求，使每一个新建建筑与原有基地形成协调的室外空间环

境组合。

3. 采用合理的技术措施

合理的技术措施能保证建筑的施工安全、经济建造和有效使用。为达到可持续发展的更高目标，应根据不同设计项目的特点，正确选用相关的材料和技术，并根据建筑空间组合的特点，选择适用的建筑结构体系、构造方式和施工方案，力求做到高效率、低能耗，并且保证建筑建造方便、坚固耐久。

4. 具有良好的经济效益

工程项目的建造是一个复杂的物质生产过程，需要投入大量的人力、物力，一般在项目立项的初始阶段确定项目的总投资，在设计的各个阶段要有周密的计划和核算，反复进行项目投资的估算、概算及预算，重视经济领域的客观规律，讲究经济效果，以保证项目能够在给定的投资范围内得以实现或根据实际情况及时予以合理的调整。

5. 考虑建筑的视觉效果

建筑在满足使用功能的同时，还要考虑人们对建筑的美观要求，以及建筑所给予人们精神上的感受。良好的建筑设计应当既有良好、鲜明的个性特征，同时又是整个城市空间的和谐、有机的组成部分。

1.4.4 建筑工程设计的依据

1. 使用功能

建筑是由许多空间组成的，为了满足不同的功能要求，每个空间都必须有恰当的尺寸和尺度，在设计时首先应该满足以下3个基本功能的要求。

1）人体尺度和人体活动所需的空间尺度

以人的活动为主的建筑空间，都是由人体的基本尺度和使用人数决定的，如建筑中的踏步、窗台、栏杆的高度，以及门洞的宽度、走廊的宽度等（本书第2章有详细讲解）。

为了满足人在使用活动中的需求，除了了解人体尺度及人体活动所需的空间尺度外，还要考虑人在各种活动中所需的心理空间尺度和生理需求，例如人对建筑朝向、隔声、防潮、采光、照明、保温、隔热等方面的要求。

2）家具、设备所需的空间

人在建筑中生活或工作，会使用一些家具或设备。因此家具、设备的尺寸及人们在使用家具和设备时所需的必要的活动空间，是考虑房间内部使用面积大小的重要依据。

3）特定功能

一些建筑的尺度并不为人和设备的一般尺度或尺寸所决定，而且不与人的尺度和动作发生直接关系。例如宽大的会客厅、高大的纪念堂、宏伟的教堂等，为了达到某种艺术效果或满足人们的某种精神需求，而采用特殊的比例和尺度。另外一些如影剧院、火车站等建筑，则要处理好各种流线和特定功能的关系。

2. 自然条件

建筑处于自然环境中，因此自然条件对建筑的影响较大。在设计前，一定要收集当地有关的气象资料，地形、地质条件和地震烈度，作为设计的依据。

1）气象资料

建设地区的温度、湿度、日照、雨、雪、风向、风速等与建筑设计密切相关。例如南方湿热地区,隔热、通风和遮阳等问题是建筑设计要处理的关键;而北方干冷地区,保温防寒则是建筑设计的重点。

气象资料中日照和主导风向,通常是确定建筑朝向和间距的主要因素。风玫瑰图是依据该地区多年来统计的各个方向吹风的平均日数的百分数按比例绘制而成,一般多用八个或十六个罗盘方位表示。其中实线部分表示全年风向频率,虚线表示夏季风向频率,风向是指由外吹向地区中心。图1-7是我国部分城市的风玫瑰图。

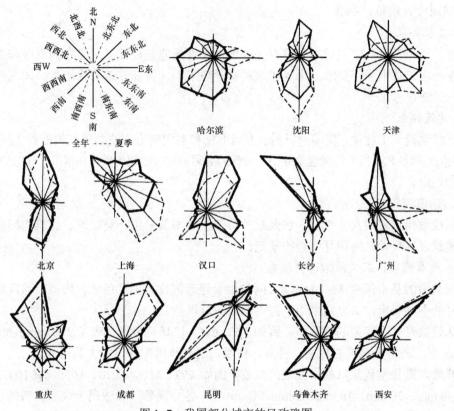

图1-7 我国部分城市的风玫瑰图

2)地形、地质条件和地震烈度

建筑基地地形的平缓与起伏、地质的构成与土壤特性、地基承载力的大小,都会直接影响建筑的空间组织、平面构成、结构选型,以及建筑构造处理与体型设计。例如,在坡度较陡的地形上,建筑通常采用结合地形的错层形式布置,如图1-8所示。

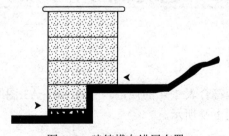

图1-8 建筑横向错层布置

地震烈度表示当发生地震时，地面及建筑遭受破坏的程度。通常地震烈度分为12度，在地震烈度6度及其以下地区，地震对建筑的损坏影响较小，一般可不考虑抗震措施；而9度以上地区，由于地面及建筑受损过于严重，一般尽可能避免建设。因此建筑抗震设防的重点，主要是7、8、9度地震烈度的地区，应该选择对抗震有利的场地和地基，建筑的体型应尽可能规整、简洁，并采取必要的加强建筑整体性的构造措施，从材料选用和构造做法上应尽量减轻建筑的自重。

3. 建筑设计规范、标准

1）技术要求

建筑"规范""标准""通则"等有关政策性文件是建筑设计必须遵守的准则和依据，这有利于统一建筑技术经济要求，提高建筑科学管理水平，保证建筑工程质量，体现国家的现行政策和经济技术水平。

2）建筑模数

为了实现建筑工业化，使不同材料、不同形状和不同制造方法的建筑构配件（或组合件）具有一定的通用性和互换性，在建筑业中，设计师必须遵守《建筑模数协调标准》(GB/T 50002—2013)的规定。

（1）建筑模数。

建筑模数指选定的尺寸单位，也是尺寸协调中的增值单位，是建筑、建筑构配件、建筑制品及建筑设备尺寸之间相互协调的基础。

（2）基本模数、扩大模数、分模数。

我国采用的基本模数 M=100 mm，同时由于建筑部位、构件尺寸、构造节点及断面、缝隙等尺寸的不同要求，又分别采用了扩大模数和分模数。

扩大模数是基本模数的整数倍，例如 $3M$、$6M$、$12M$ 等分别代表了 300 mm、600 mm、1 200 mm 等，适用于建筑的跨度、进深、柱距、层高及构配件等较大的尺寸。

分模数则是指整数除以基本模数的数值，例如 $M/2$、$M/5$、$M/10$、$M/50$、$M/100$ 等，分别代表了 50 mm、20 mm、10 mm、2 mm、1 mm 等，各分模数一般适用于成品材料的厚度、直径、缝隙、构造，或者建筑节点构造、构配件断面及建筑制品等较小的尺寸。

（3）模数数列。

模数数列是指以基本模数、扩大模数、分模数为基础扩展成的一系列尺寸。

1.5 建筑制图基本知识

1.5.1 图纸幅面规格

图纸幅面的图框尺寸应符合表1-4的规定。一般 A0~A3 图纸宜横式使用，必要时也可立式使用，其布置形式如图1-9所示。

表 1-4　图纸幅面规格　　　　　　　　　　　　　　　　　　　　　　单位：mm

尺寸代号	幅面代号				
	A0	A1	A2	A3	A4
$B×L$	841×1 189	594×841	420×594	297×420	210×297
c	10			5	
a	25				

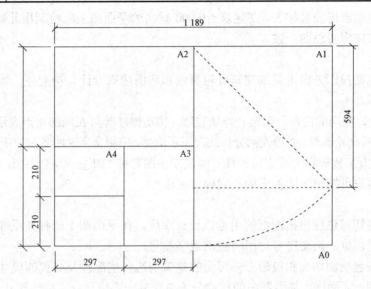

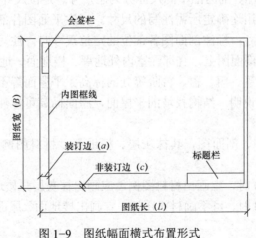

图 1-9　图纸幅面横式布置形式

1.5.2　图线

图线的宽度应根据图样的复杂程度和比例选用。

1.5.3　图样画法

1. 平面图

平面图的方向宜与总图方向一致。平面图的长边宜与横式幅面图纸的长边一致。在同一张图纸上绘制多于一层的平面图时，各层平面图宜按层数由低向高的顺序从左至右或从下至上布置。

平面图应在建筑的门窗洞口处水平剖切俯视（屋顶平面图应在屋面以上俯视），图内应包括剖切面及投影方向可见的建筑构造及必要的尺寸、标高等，高窗、洞口、通气孔、槽、地沟及起重机等不可见部分，则应以虚线绘制。

在平面图上，应注写房间的名称或编号。编号注写在直径为 6 mm 细实线绘制的圆圈内，并在同张图纸上列出房间名称表。在建筑±0.000 标高的平面图上应绘制指北针，并放在明显位置，所指的方向应与总图一致。

2. 立面图

立面图应包括投影方向可见的建筑外轮廓线和墙面线脚设计、构配件、墙面做法及必要的尺寸和标高等。

在立面图上，相同的门窗、阳台、外墙装修、构造做法等可在局部重点表示，绘出其完整图形。其余部分只画轮廓线。外墙表面分格线应表示清楚，应用文字说明各部位所用面材及色彩。

有定位的建筑，宜根据两端定位轴线号编注立面图名称（如①~⑩立面图、A~F 立面图）。无定位轴线的建筑可按平面图各面的朝向确定名称。

3. 剖面图

剖面图的剖切部位应根据图纸的用途或设计深度，在平面图上选择能反映全貌、构造特征及有代表性的部位。剖切符号可用阿拉伯数字编号。

剖面图内应包括剖切面和投影方向可见的建筑构造、构配件及必要的尺寸、标高等。

建筑平面图、立面图、剖面图中的尺寸分为总尺寸、定位尺寸、细部尺寸 3 种。绘图时，应根据设计深度和图纸用途确定所需注写的尺寸。标注平面图各部位的定位尺寸时，注写与其最邻近的轴线间的尺寸；标注剖面图各部位的定位尺寸时，注写其所在层次内的尺寸。在建筑平面图、立面图、剖面图上，宜标注室内外地坪、楼地面、地下层地面/阳台、平台、檐口、屋脊、女儿墙、雨篷、门、窗、台阶等处的标高。平屋面等不易标明建筑标高的部位可标注结构标高，并予以说明。结构找坡的平屋面，屋面标高可标注在结构板面最低点，并注明找坡坡度。

不同比例的平面图、剖面图，其抹灰层、楼地面、材料图例的省略画法，应符合下列 5 项规定。

（1）比例大于 1:50 时，宜画出材料图例，应画出抹灰层与楼地面、屋面的面层线。

（2）比例等于 1:50 时，可不画材料图例，宜画出楼地面、屋面的面层线，抹灰层的面层线应根据需要而定。

（3）比例小于 1:50 时，可不画材料图例，可不画出抹灰层，但宜画出楼地面、屋面的面层线。

（4）比例为 1:100~1:200 时，可画简化的材料图例（如砌体墙涂红、钢筋混凝土涂黑等），但宜画出楼地面、屋面的面层线。

（5）比例小于 1:200 时，可不画材料图例，剖面图的楼地面、屋面的面层线可不画出。

1.5.4 字体与比例

图样及说明中的汉字，宜采用长仿宋体。图样的比例，应为图形与实物相对应的线性尺寸之比。比例宜注写在图名的右侧，字的基准线应取平；比例的字号宜比图名的字号小一号或二号。

1.5.5 符号

1. 剖切符号

为了全面、清楚地表现设计对象，应适当对其进行剖切，通过剖面图可深入了解建筑的内部结构、分层情况、各层高度、地面和楼面的构造等内容。剖切符号位于平面图中剖切物两端，各标一个，由符号和编号共同表示，立面图中以相对应的编号绘出剖切立面。剖切符号用相互垂直的短粗实线表示，符号为"⌐⌐"，其中长线表示剖切面的位置，与剖切对象垂直，长度为 6～10 mm，短线表示观看的方向，长度为 4～6 mm。如果建筑比较复杂，剖切线可在建筑物内部空间进行 90°的转折，凡转角部位都要标出转角线，如图 1-10 所示。

图 1-10　剖切符号画法

2. 索引符号与详图符号

1）索引符号

图中的某一局部成构件如需另见详图，应以索引符号索引。索引符号是由直径为 10 mm 的圆和水平直径组成，圆及水平直径均应以细实线绘制。

索引符号如用于索引剖视详图，应在被剖切的部位绘制剖切位置线，并以引出线引出索引符号，引出线所在的一侧应为投射方向。

2）详图符号

详图的位置和编号，应以详图符号表示。详图符号的圆应以直径为 14 mm 粗实线绘制。

3. 引出线

引出线应以细实线绘制，宜采用水平方向的直线，与水平方向成 30°、45°、60°、90°的直线，或经上述角度再折为水平线。

4. 对称符号与连接符号

1）对称符号

对称符号由对称和两端的两对平行线组成。对称线用细点画线绘制，平行线用细实线绘制。

2）连接符号

连接符号应以折断线表示需连接的部位。两部位相距过远时，折断线两端靠图样一侧应标注大写拉丁字母表示连接编号。两个被连接的图样必须用相同的字母编号。

5. 指北针

指北针的形状多为圆形，其圆的直径宜为 24 mm，用细实线绘制；指针尾部的宽度宜为

3 mm，指针头部应注"北"或"N"字。

6. 标高

建筑内部的各种高度用标高符号表示，标高符号由数字和符号组成。按照规定以建筑首层地面为零点，以"米"为数值单位标注小数点后三位，标明±0.000，高于零点时省略"+"号，低于零点时在数字前加"−"号，符号与数字的书写方式如图1-11所示。总平面图室外地坪标高符号，宜用涂黑的三角形表示。

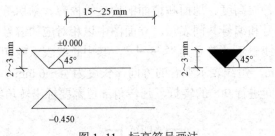

图1-11　标高符号画法

1.5.6　定位轴线

定位轴线端部的圆用细实线绘制，直径为8～10 mm。平面图上定位轴线的编号，宜标注在图样的下方与左侧。横向编号应用阿拉伯数字，从左至右顺序编号；竖向编号应用大写拉丁字母，从下至上顺序编写。拉丁字母的I、O、Z不得用于轴线编号。如字母数量不够使用，可增用双字母或单字母加数字注脚，如AA，BA，…，YA。组合较复杂的平面图中的定位轴线也可采用分区编号，编号的注写形式应为"分区号–该分区内编号"。

1.5.7　尺寸标注

图纸中物体的实际尺寸应使用准确的尺寸数字标明。尺寸标注由尺寸界线、尺寸线、尺寸起止符号、尺寸数字4部分组成。根据国际惯例，各种设计图上标注的尺寸，除标高及总平面图以米（m）为单位外，其余一律以毫米（mm）为单位。因此设计图纸上的尺寸数字都不再标注单位，如图1-12所示。

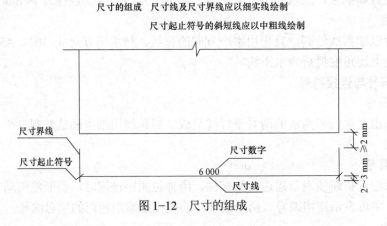

图1-12　尺寸的组成

尺寸界线与被标注长度垂直，尺寸线则平行于被标注长度，两端与尺寸界线相交处画出圆点或45°顺时针倾斜的短斜线的起止符号。任何图形的轮廓线均不得用作尺寸线。尺寸数字书写在尺寸线上正中，如果尺寸线过窄可写在尺寸线下方或引出标注，如图 1-13 所示。按照制图标准，分段的局部尺寸线数字标注在内侧，总长度的尺寸线数字标注在外侧，形成 2 层或 3 层的标注。

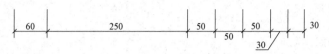

图 1-13　尺寸线数字的标注

 思政映射与融入点

中国优秀传统建筑在几千年的历史演变过程中，以其独特的形式语言，表达了丰富而深刻的传统思想观念，体现出中国建筑大师们的智慧，本章以此为例导入思政内容。从德育角度来看，知识目标有助于学生认识和认同中国建筑的设计思想和理念；能力目标是养成建筑设计专业思维方式；情感目标是培养学生的匠人精神和文化自信。

思考题

1-1　建筑的含义是什么？建筑物与构筑物的区别是什么？
1-2　学习房屋建筑学的目的是什么？
1-3　建筑的分类方式有哪些？什么叫大量性建筑和大型性建筑？
1-4　构件的耐火极限是什么？建筑的耐火等级如何划分？
1-5　建筑设计的内容和程序是什么？
1-6　建筑设计的主要依据是什么？
1-7　按照建筑制图标准要求，抄绘一张建筑图纸。

第 2 章

建筑平面设计

请按表 2-1 的教学要求,学习本章的相关教学内容。

表 2-1　教学内容和教学要求表

教学内容	教学要求	教学内容	教学要求
2.1　概述	了解	2.3　建筑平面组合设计	重点掌握
2.2　建筑平面功能设计	掌握	2.3.1　建筑平面功能分析	
2.2.1　使用部分的平面功能设计		2.3.2　建筑平面组合形式	
2.2.2　交通联系部分的平面功能设计		2.3.3　建筑平面组合与结构选型关系	
		2.3.4　基地环境对平面组合的影响	

2.1　概　　述

建筑平面表示建筑各部分在水平方向的组合关系,能较为集中地反映出建筑功能方面的问题,对建筑方案的确定起着决定性的作用。因此,在进行建筑方案设计时,往往先从建筑平面入手,并着眼于建筑空间的组合,联系建筑剖面和立面的可行性与合理性,不断调整、修改平面、反复深入,进而取得好的建筑空间效果。

建筑设计本质上是空间设计,在进行平面设计时,不能仅仅停留在平面布局上,而应从空间的角度,综合考虑建筑的剖面及立面关系。要确定平面设计的内容,一般需要按照一定的设计程序进行,先从方案的总平面布局开始,然后逐步深入到平面、剖面、立面设计,即先整体后局部。因此在进行平面设计之前,建筑师首先应对基地进行总体分析,确定其设计构思,并对建筑方案有一个初步设想。因此,在平面设计时,主要解决的问题是:

(1) 根据建筑的使用功能,确定单个房间的面积、形状、尺寸及门窗的大小和位置。

(2) 根据各功能性空间的关系确定门厅、走廊、楼梯等交通空间的设计。

(3) 根据各类建筑的功能要求,梳理使用功能房间、辅助使用功能房间、交通联系部分的相互关系，结合基地环境及其他条件，采用不同的组合方式将各个房间进行合理的组织。

2.2 建筑平面功能设计

从组成建筑平面各部分空间的使用性质来分析，建筑空间一般可以分为使用部分和交通联系部分。

使用部分是指各类建筑中满足主要使用功能和辅助使用功能的房间，例如，住宅中的起居室、卧室，学校中的教室、办公室，属于主要使用功能房间；住宅中的厨房、卫生间、阳台，学校中的厕所、开水间，属于辅助使用功能房间。

交通联系部分是指建筑中各房间之间、楼层之间及室内与室内之间用以联系各使用功能房间的那部分空间。例如，各类建筑中的门厅、过廊、楼梯、电梯等均属于建筑中的交通联系部分。

建筑中的交通联系部分将主要使用功能房间和辅助使用功能房间连成一个有机的整体，三者共同构成建筑。

2.2.1 使用部分的平面功能设计

1. 主要使用功能房间的设计

1）主要使用功能房间的分类

根据功能要求划分，主要使用功能房间主要有以下 3 类。

（1）生活用房：住宅中的起居室（客厅）、卧室，公寓楼的宿舍和宾馆的客房等。

（2）工作、学习用房：各类建筑中的办公室，学校的教室、实验室等。

（3）公共活动用房：商场的营业厅，剧院、电影院的观众厅、休息厅等。

上述各类房间根据使用功能，设计要求有所不同，生活、工作、学习用房要求相对安静，并由于人们在其中停留的时间相对较长，因此需要具有良好的朝向；公共活动用房人流比较集中，其室内活动和交通组织比较重要，特别是人流疏散问题要格外重视。

2）主要使用功能房间的设计要求

建筑平面设计应根据以下 4 点对主要使用功能房间的设计要求进行重点分析。

（1）房间的面积、形状和尺寸要满足室内活动和家具设备的布置要求。

（2）门窗的大小和位置，必须使房间出入方便，疏散安全，采光通风良好。

（3）房间的构成应使结构布置合理、施工方便，也要有利于房间之间的组合，所用材料要符合相应的建筑标准。

（4）室内空间设计要考虑人们的使用和审美要求。

3）主要使用功能房间面积的确定

主要使用功能房间的面积由以下 3 部分组成。

（1）家具和设备所占面积。

（2）人们使用家具及设备时所需的面积。

（3）房间内部的交通面积。

图 2-1 是对住宅卧室和学校教室的室内使用面积分析示意图。从图中可以看到，房间使用面积不仅包括家具、设备所需的基本尺寸，还包括室内活动和交通面积的大小，而这些面积的确定又和人体的基本尺寸及与其活动有关的人体工程学方面的基本知识密切相关。例如，教室平面中，中学生就座起立时桌椅近旁必要的活动面积，入座、离座时需要的最小通行宽度及教师讲课时在黑板前的活动面积等。

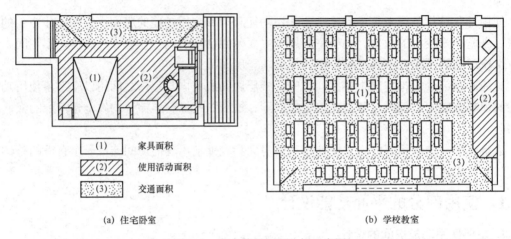

图 2-1 室内使用面积分析示意图

4）主要使用功能房间形状和尺寸的确定

在初步确定了主要使用功能房间面积的大小后，需要进一步确定房间的形状和尺寸。房间的形状和尺寸，与室内活动特点、家具布置方式及采光、通风等因素有关，有时还要考虑人们对室内空间的视觉感受。

民用建筑常见的房间形状有矩形、方形、多边形、圆形及不规则形状。房间形状的选择，应在满足使用功能的前提下充分考虑结构、施工、建筑选型、美观等因素。绝大多数民用建筑房间形状采用矩形，这是由于矩形平面通常便于家具布置和设备安装，能充分利用房间的有效面积，有较大的灵活性；同时，由于墙身平直，便于施工，结构布置和预置构件的选用较易解决，也便于统一建筑开间和进深，利于建筑平面的组合。如图 2-1（b）所示，矩形教室即为最普遍使用的教室平面布局，也便于教室的平面组合。学校建筑的教室平面设计中也可采用六边形，六边形教室在视线及空间利用方面比较理想，如图 2-5（c）所示。

单层大跨度的建筑如观众厅、杂技场及体育馆等，其平面形状则首先应满足这类建筑的特殊功能及视听要求。如杂技场常采用圆形平面以满足演马戏时动物跑弧线的需要。观众厅要具备良好的视听条件，既要看得清也要听得好，所以观众厅的平面形状一般有矩形、钟形、扇形、六边形、圆形，如图 2-2 所示。圆形平面有严重的声场分布不均匀现象，一般观众厅很少采用，但是由于其视线及疏散条件较好，因此常用于大型体育馆。

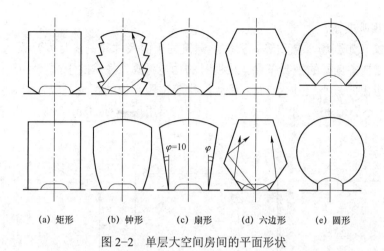

(a) 矩形　　(b) 钟形　　(c) 扇形　　(d) 六边形　　(e) 圆形

图 2-2　单层大空间房间的平面形状

确定房间尺寸是对房间设计内容的进一步量化，民用建筑常用的矩形平面设计就是确定宽与长的尺寸，需根据以下 5 点综合考虑。

（1）满足家具设备和人们活动的要求。

例如，主卧室要求床能在两个方向灵活布置，住宅平面中主卧室一般使用标准床具，因此开间尺寸不得小于 3.3 m，进深方向不得小于 3.9 m，如图 2-3 所示。次卧室则考虑布置一张单人床和写字台即可，如图 2-4 所示。从家具布置方式可以得到主卧室和次卧室常见尺寸为：

主卧室开间：3.3 m、3.6 m、3.9 m；进深：3.9 m、4.2 m、4.5 m、4.9 m 等。

次卧室开间：2.7 m、3.0 m、3.3 m；进深：3.3 m、3.6 m 等。

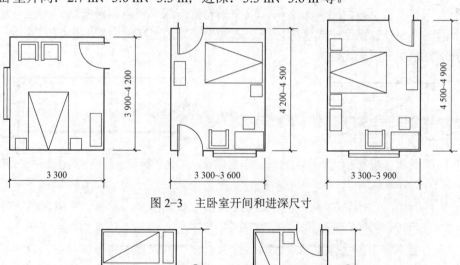

图 2-3　主卧室开间和进深尺寸

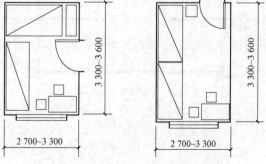

图 2-4　次卧室开间和进深尺寸

（2）满足视听要求。

观演类建筑（如剧场、会堂等）和教学建筑的平面尺寸除需满足家具设备和人们活动的要求以外，还应具备良好的视听条件。从视听的功能考虑，教室的平面尺寸应满足以下要求：第一排座位距黑板的最小尺寸为 2 m，最后一排座位距黑板的距离不应大于 8.5 m，前排边座与黑板远端夹角不小于 30°，如图 2-5 所示。教室的常用尺寸为 6.0 m×9.0 m～6.9 m×9.9 m 等。

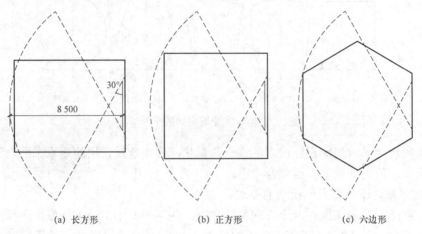

(a) 长方形　　　　　　(b) 正方形　　　　　　(c) 六边形

图 2-5　教室中基本满足视听要求的平面范围和形状的几种可能

（3）良好的天然采光。

一般房间多采用单侧或双侧采光，因此，房间的进深常受到采光的限制。一般单侧采光时进深不大于窗上口至地面距离的 2 倍，双侧采光时进深可较单侧采光增大一倍。这个问题要结合房间层高和开窗高度一起考虑，图 2-6 为采光方式对房间进深的影响。另外，特别要注意，教室要采用左侧采光的方式。

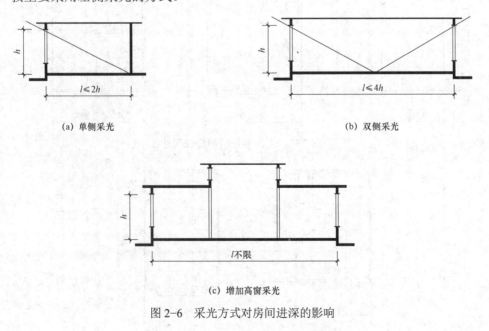

(a) 单侧采光　　　　　　(b) 双侧采光

(c) 增加高窗采光

图 2-6　采光方式对房间进深的影响

（4）合理的结构布置方式。

目前常采用的墙承重体系和框架结构体系中板的经济跨度在 4 m 左右，钢筋混凝土梁的经济跨度在 9 m 以下，因此在设计过程中要考虑建筑结构的梁板布置，尽量统一开间尺寸，减少构件类型，使结构布置经济合理。

（5）符合建筑模数协调统一标准的要求。

为提高建筑工业化水平，必须统一构件类型、减少规格，这就需要在房间开间和进深上采用统一的模数，作为协调建筑尺寸的基本标准。按照规定，民用建筑的开间和进深通常用 3M 即 300 mm 为模数。

5）房间的门窗设置

房间平面设计中，门窗的宽度和数量是否恰当、位置和开启方向是否合理，对房间的平面使用效果有很大影响。同时，窗的形式和组合方式与建筑立面设计密切相关。

（1）门的宽度、数量和开启方式。

门的宽度是由家具、设备的尺寸及通过人流的多少所决定的。单股人流通行的最小宽度为 550～600 mm，所以门的最小宽度为 600～700 mm，如住宅中厕所、浴室的门等。大多数房间的门必须考虑到一人携带物品通行的情况，所以门的宽度为 900～1 000 mm，如住宅中卧室、起居室的门等。图 2-7 为住宅中卧室门的宽度。

对于房间面积较大，活动人数较多的房间，应该相应增加门的宽度和数量。当门的宽度在 1 000 mm 以下时，一般作单扇门处理，1 200～1 800 mm 时作双扇门处理，1 800～3 600 mm 时作四扇门处理。根据《建筑设计防火规范》（GB 50016—2014，2018 年版）的要求，当房间使用人数超过 50 人，面积超过 60 m² 时，至少设两个门，以保证安全疏散。对于使用人数较多、人流比较集中的剧院、礼堂等，门的宽度可按每 100 人 600 mm 宽计算。

门的开启通常采用房间门向内开的方式，以免影响走廊交通；人流进入比较频繁的建筑常采用双向开启的弹簧门；对于剧院、礼堂等人流集中的观众厅，疏散门必须向外开。

（2）门的位置。

门的位置会直接影响到房间的使用，所以确定房门位置时要尽量使墙面完整，便于家具的摆放和室内有效面积的充分利用，如图 2-8 所示。

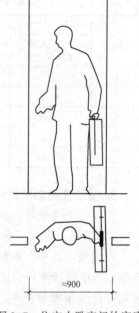

图 2-7 住宅中卧室门的宽度

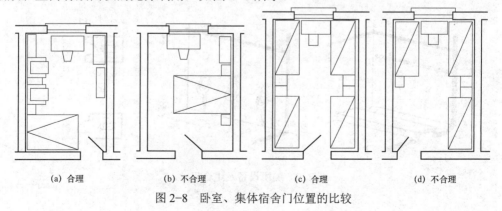

图 2-8 卧室、集体宿舍门位置的比较

（3）窗的大小和位置。

窗的大小和位置与室内的采光和通风密切相关。窗的大小直接影响室内的采光是否充足。对采光的要求用窗地面积比来衡量，即窗洞口面积与房间地面面积之比，不同使用性质的房间窗地面积比在建筑设计规范中各有规定，见表 2-2。窗的位置决定室内采光是否均匀，有无暗角和眩光。如果房间的进深较大，同样面积的矩形窗采用竖向布置，可使房间进深方向的采光比较均匀。

表 2-2 民用建筑中房间使用性质的采光等级和窗地面积比

采光等级	视觉工作特征		房间名称	窗地面积比
	工作或活动要求精确度	要求识别的最小尺寸/mm		
Ⅰ	极精密	<0.2	绘图室、制图室、画廊、手术室	1/3～1/5
Ⅱ	精密	0.2～1	阅览室、医务室、健身房、专业实验室	1/4～1/6
Ⅲ	中精密	1～10	办公室、会议室、营业厅	1/6～1/8
Ⅳ	粗糙	>10	观众厅、居室、盥洗室、厕所	1/8～1/10
Ⅴ	极粗糙	不作规定	储藏室、门厅、走廊、楼梯	1/10 以下

2. 辅助使用功能房间的设计

建筑的辅助使用功能房间主要包括厕所、浴室、盥洗室、厨房、储藏室、洗衣房、锅炉房等。

1）厕所、浴室、盥洗室

在建筑设计中，根据各种建筑的使用特点和使用人数的多少，首先确定所需卫生器具的个数，再根据计算所得的卫生器具个数，考虑在整幢建筑中厕所、浴室、盥洗室的分布情况，最后在建筑平面组合中，根据整幢房屋的使用要求、卫生器具的设备尺寸及人体活动所需的空间尺寸调整并确定厕所、浴室、盥洗室的面积、平面形式和尺寸，如图 2-9 所示。

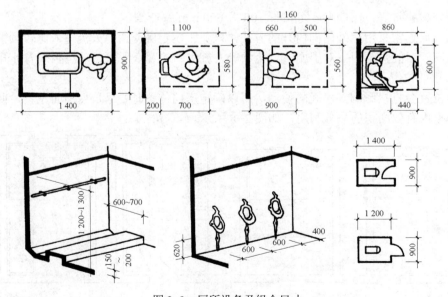

图 2-9 厕所设备及组合尺寸

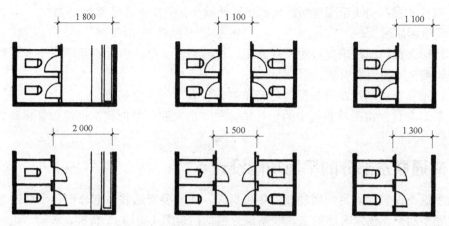

图 2-9　厕所设备及组合尺寸（续）

2）厨房

这里是指住宅、公寓内每户的专用厨房，厨房的主要功能是炊事，有时兼有进餐或洗涤功能。厨房的设备主要有灶台、洗涤池、操作台、橱柜、排烟设备等。厨房设备的布置与设计要符合操作流程和人的使用特点，其平面布置形式常采用单排、双排、L形、U形、岛形等，如图 2-10 所示，设计时应结合厨房平面形状及大小考虑合适的布置方式。

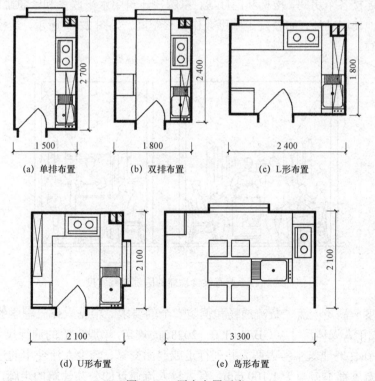

(a) 单排布置　　(b) 双排布置　　(c) L形布置

(d) U形布置　　(e) 岛形布置

图 2-10　厨房布置示意

（1）单排布置：动作成直线进行，动线距离最长，对于小空间厨房较为适用，也适合于餐厨合一的开放式厨房。

（2）双排布置：动线距离变短，且直线行动减少，但操作者经常要转180°，由于设备的增多，储藏量明显增大。

（3）L形布置：动线距离较短，从冰箱、洗槽到调理台、炉台的操作顺序不重复，但转角部分的储藏空间使用率较低。

（4）U形布置：动线距离最短，但转角部分较多，所占空间较大。

（5）岛形布置：将厨具系列中的炉灶部分独立出来的一种形式，也常和餐桌联为一体，成为餐厨合一的布置。

2.2.2 交通联系部分的平面功能设计

一幢建筑不仅包含满足使用功能的各种房间，还需要交通联系部分把各个房间之间及室内外之间联系起来。建筑内部的交通联系部分包括：走廊（走道）、楼梯、坡道、电梯、自动扶梯和交通枢纽空间，即门厅、过厅等。

建筑交通联系部分的平面尺寸和形状，可以根据以下4个方面来考虑。ⓐ 满足使用高峰时段人流、货流通过所需占用的安全尺度；ⓑ 符合紧急情况下规范所规定的疏散要求；ⓒ 方便各使用空间之间的联系；ⓓ 满足采光、通风等方面的需要。下面分述各种交通联系部分的平面设计。

1. 走廊

走廊用于连接各个房间、楼梯和门厅等，以解决建筑中水平联系和紧急疏散的通道问题，有时也兼有其他使用功能，如医院走廊可兼作候诊空间，如图2-11所示，学校走廊兼作课间活动及宣传画廊。

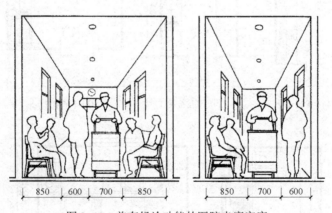

图2-11 兼有候诊功能的医院走廊宽度

走廊的宽度应满足人流、货流通畅和消防安全的要求。根据人体工程学的研究与现行国家标准《中国成年人人体尺寸》（GB/T 1000—2023）的规定，单股人流的通行尺寸建议为600~800 mm。因此在住宅建筑中考虑两人并列行走或迎面交叉、较少人流使用的过道宽度及消防楼梯的最小净宽度都不得小于1 100 mm。有大量人流通过的公共建筑的走廊，根据各类建筑的使用特点、建筑平面组合要求、通过人流的多少及调查分析资料或设计资料来确定走廊宽度。例如，当走廊两侧布置房间时，学校建筑走廊宽度为2 100~3 000 mm，旅馆、办公楼建筑走廊宽度为1 500~2 100 mm，医院建筑走廊宽度为2 400~3 000 mm；当走廊一侧布置房间时，其走廊宽度建议相应减小。

走廊的长度应根据建筑的性质、耐火等级及防火规范来确定。例如，公共建筑的安全疏散距离，即"直通疏散走道的房间疏散门至最近安全出口的直线距离"不应大于《建筑设计防火规范》（GB 50016—2014，2018年版）表 5.5.17 的规定。

2. 楼梯、坡道等垂直交通设施

1）楼梯

楼梯是建筑各层间的竖直交通联系部分，是楼层人流疏散的必经之路。楼梯设计主要是根据使用要求和人流通行情况确定梯段和休息平台的宽度，选择适当的楼梯形式，考虑整幢建筑的楼梯数量及明确楼梯间的平面位置和空间组合。有关楼梯的具体内容将在第 11 章中叙述。

楼梯的宽度是根据通行人数的多少和建筑防火要求确定的，通常应大于 1 100 mm。一些辅助楼梯也应该大于 800 mm，楼梯梯段和平台的通行宽度如图 2-12 所示。

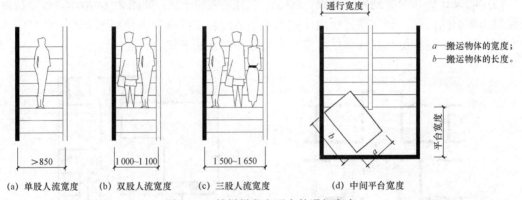

图 2-12　楼梯梯段和平台的通行宽度

楼梯的形式主要根据房屋的使用要求来确定。两跑楼梯由于面积紧凑、使用方便，是一般民用建筑中最常采用的方式。此外楼梯的形式还有单跑梯、三跑梯、弧形梯、螺旋梯等，可以根据室内空间组合的要求进行选择。

楼梯在建筑平面中的数量和位置，是建筑平面设计中比较关键的问题，其关系到建筑中人流交通的组织是否通畅安全，建筑面积的利用是否经济合理。在通常情况下，每一幢公共建筑均应设 2 个楼梯，在主要入口处，相应地设置一个位置明显的主要楼梯；在次要入口处，或者建筑转折和交接处设置次要楼梯供疏散及服务使用。

2）坡道、电梯和自动扶梯

建筑中的垂直交通联系部分除楼梯外，还有坡道、电梯和自动扶梯等。室内坡道的特点是上下比较省力，通行人流的能力几乎和平地相当，但是坡道的最大缺点是所占面积比楼梯大得多，一些人流大量集中的建筑，如大型体育馆，常在人流疏散集中的地方设置坡道，以利于安全和快速地疏散人流。电梯通常被用在多层或高层建筑中，如旅馆、高层住宅、办公楼等，一些有特殊使用要求的建筑，如商场、医院也常采用电梯。自动扶梯具有连续不断地承载大量人流的特点，因而常用于人流量大并且连续的公共建筑中，如商场、机场、火车站等。

3. 门厅

门厅作为交通联系部分，其主要作用是接纳、分配人流，过渡室内外空间及衔接各方面

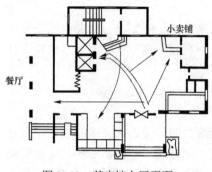

图 2-13 某宾馆大厅平面

交通（走廊、楼梯等）。除此之外，根据不同建筑类型的特点，门厅还兼有服务、等候、展览等功能，如图 2-13 所示，某宾馆大厅兼有售卖、休息、服务等功能。

与其他交通联系部分的设计一样，疏散出入口是门厅设计的一个重要内容。门厅对外出入口的总宽度，应不小于通向该门厅的过道和楼梯宽度的总和；人流比较集中的公共建筑，门厅对外出入口的宽度，可按每 100 人 600 mm 计算。外门必须向外开启或尽可能采用弹簧门内外开启。

门厅的面积大小，主要根据建筑的使用性质、规模及质量标准等因素来确定，一些兼有其他功能的门厅面积，还应根据实际使用要求相应地增加。

门厅的设计还必须做到导向明确，避免人流的交叉和干扰，如图 2-14 所示。对一些兼有其他使用要求的门厅，更需要分析门厅中人们的活动特点，保证各使用部分的活动空间尽少被穿越，以减少这些使用部分和厅内交通路线之间的互相干扰。

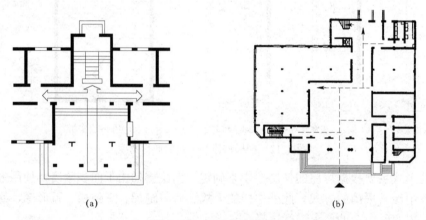

图 2-14 门厅交通组织

2.3 建筑平面组合设计

建筑平面组合设计就是将建筑平面中的使用部分、交通联系部分有机地联系起来，使之成为一个使用方便、结构合理、造价经济、形象美观且与环境相协调的建筑。

2.3.1 建筑平面功能分析

在进行建筑平面组合时，首先要对建筑进行合理的功能分析并进行功能分区，功能分区是将建筑各个部分按不同的功能要求进行分类，并根据它们之间的关系密切程度加以划分，使之分区明确，联系方便。建筑功能分析通常借助于功能分析图进行，功能分析图是用来表示建筑各个使用部分及相互之间联系的简单分析图，图 2-15 是某教学楼的功能分析图。

在进行建筑平面的组合设计时,还要根据具体设计要求,从以下 4 个方面进行分析。

1. 房间的主次关系

组成建筑的各房间,按使用性质及重要性,有主次房间之分,在平面组合时应分清主次,合理安排。在平面组合中,一般将主要房间放在比较好的朝向位置上,或安排在靠近主入口,并要求有良好的采光、通风条件。如在住宅设计中,起居室、卧室是主要房间,尽量放在南向并要求采光、通风良好,厨房、卫生间、储藏室是次要房间,放在北向位置,示例如图 2-16 所示;在食堂建筑中,餐厅是主要的使用房间,放在人流和交通的主要位置上,将厨房、库房、备餐间放在次要位置上,使其主次关系分明,使用方便,如图 2-17 所示。

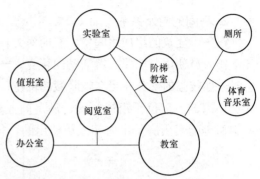

图 2-15 教学楼功能分析图

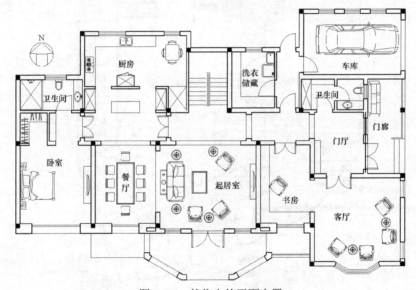

图 2-16 某住宅的平面布置

图 2-17 某食堂的平面布置

2. 房间的内外关系

在各类建筑的组成房间中,有的对外性强,直接为公众使用;有的对内性强,主要是内部工作人员使用。按照人流活动的特点,一般是将对外性较强的部分布置在交通枢纽附近,将对内性较强的部分布置在较隐藏的部位,并使其靠近内部交通区域,如商店建筑是供外部人员使用的,应位于沿街位置,满足商业建筑需醒目的特点和人流动的需要;而库房、办公用房等配套用房是供内部人员使用的,位置可隐蔽一些,示例如图2-18所示。

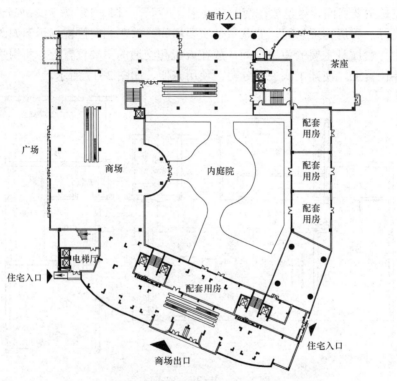

图2-18 某商店建筑的平面布置

3. 房间的联系与分隔

在对建筑的组成房间进行功能分析时,常根据房间的使用性质,如"闹"与"静"、"清"与"污"等,进行功能分区,使其既分隔而互不干扰,又有适当的联系。例如,学校建筑可以分为教学活动、行政办公及生活后勤等几个部分,教学活动和行政办公部分既要分区明确、避免干扰,又要考虑分成两个部分的教室和教师办公室之间的联系方便,其平面位置应当相互靠近;对于使用性质同属于教学部分的普通教室和音乐教室,因声音干扰问题,在平面组合上要有一定的分隔,示例如图2-19所示。

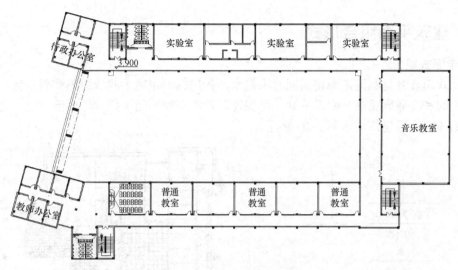

图 2-19 教学楼中的联系与分割

4. 房间的交通流线分析

流线在民用建筑设计中是指人或物在房间之间、房间内外之间流动即人流和货流的路线。在建筑的平面组合中,要认真考虑人流或货流路线的前后顺序,应以公共人流交通路线为主导线,不同性质的交通流线要明确分开,避免相互交叉、干扰。例如,火车站建筑中有人流、货流之分,人流又有问讯、售票、候车、检票、进入站台上车的上车流线及由站台经过检票出站的下车流线等,各种流线组织关系如图 2-20 所示。

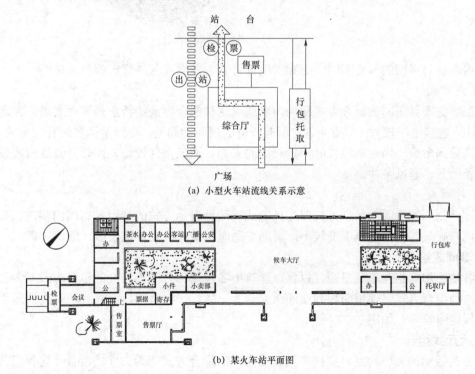

图 2-20 小型火车站的交通流线关系

2.3.2 建筑平面组合形式

1. 走廊式组合

走廊式组合就是利用走廊将房间联系起来，各房间沿走廊一侧或两侧并列布置。其特点是使用空间和交通联系部分明确分开，可保证各使用房间不受干扰，适用于学校、医院、办公楼、集体宿舍等建筑，如图 2-21 所示。

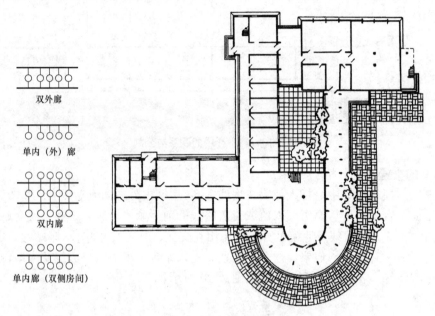

图 2-21 走廊式组合

根据走廊与房间的位置不同，走廊式组合可分为内廊式与外廊式两种。

1）内廊式

走廊两侧布置房间的组合方式即为内廊式。这种组合方式的特点是平面紧凑，走廊所占面积较小，建筑进深较大，节省用地；但有一侧的房间朝向差，走廊两侧房间有一定的干扰，房间通风受到影响，当走廊较长时，走廊内的采光、通风条件较差，需要开设高窗或设置过厅以改善采光、通风条件。

2）外廊式

走廊一侧布置房间的组合方式即为外廊式。这种组合方式的特点是房间的朝向、采光和通风都比内廊式好，但建筑深度较小，辅助交通面积增大，故占地较多，造价较高。

2. 套间式组合

将各使用房间相互串联贯通，以保证建筑中各使用部分的连续性的组合方式即为套间式组合。这种组合方式将使用面积和交通面积合为一体，平面紧凑，面积利用率高，适用于火车站、展览建筑等，如图 2-22 所示。

3. 大厅式组合

以公共活动的大厅为主，穿插布置辅助房间的组合方式即为大厅式组合。这种组合方式的特点是主体结构的大厅空间较大，使用人数较多，是建筑的主体和中心；辅助房间与大厅

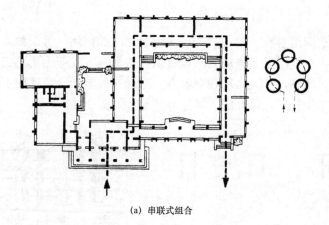

(a) 串联式组合

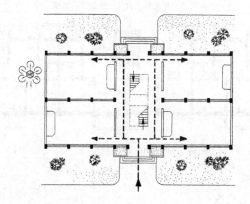

(b) 放射式组合

图 2-22 套间式组合

相比，尺寸大小悬殊，常布置在大厅周围并与主体房间保持一定的联系，适用于体育馆、电影院等，如图 2-23 所示。

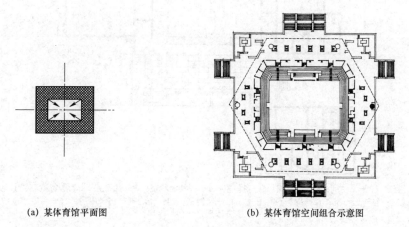

(a) 某体育馆平面图　　(b) 某体育馆空间组合示意图

图 2-23 大厅式组合

4. 单元式组合

将关系密切的房间组合在一起，成为一个相对独立的整体，各个独立的整体按使用性质在水平或垂直方向再重复组合起来成为一幢建筑，该组合方式即为单元式组合。这种组合方式的特点是功能分区明确，单元之间相对独立，组合布局灵活，可适应不同的地形，形成不同的组合方式，适用于住宅、幼儿园、学校等建筑，如图 2-24 所示。

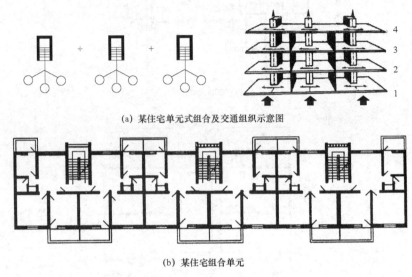

(a) 某住宅单元式组合及交通组织示意图

(b) 某住宅组合单元

图 2-24 单元式组合

5. 混合式组合

根据需要在建筑中以某一种组合方式为主，同时采用其他组合方式的组合方式，即为混合式组合。如图 2-25 所示的托幼建筑中，活动室、寝室、卫生间通常采用套间式组合，而后各组合间通过走廊联系。

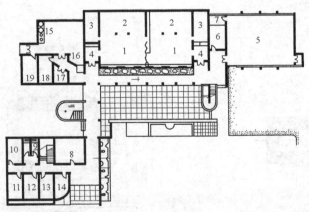

1—活动室；2—寝室；3—卫生间；4—衣帽间；5—音体室；6—教具储藏室；7—储藏室；8—晨检兼接待室；9—教工厕所；10—行政储藏室；11—值班室；12—保育员休息室；13—保健室；14—传达室；15—厨房；16—备餐间；17—开水间；18—炊事员休息室；19—库房。

图 2-25 托幼建筑平面图

2.3.3 建筑平面组合与结构选型关系

建筑的结构选型与建筑的平面和空间布局关系密切，在进行建筑平面组合设计时，要根据不同建筑的组合方式采用相应的结构类型，以达到经济合理的效果。目前，民用建筑常用的结构类型有墙承重结构、框架结构、空间结构。

1. 墙承重结构

以墙体和钢筋混凝土梁板承重并组成房屋主体结构的结构形式，称为墙承重结构。建筑的主要承重构件是墙、梁板、基础等。这种结构按承重墙的布置方式可分为 3 种类型，即横墙承重、纵墙承重、纵横墙混合承重，如图 2-26 所示。

1）横墙承重

横墙一般是指建筑短轴方向的墙，横墙承重就是用横墙来承接楼板重量，纵墙仅承受自身重量和起到分隔、围护的作用。横墙承重的结构布置特点是建筑横向刚度好，立面处理比较灵活，但是房间开间受到楼板跨度的影响，使房间布局在灵活度上受到了一定的限制，并且房间开间不大。因此，这种布置方式适用于大量相同开间，且房间面积较小的建筑，如宿舍、旅馆、住宅等建筑。

2）纵墙承重

纵墙是建筑长轴方向的墙，纵墙承重就是用纵墙来承接楼板的重量，由于横墙不承重，因此可以根据需要改变横向隔断的位置，布局比较灵活。但是纵墙承重建筑的整体刚度和抗震效果比横墙承重差，受板长的影响，房间的进深不大，同时立面开窗也受到一定限制，因此，这种布置方式适用于开间尺寸比较多样的办公楼及教学楼等建筑。

3）纵横墙混合承重

纵横墙混合承重就是根据房间的使用和结构要求，既采用横墙承重方式又采用纵墙承重的方式。这种布置方式，平面中房间的安排比较灵活，建筑刚度相对较好，但是由于楼板铺设的方式不同，平面形状比较复杂，因此施工时比较麻烦。一些开间、进深都较大的民用建筑，可采用有梁板等水平构件的纵横墙混合承重的布置方式。

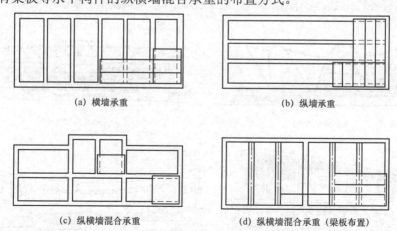

图 2-26 墙承重结构布置

2. 框架结构

框架结构是以钢筋混凝土或钢梁柱连接的结构布置体系，如图 2-27 所示。框架结构的特点是梁柱承重，墙只起分隔、围护的作用。框架结构的强度高、自重轻，整体性和抗震性能好，平面布局灵活性大，开窗较自由，但钢材及水泥用量大，造价比墙承重结构高。框架结构适用于开间和进深较大的商店、教学楼、展览馆之类的公共建筑及多层或高层住宅、旅馆等。

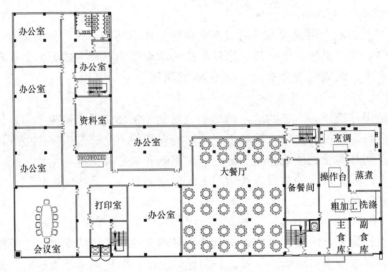

图 2-27　某框架结构平面图

3. 空间结构

在大厅式平面组合中，面积和体量都很大的厅室，如剧院的观众厅、体育馆的比赛大厅等，其覆盖和围护问题是大厅式平面组合结构布置的关键，所以，随着建筑技术、建筑材料、建筑施工方法的不断发展和建筑结构理论的进步，新的结构形式——空间结构迅速发展起来，其有效地解决了大跨度建筑空间的覆盖问题，同时也创造出了丰富多彩的建筑形象。

空间结构有各种形状，如薄壳结构、网架结构及悬索结构等，如图 2-28 所示。

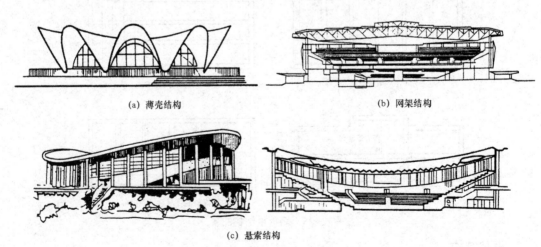

(a) 薄壳结构　　　　　　　　　　　(b) 网架结构

(c) 悬索结构

图 2-28　空间结构类型

2.3.4 基地环境对平面组合的影响

任何建筑都不是孤立存在的,其总是处在一个特定的环境之中,与周围的建筑、道路、绿化、建筑小品等密切联系,并受到它们及其他自然条件,如地形、地貌、气候环境等的影响。

1. 基地的大小、形状和道路走向

建筑的平面组合、外轮廓形状和尺寸与基地的大小和形状有着密切的关系,如图2-29所示。在满足使用要求的情况下,建筑平面组合是采用较为集中的布置方式,还是分散的布置方式,除了和气候条件、节约用地及管道设施等因素有关外,还与基地大小、形状有关。同时,基地内的道路布置及人流、车流方向是确定出入口和门厅平面位置的主要因素。在确定建筑平面组合形式时,应根据基地的大小、形状和道路走向等外在条件,使建筑的平面组合、外轮廓形状、尺寸及出入口位置等符合城市总体规划的要求。

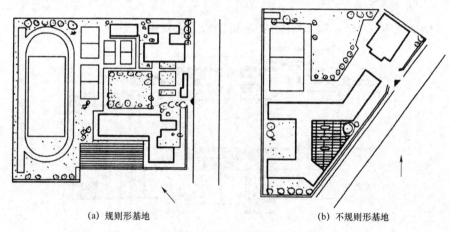

(a) 规则形基地　　　　　　　(b) 不规则形基地

图2-29　不同基地条件的中学教学楼平面组合

2. 建筑的朝向与间距

影响建筑朝向的因素主要有日照和风向。在不同的季节,太阳的位置、高度都在发生着规律性的变化。根据我国所处的地理位置,建筑取南向或南偏东、偏西少许角度能获得良好的日照,并获得冬暖夏凉的效果。

正确的朝向,可改变室内气候条件,创造舒适的室内环境,因此,在考虑日照对建筑平面组合的影响时,还要考虑当地夏季和冬季主导风向对建筑的影响,以确定良好的朝向。

影响建筑间距的因素有很多,如日照间距、防火间距、隔声间距等,对于大多数民用建筑而言,日照问题是确定房屋间距的主要依据,因为在一般情况下,只要满足了日照间距,其他间距要求也就基本满足。建筑日照间距的要求是保证后排建筑的底层窗台高度处,即使在冬季仍有一定的日照时间。日照间距的计算式为:

$$L = H/\tan\alpha \tag{2-1}$$

式中,L——建筑间距;

H——前排建筑檐口至后排建筑底层窗台的高差;

α——冬至日正午12时的太阳高度角。

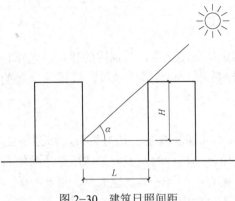

图 2-30 建筑日照间距

建筑日照间距如图 2-30 所示。

在实际工程中,建筑的间距通常是结合日照间距、卫生要求和地区用地情况作出对 L 和 H 比值的规定,如 L/H 等于 0.8、1.2、1.5 等,L/H 称为间距系数。

3. 基地的地形条件

如果基地地形为坡地,则应将建筑平面组合与地面高差结合起来,充分利用地势变化,减少土方量,处理好建筑朝向、道路、排水和景观等要求,并且可以形成富于变化的内部空间和外部形式。坡地建筑的布置方式有以下 3 种。

(1) 当地面坡度大于 25%时,建筑适宜垂直于等高线布置,如图 2-31 所示。

(2) 当地面坡度小于 25%时,建筑适宜平行于等高线布置,如图 2-32(b)、(c)、(d)、(e)所示。

(3) 当地面坡度在 10%左右时,可将建筑勒脚调整到同一标高,如图 2-32(a)所示。

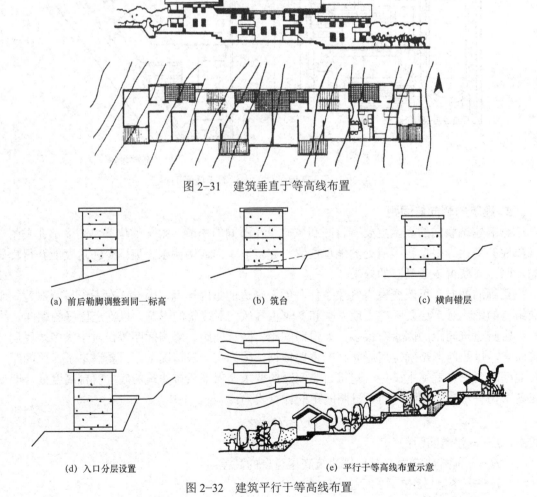

图 2-31 建筑垂直于等高线布置

(a) 前后勒脚调整到同一标高　　(b) 筑台　　(c) 横向错层

(d) 入口分层设置　　(e) 平行于等高线布置示意

图 2-32 建筑平行于等高线布置

思政映射与融入点

引入某著名大型公共建筑和某小区住宅平面图,引导学生理解不论建筑的规模大小、性质如何,其平面设计均要满足建筑空间功能的有序性、合理性、便捷性和规范性的要求。通过案例对比分析培育学生的刻苦钻研精神,让学生在学校期间养成良好的职业习惯。

思考题

2-1 建筑主要使用功能房间的形状、尺寸如何确定?
2-2 建筑的交通联系部分的形状、尺寸如何确定?
2-3 楼梯的数量、宽度和形式是如何确定的?
2-4 走廊的宽度和长度是如何确定的?
2-5 建筑平面的组合设计应遵循什么原则?
2-6 民用建筑的结构类型有哪几种?
2-7 建筑平面组合形式有哪几种?
2-8 基地环境对平面组合的影响有哪些?
2-9 影响建筑间距的因素有哪些?
2-10 坡地建筑的布置方式有哪几种?

住宅类建筑设计实训指导书

1. 住宅类建筑设计基本知识

1)住宅类建筑基本知识

住宅是供家庭日常居住使用的建筑,是人们为满足家庭生活需要,利用掌握的物质技术条件创造的人造环境。住宅建筑按照层数可以划分为低层住宅(一层至三层)、多层住宅(四层至六层)、中高层住宅(七层至九层)、高层住宅(十层以上)。按照建造形式不同可以分为独立式住宅、拼联式住宅、单元式住宅、走廊式住宅等。

住宅的使用功能较简单,包括卧室、起居室、厨房和卫生间等用房。房间的大小和数量根据设计要求不同而差别较大。在一套住宅中,不同的房间应紧凑布置,尽量减少交通面积。住宅设计应满足采光和通风的要求。一般将卧室、起居室等主要生活用房布置在良好的朝向如南向或东南向,厨房和卫生间等辅助用房可布置在北向。主要使用功能房间应有良好的自然通风。住宅功能组成如图2-33所示。

(1)独立式住宅。

独立式住宅是独户居住的单栋建筑,一般有独立庭院,居住环境良好。由于四面均有外墙,所以内部房间容易得到较好的采光、通风。但外墙面积较大,不利于节能。这种住宅居住舒适,是高档住宅。

（2）拼联式住宅。

拼联式住宅由若干独立住宅拼联而成。通常户与户左右相接，因此各户都有前后独立的院子，每户都有好的朝向和便于形成穿堂风的南北外墙；也有在左右拼接的基础上再上下拼接的，一般上下只有两户，前后院落分户使用。这种做法降低了居住舒适度，但提高了土地的利用效率。

（3）单元式住宅。

单元式住宅每单元以楼梯为中心布置住户，由楼梯平台直接进分户门。这种住宅平面布置紧凑，户与户干扰小。有一梯两户至一梯多户之分（一般不超过四户）。以一梯两户为最好，每户均有南北两方向的外墙可供形成穿堂风。单元式住宅可以是独立单元住宅，也可以由多个单元相拼接而成。

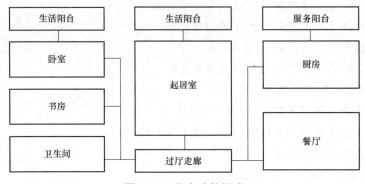

图 2-33　住宅功能组成

（4）走廊式住宅。

走廊式住宅是沿着公共走廊布置住户的住宅形式。每层住户较多，干扰较大。但户与户之间联系方便，楼梯利用率高。这种住宅根据走廊的位置有内廊和外廊之分。内廊式住宅除尽端住户外均只有一个朝向的外墙，不宜形成穿堂风；外廊式住宅对采光不利。

住宅的体型和立面设计因住宅的形式、层数不同而大相径庭。多层和高层住宅立面因套型在竖向重复叠加而具有很强的规律性，不宜做过大的变化，通常在建筑的顶部和底部做造型、质感或色彩的变换以丰富建筑立面。对于独立式小型住宅而言，情况大不一样。建筑的体型和立面可以设计得千差万别，平面形状、屋顶形式、层数确定、挑台方式、开窗形状和立面质感或色彩的变换都是常用的设计手法。但在设计时要把握好"度"，切忌变化过多而带来凌乱琐碎的感觉，而且外墙面积过多对节能也不利。

住宅类建筑剖面设计相对简单。首先要严格规范建筑的层高。对于跃层、跃廊的多层、高层住宅要做好高差处的空间处理，尤其是在楼梯和台阶部位，避免出现"碰头"的现象。对于独立式小型住宅，在山区高差较大处建造，或者为了丰富空间的变换而人为做出"错层"的变化时，要注意高度不同部位的竖向联系方式，尽量将竖向交通集中布置以节约面积。对于坡屋顶下空间的利用，要注意坡屋顶下净高应满足规范要求。

2）住宅类建筑设计要点

（1）住宅设计应分区合理、布局紧凑，提高空间利用效率，杜绝面积浪费现象。

（2）起居室应减少直接开门的数量，否则不宜布置家具。

（3）卧室不应紧靠电梯井布置，如无法避免，应设置隔声墙。

（4）卫生间不应直接布置在下层住户的卧室、起居室和厨房的上层。但可布置在本套内的卧室、起居室上层。

（5）套内入口过道和户内走道不宜过宽，以免浪费面积。但也不宜过窄，以免不利于进行搬运家具等活动。一般套内入口过道以宽度不小于 1.2 m 为宜，户内走道，以宽度不小于 0.9 m 为宜。

（6）面临走廊或围墙的窗，应避免视线干扰。向走廊开启的窗扇不应妨碍交通。

（7）住宅户门应采用安全防卫门。向外开启的户门不应妨碍交通。

（8）厨房应采用直接对外开的窗。无外窗的厨房不能布置燃气灶具。

（9）厨房操作面应有一定长度设置洗涤池、案台、炉灶及排油烟机等设施或预留上述设施的位置。

（10）住宅内可充分利用门口上部、窗台下部、管线周围等空间做储藏使用。

2. 住宅类建筑设计任务书

设计题目：单元式多层住宅设计

1）场地要求

我国某城市（南、北地区自选）居住区，南临城市道路，西临居住区道路，其余两面临绿地，地势平坦。规划要求用地在东、西、北三面的建筑红线后退 4 m，南面的建筑红线后退 5 m，建筑不得突出建筑控制线。建筑层数为 5~6 层，主入口附近应考虑汽车与自行车停车位，基地平面图如图 2-34 所示。

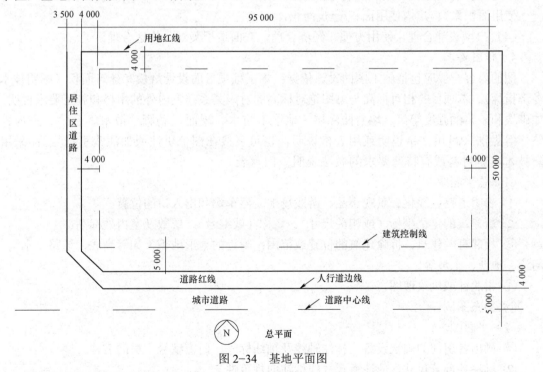

图 2-34 基地平面图

2）房间面积要求

（1）面积指标。

平均每套建筑面积：60~140 m^2

户型和每户建筑面积：一室一厅一厨一卫　60～80 m²

两室一厅一厨一卫　80～100 m²

两室两厅一厨一卫　90～110 m²

三室两厅一厨一卫　100～140 m²

（2）辅助房间。厨房和卫生间均为每户单独使用。在条件允许的情况下，可设双卫并考虑干湿分区。厨房设置洗池、案台和灶台（燃料为天然气）和必要的储藏设施，卫生间设置大便器、浴缸（或淋浴）和洗脸盆。

（3）其他设施。每户可设置生活阳台、服务阳台，每户应考虑必要的储藏设施，可根据具体情况设置搁板、吊柜、壁柜或储藏间等。

（4）其他房间。如书房、起居室可根据具体情况设置。

3）设计要求

（1）卧室之间不允许穿套。居室面积要求：起居室大于等于 18 m²，大居室为 15～25 m²，中居室为 10～15 m²，小居室为 8～11 m²。

（2）每套住宅内必须有一间大居室，主要居室应能同时两个方向放床，并要求每套住宅内居室大小搭配恰当。

（3）计算技术经济指标：用地面积、建筑面积、建筑密度、容积率、绿化面积及平均每套建筑面积使用面积系数。

平均每套建筑面积=总建筑面积/总套数，m²；

使用面积系数=户内使用面积/建筑面积，m²。

（4）户型设计合理、使用方便、经济合理，立面造型美观，构造合理。

4）作图要求

图的内容一般应包括施工图的设计依据；本工程项目的设计规模和建筑面积（标明技术经济指标）；本项目的相对标高与总图绝对标高的对应关系；室内外的用料和施工要求说明，如砌块和砂浆的强度等级、墙身防潮层、地下室防水、屋面、勒脚、散水、台阶、室内外装修等做法（可用文字说明或用表格说明，也可直接在图上引注或加注索引符号）；采用新技术、新材料或有特殊要求的做法说明；门窗表。

（1）总平面图。

① 表明道路、绿化、景观小品、游戏场地、停车场和出入口的位置。

② 新建筑的定位坐标（或相关尺寸）、名称（或编号）、层数及室内外标高。

③ 相邻有关建筑、拆除建筑的位置或范围；附近的地形地貌，如等高线、道路、水沟、河流、池塘、土坡等。

④ 指北针或风玫瑰图。

⑤ 补充图例。

（2）平面图。

① 画出各房间的固定设备，标注轴线及轴线标号、门窗编号、房间名称。

② 标注各部分尺寸，应注意尺寸线标注的规范性。

外部尺寸：三道尺寸（即总尺寸、轴线尺寸、墙段和门窗洞口尺寸）及底层室外台阶、坡道、散水等尺寸。

③ 标注内外地面的标高、各层楼面标高及有关部位上节点详图的索引符号。

④ 在首层平面图中标注剖切符号及编号,并在首层平面图中绘制指北针(一般取"上北下南")。

⑤ 屋顶平面图中一般包括女儿墙、檐沟、屋面坡度、分水线与落水管、楼梯间、天窗、上人孔、消防梯及其他构筑物、索引符号等。

(3) 立面图。

① 绘出室外地面线及建筑的勒脚、台阶、花台、门窗、雨篷、阳台;室外楼梯、墙、柱;外墙的预留孔洞、檐口、屋顶、雨水管、墙面分隔线或其他装饰构件等。

② 注明建筑两端或分段的轴线及编号。

③ 标注建筑总高、层高及门窗、门窗洞口和窗间墙等细部尺寸。

④ 标注各部分构造、装饰节点详图的索引符号。用图例、文字或列表说明外墙面的装修材料及做法。

(4) 剖面图。

① 选择适当部位剖切,尽量选择能够体现出建筑空间变化较大的部位。

② 绘制剖切到或投影可见的固定设备。

③ 标注主要轴线及编号、详图索引号。

④ 标出各部位完成面的标高和高度尺寸。

(a) 标高内容。门、窗洞口(包括洞口上部和窗口)高度,层间高度及总高度(室外地面至檐口或女儿墙顶)。

(b) 高度尺寸内容。外部尺寸:地坑深度和隔断、隔板、平台、墙裙及室内门、窗等的高度。

⑤ 说明楼、地面各层构造。一般可用引出线说明,引出线指向所说明的部位,并按其构造的层次顺序,逐层加以文字说明。若另画有详图,可在详图中说明,也可在"构造说明一览表"中统一说明。

⑥ 详图。详图的图示方法视细部的构造复杂程度而定,要求表示清楚各部分的构造关系,注明有关细部尺寸、标高、轴线编号及做法说明等。

(a) 外墙身详图实际上是建筑剖面图的局部放大图,其表达了房屋的屋面、楼层、地面、檐口、楼板与墙的连接、门窗、窗台和勒脚、散水等构造情况。

(b) 楼梯详图一般包括平面图、剖面图及踏步、栏杆详图等。

第 3 章 建筑剖面设计

请按表 3-1 的教学要求，学习本章的相关教学内容。

表 3-1 教学内容和教学要求表

教学内容		教学要求	教学内容		教学要求
3.1	建筑剖面形状及各部分高度的确定	掌握	3.2.3	建筑结构类型和建筑材料的要求	了解
3.1.1	建筑高度及剖面形状的确定		3.2.4	社会经济条件的要求	
3.1.2	各部分高度的确定		3.3	剖面组合及空间的利用	重点掌握
3.2	建筑层数的确定	了解	3.3.1	建筑剖面的组合方式	
3.2.1	基地环境和城市规划的要求		3.3.2	建筑空间的充分利用	
3.2.2	建筑使用性质的要求				

建筑剖面设计以建筑在垂直方向上各部分的组合关系为研究对象，包括建筑竖向形状及比例、建筑层数、建筑空间的组合与利用、建筑采光与通风方式的选择等内容，建筑剖面图如图 3-1 所示。剖面分析往往利用建筑剖面图，即采用一个或多个铅垂平面在建筑主要部位

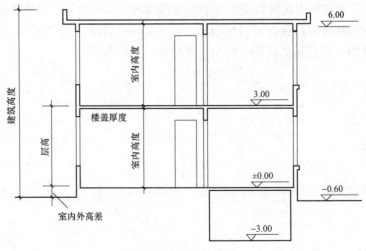

图 3-1 建筑剖面图

或构造较为典型的部位,如楼梯间等,对建筑进行剖切所得到的正投影图,来清晰表达建筑内部的结构构造、垂直方向的分层情况、各层楼地面和屋顶的构造及相关的尺寸、标高等。图 3-2 为某剧院剖面图。

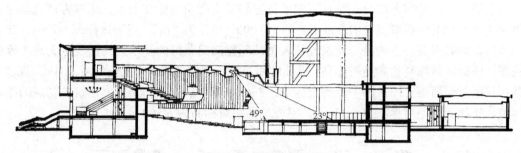

图 3-2 某剧院剖面图

一般来说,剖面设计是在平面设计的基础上进行的,而不同的剖面形式又会对平面布局产生不同的影响。与确定建筑平面的面积和形状相类似,建筑剖面设计也涉及建筑的使用功能、造价和节约用地等经济技术条件,以及建筑的周围环境。因此,进行剖面设计时,需要同时研究建筑平面设计和立面设计,每种设计之间相互制约、相互影响,又各有侧重点。例如,在考虑建筑平面设计时,不仅要解决建筑各部分在水平方向的组合关系,还必须考虑单个房间和平面组合后每个空间的竖向形状、组合后竖向各部分空间的特点,以及由此生成的建筑外部立面形象等。图 3-3 和图 3-4 为某体育馆平、剖面图,由于观众厅有视线要求,所以地面升高很大,并对观众席下面的空间进行了有效利用,形成了最终的剖面、立面形状。

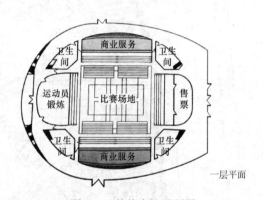

图 3-3 某体育馆平面图

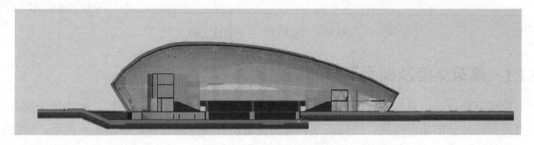

图 3-4 某体育馆剖面图

3.1 建筑剖面形状及各部分高度的确定

建筑设计中,建筑各部分在垂直方向的位置和高度用相对标高表示。通常将建筑首层室内地面的高度定义为相对标高的基准点,即±0.000,单位为"m",高于该标高为正值,低于该标高为负值。需要注意的是,建筑设计人员从职能部门获得的基地红线图及水文地质等资料的图纸所标注的标高均为绝对标高,设计时需要进行相应的换算,避免混淆。例如,图3-5为某居住区总平面施工图,图中点的坐标X:7 909.455、Y:7 730.387为建筑控制点的绝对坐标值,新建建筑绝对标高为5.320 m、室外地面绝对标高为5.300 m等。

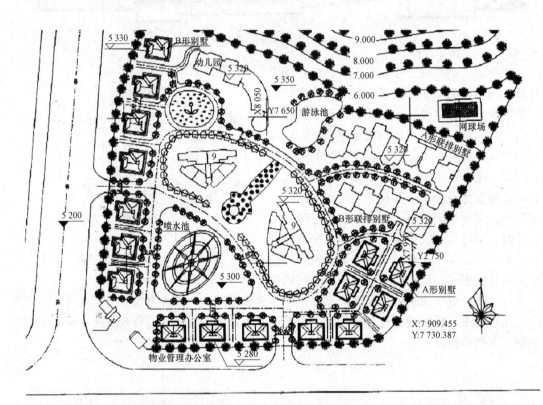

图3-5 某居住区总平面施工图

3.1.1 建筑高度及剖面形状的确定

建筑剖面设计,首先要根据建筑使用功能要求确定建筑层高和净高等。建筑每一部分的高度是指该部分的使用高度、结构高度和有关设备所占高度的总和。如图3-6所示,该房屋上部有结构梁通过,梁底以下空间有空调等设备管道和吊顶。该房间层高是指从楼面(地面)至楼面的垂直距离 H_2,即楼板和结构梁的高度,加上梁底到吊顶面之间的垂直距离,再加上该房间所应有的使用高度,就是楼层在该处的层高;而净高则是指从楼面(地面)至吊顶顶棚或其上部构件底面的垂直距离 H_1,即建筑的使用高度。

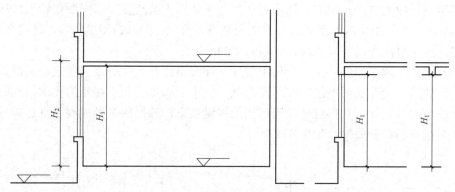

图 3-6 房间层高和净高示意图

建筑剖面的形状应主要根据建筑使用功能要求确定,同时也要考虑物质技术、经济条件和空间艺术效果等多方面的影响。决定建筑高度和剖面形状的因素主要有以下 5 个。

1. 房间使用性质、人体活动和设备要求

民用建筑对剖面的使用要求,有些是一般要求。例如学校、住宅、医院、办公楼等,其剖面形状多采用矩形,其房间净高与使用人数的多少有关。室内最小净高应以人举手触摸不到顶棚为宜,即人体尺度和人体活动所需的最基本的空间尺度,一般不小于 2.2 m。住宅建筑中的起居室和卧室,由于使用人数较少、房间面积较小,净高可以相对较低,一般为 2.8 m 左右,如图 3-7(a)所示;集体宿舍一般使用双层床铺可能性较大,使用人数相对较多,室

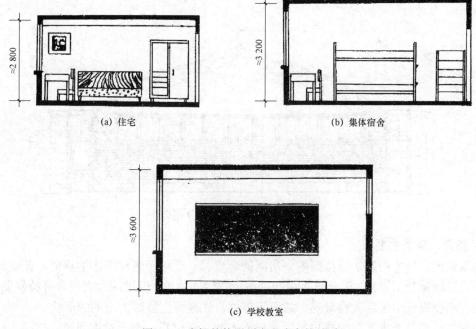

(a) 住宅

(b) 集体宿舍

(c) 学校教室

图 3-7 房间的使用要求和净高的关系

内净高一般比住宅稍高,为 3.2 m 左右,如图 3-7(b)所示;医院的手术室由于设备仪器的需要,其净高一般为 3.0 m 左右;而学校教室由于使用人数较多,房间面积较大,净高一般为 3.6 m 左右,如图 3-7(c)所示;一些大型商场、餐厅、图书馆阅览室等,使用面积更大、人数更多,因此室内净高宜取更高,一般为 4.2 m 左右。

另外一些民用建筑如影剧院、阶梯报告厅、体育馆比赛大厅等观演建筑,对剖面形状一般都有特殊要求,设计剖面不仅应在平面形状、大小上满足视距、视角的要求,同时地面也应有一定的坡度,以保证获得舒适、无遮挡的视觉效果,顶棚通常做成利于直达声反射的折面,以获得满意的声音效果,如图 3-8 所示。

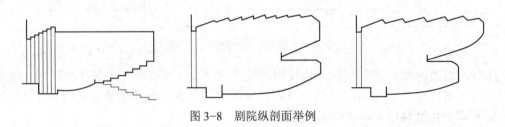

图 3-8 剧院纵剖面举例

2. 结构类型的影响

不同的结构类型对民用建筑房间的剖面形状有一定的影响,一般其剖面形状有矩形和非矩形两种。其中,矩形剖面具有形状规则、简单、有利于梁板布置等特点,而且施工较为方便,采用较多。有些大跨度建筑的空间剖面常受到结构形式的影响,其高度和剖面形状也是多种多样的,但高度和剖面形状主要是受室内活动特点的影响。图 3-9 为某体育馆比赛大厅剖面,其形状综合反映了各种球类活动和观众看台所需要的不同高度要求,形成了其特有的剖面形状。

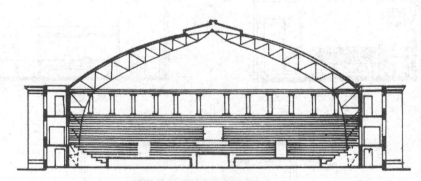

图 3-9 某体育馆比赛大厅剖面

3. 通风、采光的要求

建筑通风、采光的要求直接影响到房间的高度。一般对于进深不大的房间,侧窗通风、采光即可以满足使用要求,因此这类房间剖面形式较为简单。但进深太大或者有特殊要求时,则需要在剖面设计中采用天窗采光、通风等方式,在剖面上反映为不同的形状。

房间内的通风要求、室内进出风口在剖面上的高低位置,都会对房间净高的确定有一定的影响。潮湿和炎热地区的民用房屋,经常在内墙上开设高窗或者设置亮子等,利用空气的气压差，组织穿堂风，改善通风条件。例如食堂的厨房部分，由于室内操作时会散发大量的蒸汽和热量，其顶部常设置气楼，组织室内通风排气，厨房不同通风方式对剖面的影响如图 3-10 所示。对于一些容纳人数较多的公共建筑，为保证房间正常的氧气容量和必要的卫生条件，房间的净高应该适当高一些。

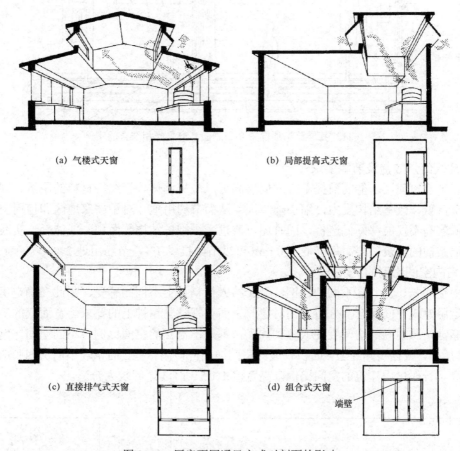

图 3-10 厨房不同通风方式对剖面的影响

室内光线的强弱和均匀性，除了与窗户在平面上的位置、宽度有关，还和窗户在立面上的大小、形状、高低等有关。房间内光线的照射深度，主要靠侧窗的高度解决，一般进深越大，要求侧窗上沿的位置越高，即相应房间的净高也要设计得高一些。如果房间只采用单侧采光，通常窗户上沿离地面的高度，应该大于房间进深长度的一半；如果房间允许两侧开窗，则房间的净高不小于房间总进深长度的四分之一。单层房间中进深较大的房间，为改善室内采光条件，也可在屋顶设置各种形式的天窗，房间剖面形状因此具有明显的特点，例如大型展览馆、室内游泳池、大型室内市场等建筑，主要大厅通常采用天窗的顶光，或者顶光与侧光结合的布置方式来提高室内采光质量。图 3-11 为某展览馆顶部采光和侧面高窗采光相结合的实例。

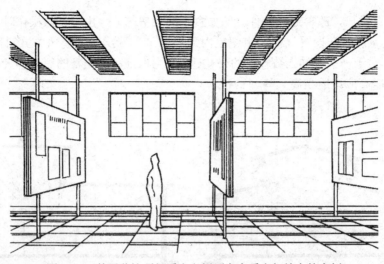

图 3-11　某展览馆顶部采光和侧面高窗采光相结合的实例

4. 建筑经济效益及节能要求

在满足建筑使用功能的前提下，降低层高可以减少墙体、管线等材料的用量，同时也可减轻建筑自重，改善结构受力，缩小建筑间距从而节约用地。对于严寒地区和使用空调的建筑，降低层高不仅能够降低造价，同时还可通过减少围护结构的面积降低能耗。实践证明，普通砖混结构的建筑，层高每降低 100 mm 可以节约投资 1%，节约用地 2%。

5. 室内空间比例的要求

室内空间长、宽、高不同的比例，会带给人们精神上不同的感受，因此在确定房间净高时，应运用建筑空间概念，分析人们对建筑空间在视觉与精神上的要求。宽而低的房间给人压抑的感觉，狭而高的房间会使人感到拘谨，都是不恰当的空间比例，不同空间比例效果如图 3-12 所示。根据实际经验，面积较大的房间净高应该高一些，面积较小的房间则应该适当降低净高。一般民用建筑的空间比例，高宽比 1:1.5 到 1:3 之间较为合适。

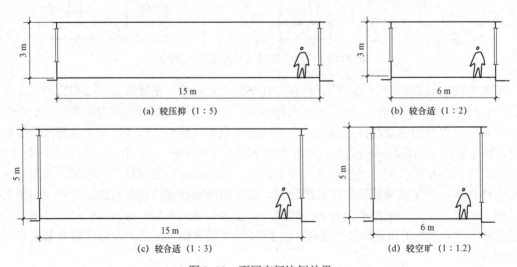

图 3-12　不同空间比例效果

总之，只有综合考虑以上各项因素，充分权衡利弊，才能正确确定建筑高度和剖面形式。

3.1.2 各部分高度的确定

在建筑剖面设计中，房间室内空间的净高和剖面形状确定后，还应该分别确定房间层高、室内外高差、特殊房间室内地面标高、窗台标高和雨篷高度等。

1. 层高的确定

建筑的层高与净高关系密切，净高加上结构的高度即为层高，因此净高与层高的确定原则基本相同。在满足房间卫生和使用要求的前提下，适当降低层高，具有重大意义。但是建筑层高的最后确定，仍然要综合考虑建筑使用性质、卫生要求、技术经济条件和建筑艺术等多方面的要求。《中小学校设计规范》（GB 50099—2011）规定的中小学主要教学用房的最小净高见表 3-2。

表 3-2　中小学主要教学用房的最小净高　　　　　　　　　　单位：m

学校类别	普通教室、史地、美术、音乐教室	舞蹈教室	科学教室、实验室、计算机教室、劳动教室、技术教室、合班教室	阶梯教室
高中	3.10	4.50	3.10	最后一排（楼地面最高点）距顶棚或上方突出物最小距离为 2.20 m
初中	3.05			
小学	3.00			

2. 室内外高差的确定

一般民用建筑为了防止室外雨水流入室内，并防止墙身、底层地面受潮，同时为了满足建筑使用要求及建筑美观性要求，通常把建筑室内地坪适当提高，提升高度一般不低于 150 mm，常取 300～450 mm。但室内外高差也不宜过大，否则不利于组织室内外进出联系，同时会增加建筑造价。

位于山地、坡地及一些有特殊要求的建筑，室内外高差应根据使用要求、建筑性质等方面确定。室内首层地面标高的确定，要综合考虑地形的起伏变化和室内外道路布置等因素，使其既方便建筑内外联系，又利于室内外排水和减少土石方工程量，降低造价，图 3-13 是位于坡地的某中学的平面图和剖面图，建筑垂直于等高线布置，依势而建，不仅减少了土石方工程量，而且取得了良好的建筑景观效果。

防潮要求较高的建筑，需要参考当地有关洪水水位的资料以确定室内地坪标高；工业建筑的仓库等，一般要求室内外联系方便，因此在常有车辆出入的大门处应该适当降低室内外高差，只设坡道，不设台阶，高差一般以不超过 300 mm 为宜；大型会场或纪念性建筑等，常采用较高的台基和较多的踏步处理，利用室内外高差增强建筑宏伟和庄重的气氛，如图 3-14 所示。

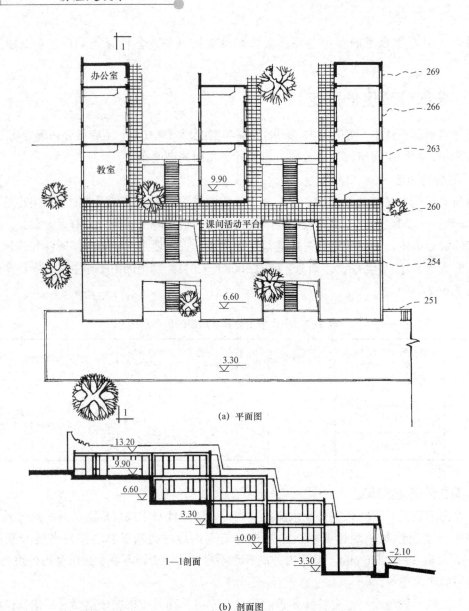

(a) 平面图

(b) 剖面图

图 3-13　位于坡地的某中学的平面图和剖面图

图 3-14　人民大会堂入口台阶

3. 特殊房间室内地面标高的确定

建筑设计一般将同一楼层各个房间的地面标高取得一致,以方便通行和施工。但对于一些易于积水或经常冲洗的房间,例如厨房、厕所、浴室、阳台、外廊等,其地面标高一般比其他房间的地面标高低 20～60 mm,以防止积水外溢,影响其他房间的正常使用。

4. 窗台标高的确定

窗台标高的确定与房间使用要求、人体尺度、家具设备布置等密切相关。一般窗台高度与房间工作面(如书桌的台面)高度基本一致,如书桌的高度取 800 mm,窗台的高度取 900～1 000 mm,保证了书桌上有足够的照度，同时开窗和桌面使用均不受影响，如图 3-15 所示。

厕所、浴室及走廊两侧的窗台高度一般提高到 1 800 mm 以上，以利于遮挡人们的视线，如图 3-15 所示。

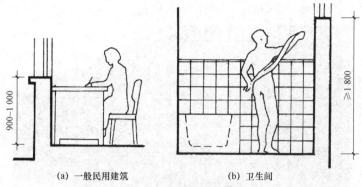

图 3-15　窗台标高示意图

托幼建筑考虑儿童身高和低矮的家具尺度，其活动室、卧室等窗台高度一般降低至 600～700 mm，如图 3-16（a）所示。

展览类建筑通常利用室内墙面布置展品，因此要防止窗口射入的光线使人眼产生眩光，窗台高度一般提升到 2 500 mm 以上，如图 3-16（b）所示。

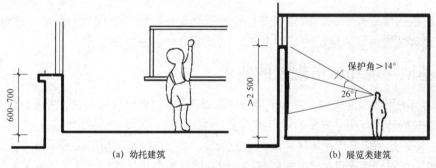

图 3-16　窗台标高示意图

公共建筑的餐厅、大堂和居住建筑中的起居室等，一般多考虑室内外空间的相互渗透，并要求室内阳光照射充足，常采取降低窗台的设计手法，有的做成落地窗。图 3-17 为某大堂落地窗，图 3-18 为某餐厅落地窗。

图 3-17　某大堂落地窗

图 3-18　某餐厅落地窗

5. 雨篷高度的确定

建筑出入口处雨篷的高度，应该充分考虑与门的关系。雨篷位置过高，大门易受到雨水冲刷，挡雨效果不好；位置过低，则容易产生压抑感，且不利于安装门灯。因此雨篷标高一般高于门洞口标高 200 mm 左右为宜，如图 3-19 所示。

图 3-19　某建筑入口雨篷

3.2　建筑层数的确定

建筑层数的确定要考虑的因素很多，主要有基地环境和城市规划的要求、建筑使用性质的要求、建筑结构类型和建筑材料的要求，以及社会经济条件的要求。

3.2.1　基地环境和城市规划的要求

确定建筑的层数不能脱离一定的环境条件限制，出于对城市总体面貌的考虑，城市规划对局部的每个建筑群体都有高度方面的设定和要求。例如，位于城市主要街道两侧、广场周围、风景区的建筑，特别是历史文化保护区内及附近的建筑，必须重视与环境的关系，通常会限制建筑高度，以免破坏周围自然景观；城市规划部门一般会根据城市总体规划，对这类地区提出指导性条款和强制性条款，如对建筑高度、造型、色彩、容积率、绿地率、基地出入口等提出明确要求，设计者应严格执行。再如临近飞机场的一些建筑，为了保证飞机的正常起降，也有限高的要求。

3.2.2　建筑使用性质的要求

建筑的使用性质对建筑层数有一定的要求。例如，为了保证儿童安全和便于儿童进行户外活动，托幼建筑的层数不宜超过三层；中小学校建筑使用人数较多，为方便使用，也宜建三、四层；体育馆、车站、影剧院等大型公共建筑，具有较大的面积和较高的空间，人流集中，为便于安全、迅速疏散，也应以低层、单层为主；住宅、办公楼、旅馆等建筑，使用人数不多，室内层高较低，使用较为分散，因此这一类建筑多采用多层或高层，利用楼梯或电梯作为交通联系设施。

3.2.3　建筑结构类型和建筑材料的要求

不同的建筑结构类型和所选用的建筑材料由于适用性不同，对建筑层数和总高度会产生影响。例如，一般砖混结构的建筑多以墙承重，结构自身重量大、整体性差，层数越多，下部墙体自重越大，既浪费材料又会减少有效使用空间，因此常用于六七层以下的大量性民用建筑，如中小学校、多层住宅、中小型医院、办公楼等；钢筋混凝土框架结构、剪力墙结构、框架–剪力墙结构及筒体结构等，由于结构自重较轻，占用空间较少，一般常用于多层或高层建筑，如高层宾馆、高层办公楼或高层住宅等。图3-20为不同结构类型适用的层数。

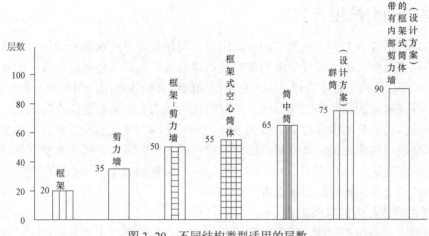

图 3-20　不同结构类型适用的层数

其他多种材料构成的空间结构体系，如折板结构、薄壳结构、网架结构、悬索结构等则适用于低层、单层大跨度类建筑，如剧院、体育馆、食堂、仓库等。

此外，建筑施工条件、起重设备、吊装能力及施工方法对建筑层数的确定也有一定的影响。

3.2.4　社会经济条件的要求

社会经济条件的要求主要体现在建筑造价对层数的影响。大量性民用建筑，如混合结构的住宅，在一定范围内适当增加层数，可以降低造价。在建筑群体组合中，单体建筑的层数越多，用地越经济。例如，一幢五层的建筑与五幢单层平房相比较，在满足日照间距的前提下，后者用地面积是前者的两倍，如图3-21所示。

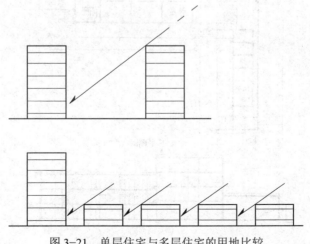

图 3-21　单层住宅与多层住宅的用地比较

综上所述，在确定建筑层数时应充分考虑各方面影响因素，确定最佳方案。

3.3 剖面组合及空间的利用

3.3.1 建筑剖面的组合方式

一幢建筑包括许多大小不同的空间，其用途、面积和高度要求各不相同。如果只是简单地将各种不同形状、大小、高低的房间按照使用要求组合起来，势必会造成屋面和楼面高低错落、使用不便、结构布置不合理。因此建筑剖面的组合应该根据使用要求，结合基地环境，考虑建筑中各类房间的高度和剖面形状、房屋的使用要求和结构布置特点等因素，将高度相同、使用性质接近的房间组合起来，做到分区明确、使用方便、流线清晰、设备集中。一般情况下可以将使用性质近似、高度相同的部分放在同一层布置；开敞的大空间尽量设在建筑顶层，避免放在底层形成"下柔上刚"的结构，也应该避免放在中间层造成建筑结构刚度的突变。下面具体介绍4种剖面的组合方式。

1. 层高相同或相近的房间组合

建筑中常有许多层高相同、使用性质接近的房间，如教学楼中的普通教室、住宅中的起居室和卧室、办公楼中的各类办公室等，这些房间数量较多，功能要求相对独立，常采用走廊式和单元式平面组合布置在同一层上，再以楼梯、电梯将各层竖向排列的空间联系起来，形成一个整体。这种组合有利于统一各层楼面标高，结构布置合理，并便于施工。

有的建筑中由于各类房间使用要求不同，出现了房间大小、高低的不同，考虑到结构布置、构造简单和施工方便等因素，在组合时需将这些房间的层高进行调整。图 3-22 为某中学教学

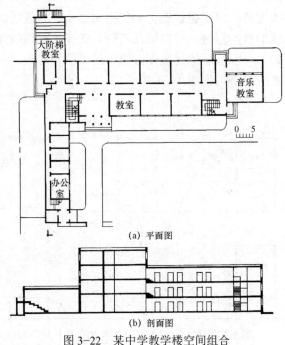

(a) 平面图

(b) 剖面图

图 3-22 某中学教学楼空间组合

楼空间组合，其中，教室、实验室与厕所、储藏室等，为了便于使用，将它们调整为同一高度；办公室开间、进深小，层高较低，常组合在一起；大阶梯教室容纳人数多、空间大，因此层高较高，和普通教室、办公室高度相差较大，应采用单层形式附建于教学主楼旁，各部分之间的高差，利用走廊中的踏步连接。这种空间组合方式，使用上能满足各种房间的要求，结构布置也较合理，同时比较经济。

2. 层高相差较大的房间组合

层高相差特别大的建筑，如影剧院、体育馆等，空间组合常以建筑使用部分的观众厅和比赛厅等大空间为中心，并利用大厅的地面起坡、看台等特点，充分利用看台下的结构空间，将一些辅助用房布置在大厅四周或看台下面，示例如图 3-23 所示。

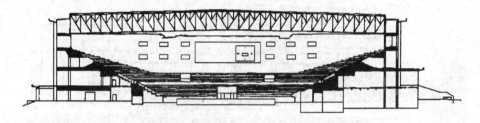

图 3-23 某体育馆空间利用

图书馆建筑中，阅览室、书库、办公室等层高相差较大，阅览室层高一般为 4～5 m，书库层高一般为 2.2～2.5 m，因此常将阅览室与书库组合在一起，两者高度比为 1:2，书库采用夹层布置方式，有利于结构的简化，示例如图 3-24 所示。

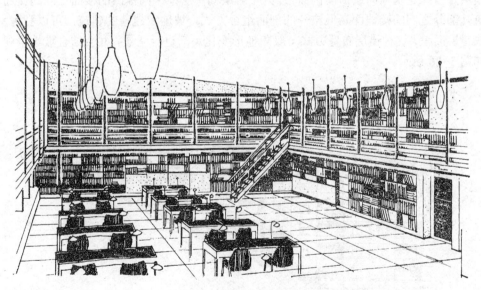

图 3-24 某图书馆室内空间

在多层或高层建筑中，如办公楼、旅馆、综合会议中心等，对高差相差较大的房间进行组合时，常以数量较多的小空间为主体，将少量面积较大的、层高较高的大空间设置在底层、顶层或作为单独部分附设于主体建筑旁，使其不受层高与结构的限制，如旅馆建筑中常把门厅、餐厅等层高较大的房间放在一层或以裙房形式布置在主体建筑旁，示例如图 3-25 所示。

图 3-25　某旅馆建筑空间组合图

3. 错层和跃层

1）错层

错层是指在建筑纵向或横向剖面中，为了解决同一层中不同标高的楼面之间的交通联系，使建筑几部分之间的楼地面高低错开的剖面组合方式。坡地上建造的建筑，可以利用室外台阶解决错层高差，这种错层布置方式一般随地形变化灵活进行错层，并会结合坡地景观设计，示例如图 3-26 所示。

图 3-26　某坡地建筑

错层设计可以获得较为活泼的建筑体型，但要注意错层设计的交通组织不应过于复杂，在抗震设防地区也必须采取相应的抗震措施，以解决错层对结构刚度可能造成的影响。通常有以下 2 种方法。

（1）利用室外台阶解决错层高差，如图 3-26 中用垂直于等高线布置室外台阶的方式解决建筑高差的问题。

（2）利用楼梯间解决错层高差，示例如图 3-27 所示。图中，教学楼通过选用不同的楼梯梯段的数量调整梯段的踏步级数，使楼梯平台的标高和错层楼地面的标高平齐。

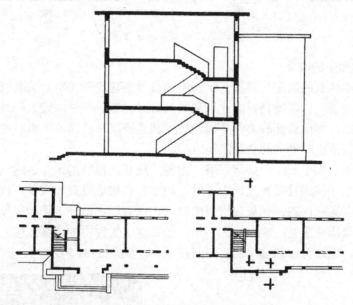

图 3-27 某教学楼错层设计

2）跃层

跃层的剖面组合方式主要用于住宅建筑，这些建筑的公共走廊每隔一至两层设置一条，每户均有前后相通的一层或上下层房间，各住户以内部小楼梯组织上下交通。图 3-28 为外廊式跃层住宅，图 3-29 为内廊式跃层住宅。跃层剖面的特点是节约公共交通面积，各住户之间的干扰较少，每户均有两个朝向，通风条件好。但跃层剖面的结构布置和施工较为复杂，每户建筑面积较大，居住标准高。

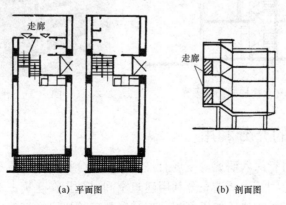

(a) 平面图　　(b) 剖面图

图 3-28 外廊式跃层住宅

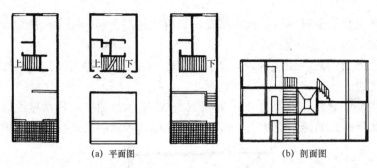

(a) 平面图　　　　　　　　　　　　(b) 剖面图

图 3-29　内廊式跃层住宅

4. 楼梯在剖面中的位置

楼梯在剖面中位置的确定与楼梯在平面中的位置及建筑平面组合关系密切相关。楼梯间通常沿建筑外墙设置，以取得良好的通风和采光效果。但一些进深较大的外廊式建筑，楼梯间可以布置在中部，剖面设计时要注意梯段坡度和建筑层高进深的关系，也必须组织好底层楼梯出入口或错层搭接时平台的交通流线组织。

楼梯设在建筑剖面中部时，必须采取一定的措施解决楼梯的采光、通风问题。在大进深的多层住宅中，当楼梯间设置在建筑中部时，通常在楼梯边设置小天井，以有效解决楼梯和中部房间的采光、通风问题；如果建筑层数较低，也可以在楼梯上部的屋顶设置天窗，通过梯段之间留出的楼梯井采光，如图 3-30 所示；公共建筑大厅中的楼梯或住宅内部楼梯则通常采用开敞式楼梯，通过旁边侧墙上的窗户间接采光，如图 3-31 所示。

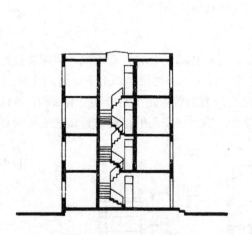

图 3-30　楼梯间顶部采光　　　　　　图 3-31　开敞楼梯

3.3.2　建筑空间的充分利用

通过对建筑剖面进行深入研究，发现有许多可以充分利用的建筑空间，如体育馆看台下的空间、坡屋顶下的空间等。所谓充分利用建筑空间，是指在建筑占地面积和平面布置基本不变的情况下，起到了扩大建筑使用面积、充分发挥建筑投资经济效益的作用，如果处理恰当,还可以起到丰富室内空间、增强其艺术感染力的作用。

1. 房间内部空间的利用

在房间内部空间中,除了人们室内活动或家具布置等必须占用的空间,剖面设计应充分利用其余部分的空间。如居室中通过设置吊柜、壁橱、隔板等,充分利用室内空间,扩大储藏面积,如图 3-32 所示。

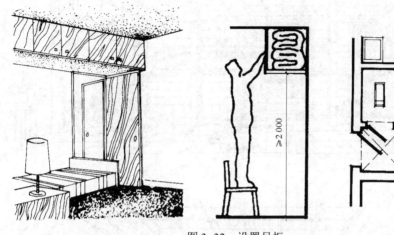

图 3-32 设置吊柜

一些坡屋顶建筑,常利用屋顶内山尖部分的空间设置阁楼,若是沿街也可使房间局部出挑,用作卧室或储藏室,示例如图 3-33 所示。

在大跨度建筑中,通常可以将结构空间作为通道或者休息厅等辅助空间,图 3-34 是某厂房结构空间的充分利用。

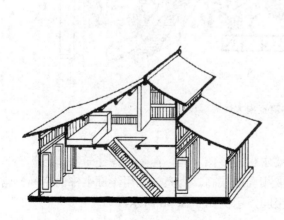 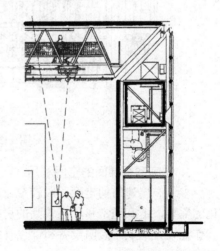

图 3-33 坡屋顶建筑空间利用　　　　图 3-34 某厂房结构空间的充分利用

2. 夹层空间的利用

一些公共建筑,由于功能要求其主体空间与辅助空间的面积大小和层高很不一致,如商场的营业厅、体育馆的比赛大厅、影剧院的观众厅、候机楼的候机厅等,因此常采取在主体空间中局部设夹层的办法来组织辅助空间,以达到充分利用空间和丰富室内空间效果的目的。虽然夹层空间净高小,但是和大厅空间相互渗透,因此并不会产生强烈的压抑感。示例如图 3-35 所示。

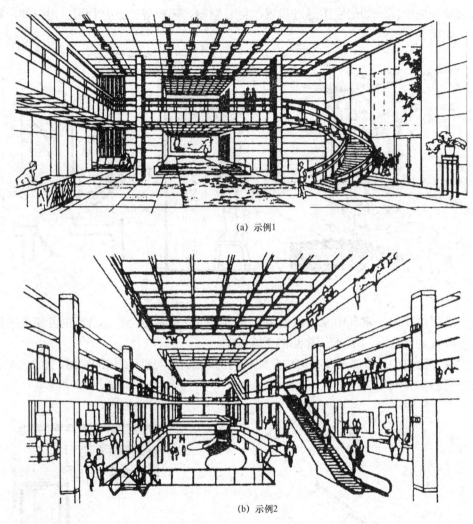

图 3-35　建筑室内大厅夹层设计

3. 走廊和楼梯间的空间利用

多、高层建筑的走廊一般较窄,净高要求也应该低一些,但是考虑建筑整体结构布置简化的需要,走廊通常和层高较高的房间采取相同的层高。为充分利用走廊上部的空间,常将其作为设置通风、照明设备和铺设管线的空间,示例如图 3-36 所示。

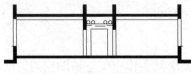

图 3-36　走廊上部的设备空间

楼梯间的底层休息平台下通常有半层可以利用的空间，可作为储藏室或厕所等辅助房间；当楼梯间顶层平台以上空间高度较大时，也能用作储藏室等辅助房间，此时需增设一个梯段，以通往楼梯间顶部的小房间，但是应注意，梯段与储藏室的净空尺寸应大于 2 200 mm，通常采用适当抬高平台高度或降低平台下部地面标高的做法，以保证人们通过楼梯间时不会发生碰撞。楼梯间平台上、下空间利用如图 3-37 所示。

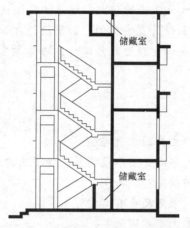

图 3-37　楼梯间平台上、下空间利用

有些建筑房间内部设有开放式楼梯，也可利用其梯段下部空间布置家具等，示例如图 3-38 所示。

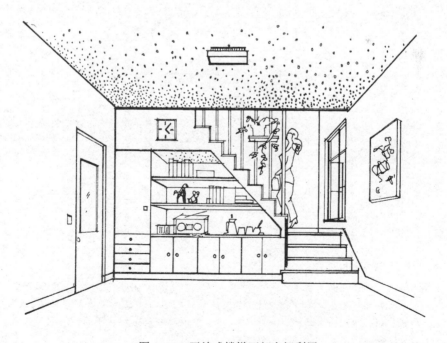

图 3-38　开放式楼梯下部空间利用

思政映射与融入点

（1）以我国应县佛宫寺木塔剖面设计为例。木塔建于辽代清宁二年（1056），距今虽有九百余年，历经多少酷暑严寒、风雨雷电及地震袭击，但仍旧屹然壁立。木塔塔身呈八角，在剖面设计中，古代工匠巧妙地设计出五层六檐，四级暗层，实为九层，创造出独特的佛塔建筑内部空间，让学生感受我国古代工匠的伟大，增强学生民族自豪感。

（2）引入当代优秀建筑剖面设计真实案例，讲解设计师如何利用剖面设计，将建筑有效空间区域进行最大化利用，引导学生理论联系实际，培养学生敬业、专注、精益求精的工匠精神。

思考题

3-1 影响建筑剖面形状的主要因素有哪些？
3-2 什么是层高、净高？举例并图示说明层高和净高的关系。
3-3 建筑室内外高差如何确定？
3-4 窗台高度如何确定？常用尺寸有哪些？
3-5 建筑层数的确定应考虑哪些因素？
3-6 绘图说明建筑剖面组合方式有哪些。
3-7 什么叫错层？绘图说明常用哪两种处理方法。
3-8 绘图说明建筑空间利用有哪些常用处理方法。

第 4 章 建筑体型和立面设计

请按表 4-1 的教学要求，学习本章的相关教学内容。

表 4-1　教学内容和教学要求表

教学内容		教学要求	教学内容		教学要求
4.1	建筑体型和立面设计的要求	了解	4.2.2	组合体型	重点掌握
4.1.1	反映建筑使用功能要求和建筑体型特征		4.3	建筑立面设计	重点掌握
4.1.2	反映物质技术条件的特点		4.3.1	立面的比例与尺度处理	
4.1.3	符合国家标准和相应的经济指标		4.3.2	立面的虚实与凹凸处理	
4.1.4	适应基地环境和城市规划的要求		4.3.3	立面的线条处理	
4.1.5	符合建筑美学原则		4.3.4	立面的色彩与质感处理	
4.2	建筑体型的组合	重点掌握	4.3.5	立面的重点与细部处理	
4.2.1	单一体型				

建筑首先要满足人们的物质生活需要，同时又要满足人们一定的审美要求，因此建筑是实用与美观的有机结合体，具有物质与精神、实用与美观的双重性。建筑的美观主要是通过建筑的外部形象、内外空间的组合及建筑群体的布局等来体现，其中外部形象对于人们来说会显得更加直观。

建筑的外部形象包括建筑体型和建筑立面两个方面，是建筑造型设计的重要组成部分。建筑体型是指建筑的外部轮廓形状，反映建筑总的体量大小、组合方式及比例尺度等；建筑立面是指建筑的门窗组织、比例与尺度、入口及细部处理、装饰与色彩等。体型设计对建筑形象的总体效果具有重要影响，是建筑的雏形；而立面设计则是建筑体型的进一步深化。因此在设计中只有将两者作为一个有机的统一体来考虑，并按照一定的美学规律加以处理，才能获得完美的建筑形象。

4.1 建筑体型和立面设计的要求

建筑的体型和立面设计，应满足以下5个方面的要求。

4.1.1 反映建筑使用功能要求和建筑体型特征

建筑是为了满足人们生产和生活需要而创造出的空间环境。各类建筑由于使用功能的差别，室内空间截然不同，这在很大程度上决定了建筑的不同外部体型和立面特征，因此也可以说建筑的外部体型是内部空间合乎逻辑的反映，有什么样的内部空间，就有什么样的外部体型。图4-1（a）为机场建筑，单一的大跨度悬索结构的候机大厅和高耸的塔楼构成了机场建筑典型的外部特征；图4-1（b）为城市住宅建筑，重复排列的阳台、凹廊、窗户形成了生活气息浓郁的居住建筑特征。建筑体型是内部空间的反映，而内部空间又必须符合使用功能要求，因此建筑体型间接地反映了建筑的功能特点，设计者充分利用这一特点，使不同类型的建筑各具鲜明的特点，这就是为什么即使建筑上没有贴上标签标明"这是一所幼儿园"或"这是一个商场"，而我们却能区分其类型的原因。

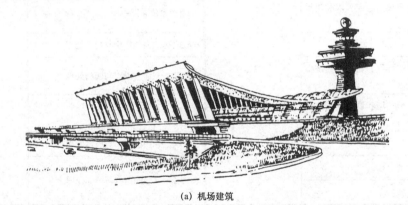

(a) 机场建筑

(b) 住宅建筑

图4-1 建筑外部体型反映内部空间

4.1.2 反映物质技术条件的特点

建筑不同于一般的艺术品，其内部空间组合和外部体型构成，需要运用大量的建筑材料，并通过一定的物质技术手段来实现，所以建筑的体型、立面和所用材料、结构形式及采用的施工技术、构造措施的关系极为密切。例如，对于钢筋混凝土框架结构，由于墙体不起承重作用，只起围护作用，因此其立面开窗的灵活性较大，可开大面积独立窗或长条窗，显示出框架结构的轻巧与灵活。如图4-2所示，该建筑采用框架结构，围护墙在框架柱的外侧，不起承重作用，开大面积长条窗，使建筑显得更加轻盈。

图4-2　建筑结构体系对建筑造型的影响

4.1.3 符合国家标准和相应的经济指标

各种不同类型的建筑，其使用性质和规模，必须严格遵守国家规定的建筑标准和相应的经济指标。对建筑标准、所用材料、造型要求和外观装饰等方面要区别对待，防止片面强调建筑的艺术性而忽略建筑的经济性。建筑外形的艺术美并不以投资的多少为决定因素，只要充分发挥设计者的主观能动性，在一定的经济条件下，巧妙地运用物质技术手段和构图法则，努力创新，完全可以设计出实用、经济、美观的建筑。

4.1.4 适应基地环境和城市规划的要求

任何一幢建筑都处于一定的外部环境之中，其是构成该处景观的重要因素。因此，建筑的外形不可避免地要受到外部空间的制约，建筑体型和立面设计要与所在基地的地形、地质、气候、方位、朝向、形状、大小、道路、绿化及原有建筑群等相协调，同时也要满足城市总体规划的要求。例如，风景区的建筑在体型设计上，要结合地形的地势变化，高低错落，层次分明，与环境融为一体。美国建筑师莱特设计的流水别墅，就是建于幽静的山泉峡谷之中，建筑坐落于奔泻而下的瀑布上，错落有致的体型与山石、流水、树木有机地融为一体，如图4-3所示。

图4-3　流水别墅

4.1.5 符合建筑美学原则

建筑，从广义的角度来理解，可以将其看成一种人造的空间环境，人们要创造出美的空间环境，就必须遵循美的法则来构思设想，如统一、均衡、稳定、对比、韵律、比例和尺度等。尽管不同时代、不同地区、不同民族的建筑形式差别较大，人们的审美观念也各不相同，但是建筑美的基本原则是一致的,是人们普遍认同的客观规律,是具有普遍性、必然性和永恒性的法则。

1. 简单与统一

一些美学家认为简单、肯定的几何形状可以引起人的美感,他们推崇圆、球等几何形状,认为完整的象征具有抽象的一致性。圆、球、正方形、正方体及正三角形等,这些基本几何形状本身简单、明确、肯定,各要素之间具有严格的制约关系,具有一种必然的统一性,如图4-4所示。

以上美学观点可以在古今中外的许多建筑实例中得到证实。古代杰出的建筑,如埃及的金字塔(如图4-5所示)、我国的天坛等,都是采用简单、肯定的几何形状构图而达到了高度完整、统一的效果。

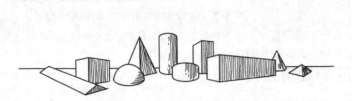

图4-4 基本的建筑形式　　　　　　　　　　　图4-5 埃及金字塔

2. 主从与重点

在由若干要素组成的整体中,每个要素在整体中所占的比重和所处的地位,将会影响到整体的统一性。倘若所有要素都要竞相突出自己,或者都处于同等重要的地位,不分主次,就会削弱建筑整体的完整统一性。

就建筑而言,复杂体型的建筑根据功能要求,一般包括主要部分和从属部分、主要体量和次要体量。如果不加以区别对待,则建筑必然显得平淡、松散,缺乏统一性。在外形设计中,要恰当地处理好主与次、重点与一般、核心与外围组织的关系,使建筑主次分明,以次衬主,以加强建筑的表现力,取得有机统一的效果。如南京长途汽车总站就是以低群体衬托高塔楼,使建筑的主从关系一目了然,如图4-6所示。

3. 均衡与稳定

图4-6 南京长途汽车总站

建筑的均衡是指建筑体形左右、前后之间保持平衡的一种美学特征;稳定是指建筑上下之间的轻重关系。均衡与稳定既是力学概念也是建筑形象概念,同时也是建筑构图中的一个重要原则。

1)均衡

均衡包括两种形式,一种是静态均衡,一种是动态均衡。

就静态均衡来讲,又有两种基本形式,即对称的形式和非对称的形式。

对称的形式天然就是均衡的,如图4-7(a)所示,加之其本身又体现了一种严格的制约关系,因此具有一种完整统一性。如图4-7(b)所示,上海博物馆采用中轴对称的形式,给人以端庄、雄伟、严肃的感受。

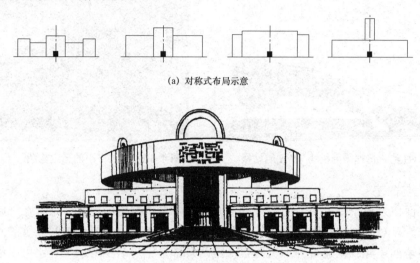

(a) 对称式布局示意

(b) 上海博物馆

图 4-7 对称式布局的建筑体型

非对称形式的均衡虽然制约关系不像对称形式那么明显、严格，但是均衡的本身就是一种制约关系。而且与对称形式的均衡相比较，非对称形式的均衡显得要轻巧活泼得多，如图 4-8 所示。

(a) 非对称式布局示意　　　　(b) 栗子山母亲住宅

图 4-8 非对称式布局的建筑体型

除静态均衡外，有很多现象是依靠运动来求得平衡的，这种形式的均衡被称为动态均衡。如纽约肯尼迪国际机场 TWA 航站楼似大鸟展翅的设计，如图 4-9 所示，体现了建筑体型的稳定感与动态感的高度统一。

2）稳定

与均衡相关联的是稳定，如果说均衡所涉及的主要是建筑构图中各要素左与右、前与后相对轻重关系的处理，那么稳定所涉及的则是建筑上下之间轻重关系的处理。随着现代新结构、新材料的发展和人们审美观念的变化，关于稳定的概念也有所突破，创造出了上大下小、上重下轻、底层架空的建筑形式。如图 4-10 所示，天津博物馆利用悬臂结构的特性、粗糙材料的质感和浓郁的色彩加强底部的厚重感，使上大下小的结构同样达到了稳定的效果。

图 4-9　纽约肯尼迪国际机场 TWA 航站楼

图 4-10　上大下小的稳定构图（天津博物馆）

4. 对比与微差

建筑立面作为一个有机统一的整体，各种造型要素虽按照一定秩序结合在一起，但必然存在各种差异，对比与微差所指的就是这种差异性。对比指的是要素之间显著的差异，微差指的是不显著的差异。就建筑外形美而言，这两者都是不可缺少的——对比可以借彼此之间的烘托陪衬来突出各自的特点以求得变化，微差则可以借相互之间的共同性以求得和谐。没有对比会使人感到单调，过分强调对比以致失去了相互之间的协调统一性，则可能造成混乱，只有把两者巧妙地结合在一起，才能达到既有变化又和谐一致、既多样又统一的效果。

对比和微差只限于同一性质的差别之间，具体到建筑设计领域，主要表现在以下几个方面：大小的对比，形状的对比，方向的对比，直曲的对比，虚实的对比及色彩、质感等的对比。对比强烈则变化大，能突出重点；对比小，则变化小，易于取得相互呼应、协调的效果。

在立面设计中，虚实对比具有很大的艺术表现力。如图 4-11 所示，该建筑门窗洞口在形状上微差，实墙面与柱廊虚空间形成强烈对比，使得整个立面处理既和谐统一又富有变化。

5. 韵律与节奏

建筑的体型处理，还存在着韵律和节奏的问题。韵律是使同一要素或不同要素有规律地重复出现的手法。这种有规律的变化和有秩序的重复所形成的节奏，能给人以美的感受。

韵律美按其形式特点可以分为以下 4 种类型。

1）连续的韵律

以一种或几种要素连续、重复排列而成，各要素之间保持着恒定的距离和关系，可以无止境地延长。如图 4-12 所示，该建筑利用折板型建筑屋顶结构的连续排列形成连续的韵律。

图 4-11　富有对比与微差的建筑示例

图 4-12　富有连续的韵律的建筑示例

2）渐变的韵律

连续的要素如果某一方面按照一定的秩序而变化，如逐渐加长或缩短、变宽或变窄、变密或变稀……，那么这种渐变形式的变化就称为渐变的韵律。如图4-13所示，该建筑体型由下向上逐渐缩小，形成渐变的韵律。

3）起伏的韵律

渐变韵律如果按照一定的规律时而增加，时而减小，犹如波浪之起伏，或具不规律的节奏感，则为起伏的韵律，这种韵律较活泼且富有运动感。图4-14是利用阳台的变化形成富有起伏的韵律的巴黎公寓。

图4-13 富有渐变的韵律的建筑示例

图4-14 富有起伏的韵律的巴黎公寓

4）交错的韵律

由各组成部分按一定规律交织、穿插而形成。各要素互相制约，一隐一显，便显出一种有组织的变化。如图4-15所示，该建筑利用相邻两层建筑立面的凹进与凸出的交错，形成交错的韵律。

以上4种形式的韵律虽然各有特点，但都体现出一种共性——具有极其明显的规律性、重复性和连续性，因而在建筑设计领域中，韵律处理既可以建立起一定的秩序，又可以获得各种各样的变化，获得有机统一性。

6. 比例和尺度

1）比例

建筑体型处理中的"比例"包括两方面的内容，一方面是指建筑的整体或局部某个构件本身长、宽、高之间的大小关系；另一方面是指建筑整体与局部或局部与局部之间的大小关系。任何物体，不论何种形状，都必

图4-15 富有交错的韵律的建筑示例

然存在着3个方向——长、宽、高的度量，比例所研究的就是这3个方向度量之间的关系，推敲比例，则是指通过反复比较而寻求出三者之间最理想的关系。

在建筑的外立面上，矩形最为常见，建筑的门、窗、墙等要素绝大多数呈矩形，而这些不同的矩形的对角线若重合、平行或垂直即意味着立面上各要素具有相同的比例，即各要素均呈相似形，这将有助于形成和谐的比例关系，如图4-16所示。

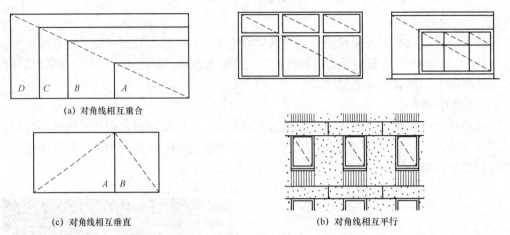

(a) 对角线相互重合

(c) 对角线相互垂直　　　　　　(b) 对角线相互平行

图 4-16　以相同比例求得和谐统一

2）尺度

与比例相联系的另一范畴是尺度。尺度所研究的是建筑的整体或局部给人感觉上的大小印象和其真实大小之间的关系。比例主要表现为各部分尺寸之比，是相对的，可不涉及具体尺寸。尺度则不然，其涉及真实大小和尺寸，但却不是指要素真实尺寸的大小，而是指要素给人感觉上的大小印象和其真实大小之间的关系。具体在建筑设计中，常以人或与人体活动有关的一些不变因素（如台阶、栏杆等）作为比较标准，因为其真实尺寸与人体相适应，一般比较固定（台阶 150 mm 左右，栏杆 1 000 mm 左右）。通过将这些不变因素与建筑整体相比较后，再进行建筑设计将有助于获得正确的尺度感。

对于大多数建筑，在设计中应使其具有自然真实的尺度，即以人体大小来度量建筑的实际大小，从而给人的印象与建筑真实大小一致，如住宅、办公楼、学校等建筑。但是对于一些纪念性建筑或大型公共建筑，为了表现其庄严、雄伟的气氛，常使用夸张的尺度，即运用夸张的手法给人以超过真实大小的尺度感，如图 4-5 所示，埃及金字塔就是以超过人体的夸张尺度来创造出庄严、肃穆的氛围。相反，对于庭院之类的建筑，为了创造小巧、亲切、舒适的气氛，通常使用亲切的尺度，即以较小的尺度获得小于真实的感觉，以形成亲切宜人的尺度感，如图 4-17 所示，苏州的园林建筑就是以较小的尺寸，营造出亲切、舒适的氛围。

图 4-17　苏州园林

4.2　建筑体型的组合

一幢建筑，无论其体型多么复杂，都不外是由一些基本几何体型组合而成的。建筑体型基本上可归纳为单一体型和组合体型两大类。

4.2.1 单一体型

单一体型是将复杂的内部空间组合到一个完整的、简单的几何体型中。这种建筑体型的特点是平面和体型都较为完整单一，造型统一、简洁，轮廓分明，给人以深刻印象。单一体型平面形式多为正方形、矩形、圆形、多边形、Y形等单一几何形状，图4-18是两幢分别采用矩形、Y形的单一体型建筑。

 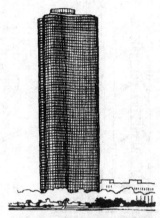

(a) 美国联邦储蓄银行（矩形平面）　　(b) 芝加哥梅西根湖滨大厦（Y形平面）

图4-18　单一体型建筑

4.2.2 组合体型

组合体型是指由若干简单体型组合在一起的体型，其体型变化丰富，适用于功能关系比较复杂的建筑。在组合体型中，各体块之间存在着协调统一的问题，设计中应根据建筑的内部功能要求、体块大小和形状，遵循统一变化、均衡稳定、比例尺度等构图规律进行体块组合设计。

建筑体型的组合方式有很多，主要可以归纳为以下3种。

1. 对称式布局

对称式布局具有明显的中轴线，主体部分位于中轴线上。这种组合方式常给人比较庄重、严谨、匀称和稳定的感觉。一些纪念性建筑、行政办公建筑或要求庄重一些的建筑常采用这种组合方式，如图4-7（b）所示。

2. 不对称布局

在水平方向通过对建筑体块拉伸、错位、转折等，可形成不对称布局。根据功能要求及地形条件等情况，通过直接连接、互相咬合或用连接体连接，将几个大小、高低、形状不同的体块较为灵活地组合在一起，可形成不对称布局。不对称布局没有显著的轴线关系，布置比较灵活自由，但在设计中还需要注意各形状、体块之间的对比或重复及连接处的处理，同时应注意构图均衡、主从分明，形成视觉中心。这种布局方式容易适应不同的基地地形，还可以适应多方位的视角，如图4-19所示。

图4-19　某建筑群在中心部分用连接体连接各个体块

3. 垂直方向非对称布局

在垂直方向通过切割、加减等方法，使建筑形成非对称的布局。这种布局需要按层分段进行平面调整，常用于高层和超高层的建筑及一些需要在地面上利用室外空间或者需要采光的建筑，示例如图 4-20 所示。

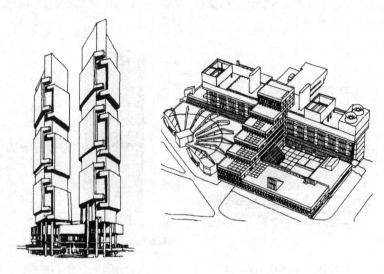

(a) 垂直方向有强烈的雕塑感　　　　(b) 中间段进行退台处理

图 4-20　建筑在垂直方向对体型进行切割、加减处理

4.3　建筑立面设计

建筑体型设计主要是针对建筑各部分的形状、体块及其组合所做的研究，建筑立面设计则主要是对建筑的各个立面及其立面上的组成部件（如门窗、墙柱、阳台、遮阳板、雨篷、檐口、勒脚、花饰等）的形式、尺寸大小、比例关系及材料色彩等进行仔细的推敲，并运用节奏、韵律、虚实对比等构图规律设计出体型完整、形式与内容统一的建筑立面。

在进行建筑立面设计时，首先应根据建筑功能要求、空间组合要求、结构要求确定层高和房间的大小、结构构件的构成关系和断面尺寸、适合开窗的位置等，绘制出建筑立面的基本轮廓，作为下一步调整的基础；其次进一步推敲各个立面的总体尺度比例，综合考虑几个面的协调性及和相邻面的衔接性以取得统一的效果，并对立面上的各个细部，特别是门窗的大小、比例、位置及各种突出物的形状等进行必要的调整；最后对建筑的空间造型进一步深化，立足于运用建筑构件的直接效果，对特殊部位（如出入口等）作重点处理，并确定立面的色彩和装饰用料。对于中小型建筑应力求简洁、明朗、朴素、大方，避免烦琐装饰。以下是 5 种常用的立面处理手法。

4.3.1　立面的比例与尺度处理

比例适当和尺度正确，是使立面完整统一的重要原则。立面比例与尺度的处理和建筑功能、材料性能及结构类型是分不开的。立面各部分之间的比例及墙面的划分都必须根据内部功能的特点，并要考虑到结构因素和建筑风格等的影响，仔细推敲与建筑风格相适应的建筑立面效果。建筑立面常借助于门窗等细部的处理来反映建筑的真实大小，否则便会出现失真现象。如图 4-21（a）所示，该建筑立面各组成部分与门窗等比例不当，从图中可以看出以下 5 个方面的问题：ⓐ 入口较小，不能适应大量人流的要求；ⓑ 台阶的踏步太高，不适应人体尺度，行走不便；ⓒ 楼层栏杆过高，影响室内采光；ⓓ 栏杆的柱子太细，不符合钢筋混凝土柱的结构比例；ⓔ 顶部造型与整体建筑相比过于庞大等。像这样一个立面，显然是不适用也是不美观的。图 4-21（b）中的建筑针对上述问题进行了修改和调整，使各部分的尺寸和比例关系比较协调，建筑立面设计较为合理。

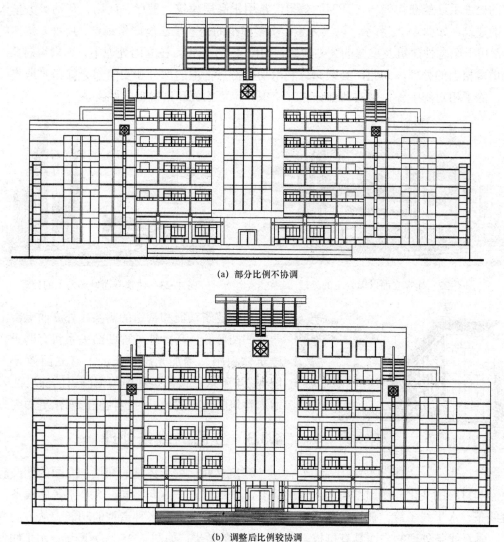

(a) 部分比例不协调

(b) 调整后比例较协调

图 4-21　建筑立面中各部分的比例关系

4.3.2 立面的虚实与凹凸处理

虚与实、凹与凸在建筑体型中，既是相互对立的，又是相辅相成的。虚的部分如窗、空廊等，由于视线可以透过它而及于建筑内部，因而常使人感到轻巧、玲珑、通透；实的部分如墙、垛、柱等，不仅是结构支撑不可缺少的构件，而且从视觉上讲也是"力"的象征。在建筑立面处理中，虚与实是缺一不可的，虚实关系主要由功能和结构要求所决定，只有充分利用虚与实的特点巧妙地处理虚实关系，才能使建筑获得轻巧生动、坚实有力的外观形象。

虚与实虽然缺一不可，但在不同的建筑中各自所占的比重却不尽相同。以虚为主，虚多实少的处理手法能获得轻巧、开朗的效果，常用于高层建筑、餐厅、商场、车站等大量人流聚集的建筑，如图4-22所示。以实为主，实多虚少的处理手法能产生稳定、庄严、雄伟的效果，常用于纪念性建筑及重要的公共建筑，如图4-23所示。在立面处理中，为求得对比，应避免虚实相当的处理，为此，必须充分利用功能特点把虚的部分和实的部分都相对地集中在一起，除了相对集中外，虚实两部分相互交织，也可构成和谐悦目的图案。

图4-22 建筑立面以虚为主的处理

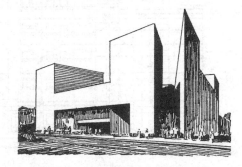

图4-23 建筑立面以实为主的处理

图4-24 建筑立面凹凸的处理

由于建筑功能和构造的需要，外立面上常出现一些凹凸部分，巧妙地处理凹凸关系将有助于加强建筑体积感，增加光影变化，丰富立面效果。如图4-24所示，该建筑利用门窗洞口的深度凹入，增加建筑的体积感，同时也使光影变化更加突出。

4.3.3 立面的线条处理

建筑立面上由于体量的交接、立面的凹凸起伏及色彩和材料的变化，还因结构与构造的需要，常形成若干方向不同、大小不等的线条，如垂直线条、水平线条等。任何线条本身都具有特殊的表现力和多种造型的功能。从方向变化来看，垂直线条处理的立面具有挺拔、高耸、向上的效果，如图4-25（a）所示；水平线条处理的立面使人感到舒展与连续、宁静与亲切，如图4-25（b）所示；斜线线条处理的立面具有动态的感觉。从线条的粗细、曲折变化来看，粗线条厚重有力，细线条精致柔和，直线条刚强坚定，曲线条优雅轻盈，如图 4-25（c）所示。恰当地运用这些不同类型的线条，并加以适当的艺术处理，将给建筑立面韵律的组织、比例尺度的权衡带来不同的效果。

(a) 垂直线条的立面处理示例

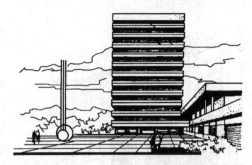

(b) 水平线条的立面处理示例

(c) 曲线线条的立面处理示例

图 4-25 立面的线条处理示例

4.3.4 立面的色彩与质感处理

建筑立面设计中，色彩的运用、质感的处理都是极其重要的。色彩和质感都是材料表面的某种属性。色彩的对比和变化主要体现在色相之间、明度之间及纯度之间的差异；而质感的对比和变化则主要体现在粗细之间、坚柔之间及纹理之间的差异。

不同的色彩具有不同的表现力，给人以不同的感受。一般来说浅色给人以明快清新的感觉；深色则显得比较稳重；暖色使人感到热烈、兴奋；冷色则显得比较清晰、宁静。

建筑材料表面质感的不同，也会给人以不同的心理感受。如天然石材和砖的质地粗糙，显得厚重、坚实；光滑平整的面砖、金属及玻璃材料，使人感到轻巧、细腻；天然竹、木手感较好，令人易于亲近；石粒、石屑等装修的表面则使人产生距离感等。立面设计中常利用质感的处理来增强建筑的表现力。如图 4-26 所示，此建

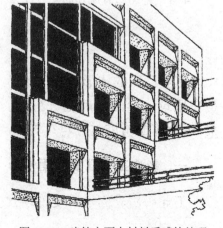

图 4-26 建筑立面中材料质感的处理

筑使用天然石材，强调其实部，增加建筑的体积感，显得比较粗糙、坚实；使用玻璃幕墙，强调其虚部，减轻建筑体量，产生细腻光洁感；不同建筑材料的使用使该建筑的实部与虚部形成了鲜明的对比。

4.3.5 立面的重点与细部处理

在建筑立面设计中，根据功能和造型需要，对需要引起人们注意的一些位置，如建筑的出入口、商店橱窗、体量转折处、立面突出部分及上部结束部分等，进行重点处理，以吸引人们的视线，并使建筑在统一中有变化，避免单调，达到一定的美观要求，增强和丰富建筑立面的艺术效果。如图 4-27 所示，该建筑利用门洞与玻璃幕墙之间厚重的实体门框及大尺度的台阶来强调建筑入口，吸引视线。

图 4-27 建筑入口处理

 思政映射与融入点

引入"城市建设中奇奇怪怪的建筑"案例，带领学生分析奇怪建筑体型及立面设计出现的问题，引导学生关注建筑体型及立面设计对于传统建筑文化的传承与延续，让学生在潜移默化中树立文化自信；在讲授传统经典建筑造型设计的同时，讲解新材料、新构造、新工艺在现代建筑立面设计中的应用，激发学生的探究热情。

思考题

4-1 建筑体型和立面设计应满足哪些要求？
4-2 建筑美学的原则包括哪些？并列举出建筑实例。
4-3 建筑的体型组合有哪几种类型？并以图例分析。
4-4 建筑立面设计的处理手法有哪几种？并以图例分析。

第 5 章 常用建筑结构概述

请按表 5-1 的教学要求，学习本章的相关教学内容。

表 5-1　教学内容和教学要求表

教学内容	教学要求	教学内容	教学要求
5.1　概述	了解	5.4.2　折板结构	理解
5.2　墙体承重结构体系	掌握	5.4.3　空间网格结构	
5.2.1　砌体墙承重的混合结构		5.4.4　悬索结构	
5.2.2　钢筋混凝土墙承重结构		5.4.5　膜结构	
5.3　骨架承重结构体系		5.5　筒体结构体系	
5.3.1　框架结构		5.5.1　框筒结构	
5.3.2　框-剪结构（含框-筒结构）		5.5.2　筒中筒结构	
5.3.3　板柱结构		5.5.3　筒束结构	
5.3.4　单层刚架、拱及排架结构		5.6　巨型结构体系	
5.4　空间结构体系	理解	5.7　世界著名超高层建筑结构体系选用案例	了解
5.4.1　薄壳结构			

5.1　概　　述

工程上将建筑中承受各种作用（如荷载、地震作用等）、抵抗变形的骨架称为建筑结构。可行的建筑设计方案必须要有相应的结构形式作为支撑才能实现。结构形式直接关系到建筑是否安全、适用、经济、绿色、美观。结构的选型与优化既是建筑艺术与工程技术的综合，又是建筑、结构、施工、设备、预算等各个专业工种的配合。能将建筑结构知识创造性地运用于建筑设计，挖掘建筑结构本身的表现力，是许多著名建筑师获得成功的重要原因。

建筑结构的基本要求包括安全性、经济性、适用性、耐久性、可持续性等，建筑结构的选型与优化应坚持适应建筑功能要求、满足建筑造型需要、充分发挥结构自身优势、考虑材料和施工条件、尽可能降低造价等原则。

各种类型的建筑，无论是居住建筑、公共建筑还是工业建筑，无论功能是简单或是复杂，其结构都是由基本构件组成的。结构的基本构件包括梁构件、柱构件、板构件、墙构件、桁架或网架杆件、索、膜等，如图 5-1 所示。

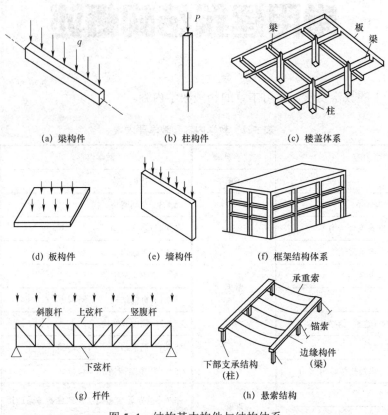

图 5-1 结构基本构件与结构体系

建筑结构构件以不同形式构成了各种承重骨架，形成了建筑结构整体，即各种不同的结构体系（如图 5-1 所示），抵抗（或承受）着直接作用（各种荷载）或间接作用（如温度变化、地基不均匀沉降、地震作用等），支承着整个建筑。建筑结构分类如下。

1. 按承重材料分类

1）混凝土结构

混凝土结构是以混凝土为主制成的结构，包括素混凝土结构、钢筋混凝土结构和预应力混凝土结构等。

其中，钢筋混凝土和预应力混凝土结构，都是由混凝土和钢筋两种材料组成。钢筋混凝土结构是应用最广泛的结构，除一般工业与民用建筑外，许多特殊结构（如水塔、水池、高烟囱等）也用钢筋混凝土建造的。

混凝土结构具有节省钢材、易于就地取材（指占比例很大的砂、石料）、耐火耐久性好、可模性好（可按需要浇捣成任何形状）、整体性好的优点。缺点是自重较大、抗裂性较差等。

2) 砌体结构

砌体结构是由块体（如砖、石、砌块等）和砂浆砌筑而成的墙、柱作为建筑主要受力构件的结构。目前大量用于居住建筑和多层公共建筑（如办公楼、教学楼、商店、旅馆等），并以砖砌体应用最为广泛。

砖、石、砂等材料具有易于就地取材、生产和施工工艺简单等优点，结构的耐火、耐久、保温、隔热和耐腐蚀性能很好。此外，砌体具有承重和维护的双重功能，工程造价低。缺点是材料强度较低、结构自重大、抗震性能差、施工砌筑速度慢、现场作业量大等，且烧黏土砖要占用大量田地。

3) 钢结构

钢结构是以钢材为主要材料制成的结构。主要应用于大跨度建筑（如体育馆、剧院等）的屋盖、吊车吨位很大或跨度很大的工业厂房的骨架和吊车梁，以及超高层建筑的房屋骨架等。

钢结构材料质量均匀、强度高，构件截面小、重量轻，可焊性好，制造工艺比较简单、便于工业化施工。缺点是钢材易锈蚀、耐火性较差、价格较贵。

4) 木结构

木结构是以木材为主要材料制成的结构。但由于自然条件的限制，我国木材相当缺乏，因此目前仅在山区、林区的房屋或别墅有一定的采用。

木结构的优点是制作简单、自重轻、易加工，缺点是木材易燃、易腐、易受虫蛀。

5) 混合结构

混合结构是由不同材料的构件或部件混合组成的结构。如由钢筋混凝土楼板、屋盖和砌体墙、基础所组成的混合结构（砖混结构），一般用于低层或多层建筑；又如由钢框架或型钢混凝土框架与钢筋混凝土筒体所组成的共同承受竖向和水平作用的混合结构，一般多用于高层建筑。

2. 按结构体系分类

根据建筑承重骨架所形成的空间体系即结构体系的特点，建筑结构可分为墙体承重结构体系、骨架承重结构体系、大跨度结构体系、筒体结构体系等，每种结构体系所包含的承重结构类型见表5-2。

表5-2 各种结构体系包含的承重结构类型

结构体系		承重结构类型
墙体承重结构体系		夯土结构、砌体墙结构、钢筋混凝土剪力墙结构
骨架承重结构体系		木构架结构、框架结构、框架-剪力墙结构、板柱结构
大跨度结构体系	平面结构体系（骨架结构）	拱结构、刚架结构、桁架结构、排架结构
	空间结构体系	网架结构、薄壳结构、折板结构、悬索结构、帐篷薄膜结构、充气薄膜结构
筒体结构体系		筒中筒结构、筒束结构、框筒结构

不同的结构体系，由于所用材料、构件组合关系及力学特征等方面的差异，所适用的建

筑类型也不尽相同。在设计时,应通过比较和优化,尽量使结构方案能够与建筑设计相互协调、相互融合,以便更好地满足建筑在功能及美学等方面的要求。

5.2 墙体承重结构体系

墙体承重结构体系是以部分或全部建筑外墙及若干固定不变的建筑内墙作为垂直支承系统的一种结构体系。

承重墙体按施工方法和材料的不同可分为夯土墙、土坯墙、石砌墙、砖砌体墙、混凝土砌块墙、现浇钢筋混凝土墙等。根据承重墙体材料及建筑高度、承受荷载情况等的不同,墙体承重结构体系主要分为砌体墙承重的混合结构和钢筋混凝土墙承重结构。

5.2.1 砌体墙承重的混合结构

1. 结构特征与适用范围

砌体墙承重的混合结构是用由砖、石或砌块等块材与砂浆砌筑而成的砌体墙作为竖向承重构件(墙),用其他材料(一般为钢筋混凝土或木结构)构成水平向承重构件(楼盖)的建筑结构体系。

砌体墙自重大,强度低,抗拉、弯、剪及抗震性能差,房间尺寸受钢筋混凝土梁板经济跨度的限制,因此空间的大小和形状受到限制,房间的组合不够灵活,开窗也受到限制,因此该结构体系仅适用于房间不大、层数不多的中小型民用建筑,如学校建筑、办公楼、医院、旅馆和住宅建筑等。

2. 结构布置方案

砌体墙承重的混合结构根据承重墙布置方式的不同,分为纵墙承重、横墙承重、纵横墙承重、部分框架承重(底层或内部部分为框架)。

在考虑承重墙体布置方案时,除了考虑建筑空间分隔的需要及结构受力的合理性外,还应兼顾采光、通风和设备布置及其走向等方面的需求。

采用横墙承重的方式,在纵向可以获得较大的开窗面积,容易得到较好的采光条件,特别是对于采用纵向内走廊的建筑平面,由于走廊两侧的房间都是单面采光的,开窗面积就显得尤其重要;反之,采用纵墙承重的方式,可以减少横墙的数量,有利于开放室内空间,但纵向开窗面积受到限制,且整体刚度不如横墙承重方案,在高烈度地震区应慎重对待。

5.2.2 钢筋混凝土墙承重结构

钢筋混凝土墙承重结构包括现浇钢筋混凝土剪力墙承重结构和预制装配式钢筋混凝土承重结构两大类。

1. 现浇钢筋混凝土剪力墙承重结构

所谓剪力墙,实质上是固结于基础上的钢筋混凝土墙片,具有很高的抗侧移能力(沿墙体平面)。因其既承担竖向荷载,又承担水平荷载(风荷载及地震作用),可防止结构剪切破坏,故名剪力墙,又称抗风墙或抗震墙、结构墙。剪力墙的受力状态如图5-2所示。

剪力墙的高度往往是从基础到屋顶，宽度可以是房屋的全宽。剪力墙与钢筋混凝土楼、屋盖整体连接，形成剪力墙结构。

由混凝土浇筑而成的钢筋混凝土墙承重结构又称为现浇钢筋混凝土剪力墙承重结构。由现浇的钢筋混凝土墙体互相连接构成的承重结构，除了承担竖向荷载及水平荷载外，同时也兼作建筑的围护（外墙）和内部各房间的分隔构件（内墙）。

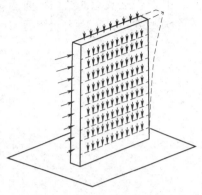

图 5-2　剪力墙的受力状态

1）优点

（1）集承重、抗风、抗震、围护与分隔于一体，经济合理地利用了结构材料。

（2）结构整体性强，抗侧刚度大，侧向变形小，易于满足承载力方面的要求，适于建造较高的建筑。

（3）抗震性能好，具有承受强烈地震时裂而不倒的良好性能。

2）缺点

（1）剪力墙的间距通常为 3～8 m，墙体较密，使建筑平面布置和空间利用受到限制，很难满足大空间建筑的功能要求。

（2）结构自重较大，往往导致基础工程造价的增加。

3）适用范围

现浇钢筋混凝土剪力墙承重结构往往大量应用于高层建筑，特别是隔墙较多的高层办公楼、旅馆、住宅、公寓等，示例如图 5-3 所示。且建筑高度一般在 150 m 以内。

4）承重方案

现浇钢筋混凝土剪力墙承重结构布置主要是剪力墙的布置，剪力墙的间距通常为 3～8 m。当剪力墙的间距为 2.7～3.9 m 时，该剪力墙结构属小间距剪力墙承重方案；而间距为 6～8 m 时，属大间距剪力墙承重方案。

北京西苑饭店的结构平面图如图 5-4 所示，其地上 29 层，总高 93 m，采用小间距剪力墙承重方案，间距为 4.0 m，最大剪力墙厚度为 400 mm，最小为 180 mm。

图 5-3　现浇钢筋混凝土剪力墙承重结构高层建筑

广州白云宾馆的结构平面图如图 5-5 所示。其地上 33 层，总高 108 m，是我国首幢达百米的高层建筑，采用大间距剪力墙承重方案，最大间距为 8.0 m。

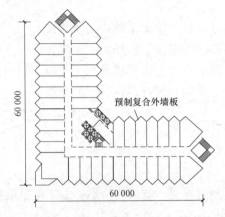

图 5-4　北京西苑饭店结构平面图（小间距剪力墙承重方案）

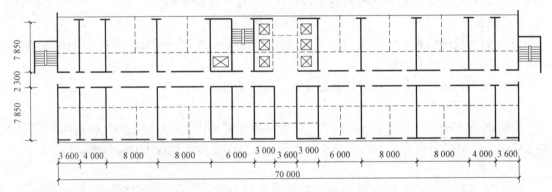

图 5-5　广州白云宾馆结构平面图（大间距剪力墙承重方案）

2. 预制装配式钢筋混凝土墙承重结构

预制装配式钢筋混凝土墙承重结构主要包括装配式大板结构与预制盒子结构。

1）装配式大板结构

装配式大板结构是用预制混凝土墙板、楼板和屋面板拼装成的房屋结构，工业化程度较高，如图 5-6 所示。

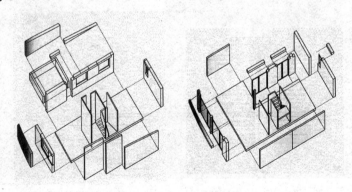

图 5-6　装配式大板结构

（1）装配式大板结构建筑组成。

装配式大板结构建筑是由内墙板、外墙板、楼板、屋面板等主要构件及楼梯、阳台板、挑檐板和女儿墙板等辅助构件组成，如图5-7所示。装配式大板结构的连接构造是房屋能否充分发挥强度、拥有必要的刚度和空间整体性的关键。

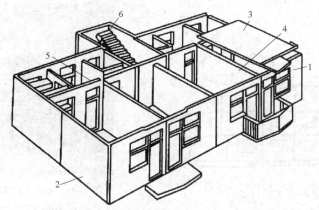

1—预制外纵墙板；2—预制外横墙（山墙）板；3—预制楼板；
4—预制内横墙板；5—预制内纵墙板；6—预制楼梯。

图5-7 装配式大板结构建筑组成

（2）特点与适用范围。

装配式大板结构的主要优点是可以进行商品化生产，施工机械化程度较高，生产效率高，劳动强度低，施工受气候条件限制少。相比于混合结构，装配式大板结构墙体承载能力与变形能力较好，墙体厚度较小，自重较轻，抗震能力较强。但由于装配式大板结构建筑的预制板材的规格类型不宜太多，而且又是剪力墙承重的结构体系，因此，建筑平面会相对较为规整，建筑的造型和平面布局受一定限制。另外，装配式大板结构用钢量较多，造价较高，且需用大型的运输吊装机械。

装配式大板结构常用于多层和高层住宅、宿舍、旅馆等小开间的建筑。

（3）结构布置方案。

装配式大板结构的建筑按楼板的搁置方式不同，主要有横向墙板承重、纵向墙板承重、纵横双向墙板承重等结构布置方案，如图5-8所示，在这3种方案中，横向墙板承重的结构布置方案采用较多。

(a) 横向墙板承重　　　(b) 纵向墙板承重　　　(c) 纵横双向墙板承重

图5-8 大板结构布置方案

2）预制盒子结构

预制盒子结构是指把整个房间或房间单元在工厂预制成盒子状的立体构件后，将其运到施工现场组装而成的房屋结构，如图 5-9 所示。在工厂可制作完成盒子构件的结构部分、围护部分、水暖电管网及装修，只要将其安装完成，接通管线，即可交付使用。

20 世纪 50 年代，在瑞士形成预制盒子结构。1967 年在加拿大的蒙特利尔建成了由 354 个盒子构件组成 158 个单元，并包括了商店、道路等的综合居住体，如图 5-10 所示。

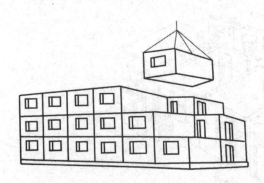

图 5-9 预制盒子结构建筑示例

图 5-10 1967 年蒙特利尔世界博览会展出的预制盒子结构住宅

预制盒子结构建筑的优点是工厂化程度高、现场工作量少，全部装配化、极少湿作业，机械化程度高、劳动强度低，生产效率高、建设速度快，施工工期较其他施工方法缩短约 1/2，盒子构件空间刚度好、自重小。但这种建筑由于盒子尺寸大，工序多而杂，对工厂的生产设备、盒子运输设备、现场吊装设备要求高，且投资大，技术要求高。

由盒子构件组装成的建筑有多种形式，如图 5-11 所示，如重叠组装式——上下盒子重叠组装；交错组装式——上下盒子交错组装；盒子板材组装式——盒子与大型预制板材联合组装，通常将小开间的厨房、卫生间或楼梯间等做成承重盒子，再与墙板和楼板等组成建筑；盒子框架组装式——盒子与框架结合组装，将盒子支承和悬挂在刚性框架上，框架是房屋的承重构件；盒子筒体组装式——盒子与核心筒体相结合，将盒子悬挑在建筑的核心筒体外壁上，成为悬臂式盒子建筑等。

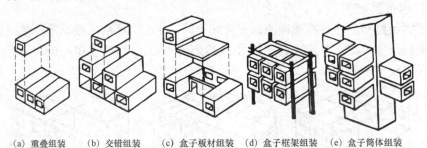

(a) 重叠组装　(b) 交错组装　(c) 盒子板材组装　(d) 盒子框架组装　(e) 盒子筒体组装

图 5-11 盒子建筑组装形式

5.3 骨架承重结构体系

骨架承重结构体系是由杆件组成的建筑结构体系。在这种结构体系中，柱子、横梁（或屋架等）取代了承重墙，内、外墙均不承重，墙体可被灵活布置和移动，建筑立面处理也较为灵活。适用于需要灵活分隔空间的建筑，或是内部空旷的建筑。

骨架承重结构体系可分为框架结构、框-剪结构（含框-筒结构）、板柱结构、单层刚架结构、拱结构、排架结构等。

5.3.1 框架结构

框架结构是指由竖向柱子与水平横梁刚性连接形成的空间杆系结构。梁、柱组成的竖向承重结构独立承担竖向、横向的荷载和作用，墙体仅起分隔室内外空间和围护的作用。

1. 特点

框架结构的最大特点是承重结构与围护结构有明确分工，建筑内外墙布置灵活，可获得大空间（如商场、会议室、餐厅等），加隔墙后也可做成小房间；门窗大小和形状可自由多变，建筑立面容易处理；结构自重轻，在一定高度范围内造价比较低。

但是，框架结构属于柔性结构体系，抗侧移刚度较小，在风荷载作用下会产生较大的水平位移，在地震荷载作用下，结构整体位移和层间位移均较大，易产生震害，非结构性的破坏（如装饰、填充墙、设备管等的破坏）也比较严重。

2. 适用范围

框架结构既适用于小空间的住宅、公寓、旅馆等，也适用于大空间的商场、办公楼、医院、教学楼及多层工业厂房等。

钢筋混凝土框架结构一般适用于楼层数不超过 10 层的高层建筑；钢框架的抗震性能优于钢筋混凝土框架，适用于 30 层以下的建筑。

3. 平面形式与柱网尺寸

框架结构的平面形式通常是根据规划用地、建筑使用要求及建筑造型等因素确定的，柱网通常采取方形或矩形的布置形式。当建筑平面布置呈特殊形状时，柱网可能出现不规则布置形式。

框架结构柱网平面布置多采用跨度组合式和内廊式，如图 5-12 所示。其中图 5-12（a）、(b)、(d) 为典型的跨度组合式，图 5-12（e）为典型的内廊式。

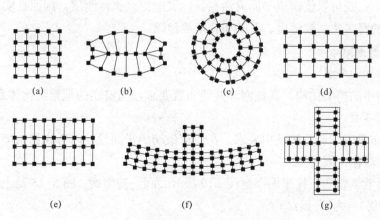

图 5-12　框架结构柱网典型平面布置形式

框架结构的柱网尺寸不仅要满足建筑使用要求,还需考虑框架梁及楼板的合理跨度及技术经济指标等因素,原则上力求平面形状简单整齐,利于建筑和结构构件的统一化和定型化。整个结构的柱网尺寸宜均匀相近。

(1) 一般的住宅建筑,横向宽度较小,多为10多米,常采用两跨三行柱的跨度组合式柱网布置,也可用三跨四行柱;办公楼、旅馆和医院建筑常采用内廊式或三跨四行柱或更多跨的跨度组合式柱网布置。对混凝土结构,柱网开间多用 6.0 m、6.3 m、6.6 m、6.9 m 和 7.2 m 等,进深多为 4.8 m、5.4 m、6.0 m、6.6 m、6.9 m、7.2 m、7.8 m 等,层高有 3.0 m、3.3 m、3.6 m、3.9 m、4.2 m、4.5 m、4.8 m 和 6 m 等,一般以 300 mm 作为模数。

(2) 商店、商场建筑,多用多跨的跨度组合式柱网布置。柱网尺寸一般采用 7.0 m×7.0 m、7.5 m×7.5 m、8.0 m×8.0 m 和 9.0 m×9.0 m 等。当采用钢框架时,柱网尺寸可达 12.0 m×12.0 m,层高多为 3.0~4.5 m。

5.3.2 框-剪结构(含框-筒结构)

在框架结构中设置部分剪力墙,使框架和剪力墙二者结合起来,共同抵抗水平和竖向荷载,就组成了框架-剪力墙结构,简称框-剪结构,如图 5-13 所示。

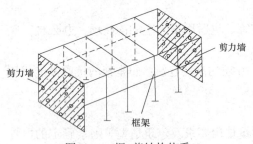

图 5-13 框-剪结构体系

框架-剪力墙结构中的剪力墙,可以是成榀状的墙体,也可以利用电梯井、楼梯间、管道井等组成实腹筒体。筒体的承载力、侧向刚度和抗扭能力都较单片剪力墙大大提高。当框-剪结构中的剪力墙为筒体时,结构成为框架-筒体结构,简称为框-筒结构。当框架布置于结构的周边,筒体布置于结构的中部时,将形成一种特别的框-筒结构——框架-核心筒结构。

1. 特点及适用范围

框-剪结构(含框-筒结构)既克服了框架结构抗侧刚度小的缺点,又弥补了剪力墙结构开间过小的缺点;既可以使建筑平面灵活布置,又能提高抗侧刚度。因而在实际工程中被广泛应用于高层的写字楼、教学楼、医院和宾馆等建筑。

2. 结构布置原则

1) 框架结构的布置

框-剪结构中的框架结构,其柱网和其他布置要求,与前述的框架结构体系基本相同。

2) 剪力墙布置

剪力墙的布置应结合建筑使用要求,在建筑做初步平面设计时考虑剪力墙的位置,力求"均匀、分散、对称、周边"。

图 5-14 是北京饭店东楼平面布置图(19 层),为框-剪结构;图 5-15 是上海雁荡大厦平面布置图(28 层),为框-筒结构。

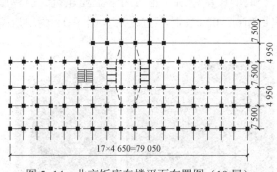

图 5-14 北京饭店东楼平面布置图（19层）

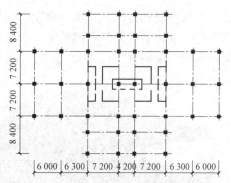

图 5-15 上海雁荡大厦平面布置图（28层）

5.3.3 板柱结构

由楼板（屋面板）、柱等构件组成的，承受竖向及水平荷载的空间结构，称为板柱结构，如图 5-16 所示。

板柱结构除具有框架结构的优点外，由于其楼面荷载直接由板传给柱及柱下基础，缩短了传力路径，因此增大了楼层净空，可直接获得平整的天棚，采光、通风及卫生条件较好，能节省施工时的模板用量。但楼板厚度较大，混凝土及钢筋用量较多。为了改善板的受力功能，一般设柱帽，图 5-17 所示为某设置柱帽的多层板柱结构剖面图。

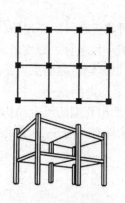

图 5-16 板柱结构

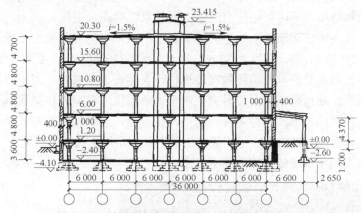

图 5-17 某设置柱帽的多层板柱结构剖面图

板柱结构按建造方法分为现浇法建造的板柱结构、升板法建造的板柱结构、预应力拼装法建造的板柱结构和预制装配法建造的板柱结构等 4 类。

5.3.4 单层刚架、拱及排架结构

单层刚架、拱及排架结构都属于平面受力结构体系。

1. 单层刚架结构

刚架结构是指梁、柱之间为刚性连接的结构。单层刚架结构也称为门式刚架结构，多层多跨的刚架结构则称为框架结构。梁与柱之间为铰接的单层刚架结构一般称为排架结构。

单层刚架结构的布置十分灵活，可以平行布置、辐射状布置或其他形式布置，形成风格多变的建筑造型。其受力合理、轻巧美观、制作方便，能跨越较大的跨度，因而应用非常广

泛。一般用于体育馆、礼堂、食堂、菜场等大空间的民用建筑,也可用于工业建筑。但单层刚架的刚度较差,在工业建筑中,当吊车起重量超过 100 kN 时不宜采用。图 5-18 为单层刚架结构的应用图例。

(a) 某刚架结构车站　　　　　　　　　(b) 钢制刚架结构的飞机库

图 5-18　单层刚架结构的应用图例

2. 拱结构

拱结构是由主要承受轴向压力并由两端推力维持平衡的曲线或折线形构件形成的结构。拱是一种十分古老而现代仍在大量应用的结构形式,可采用砖、石、混凝土、钢筋混凝土、木和钢等材料建造。拱结构能充分利用材料的强度,比同样跨度的梁结构断面小,比刚架结构受力更合理,能跨越较大的空间,可以通过改变排列方式或平面尺寸适应较活泼的建筑平面和体型,还可以结合空间结构屋盖系统覆盖大空间。

人类在建筑活动的早期就学会了用拱来实现对跨度的要求。我国河北省赵县的赵州桥(如图 5-19 所示),跨度为 37 m,建于公元 595—605 年,是世界上现存的年代久远、跨度最大、保存最完整的单孔坦弧敞肩石拱桥,其建造工艺独特,在世界桥梁史上首创"敞肩拱"结构形式。赵州桥在中国造桥史上占有重要地位,对世界桥梁建筑有着深远的影响。

拱结构形式多种多样,适用范围广泛,与其他结构形式结合可创造出新型的组合结构形式,为现代建筑提供了广阔的创新空间,常用于商场、展览馆、散装仓库等。图 5-20 为北京崇文门菜市场的结构剖面示意图。

 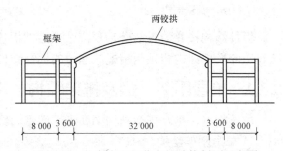

图 5-19　河北省赵县的赵州桥　　　　　图 5-20　北京崇文门菜市场结构剖面示意图

图 5-21 为美国蒙哥马利体育馆,该体育馆平面为椭圆形,各榀拱架结构的尺寸一致。这些拱架的一部分拱脚被包在建筑内,而另一部分拱脚则暴露在建筑外,且各榀拱脚伸出建筑的长度逐渐变化,给人以明朗轻巧的感受。

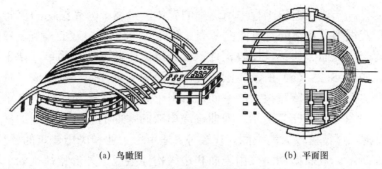

(a) 鸟瞰图　　　　　　　　　(b) 平面图

图 5-21　美国蒙哥马利体育馆

3. 排架结构

排架结构由屋架（或屋面梁）、柱、基础等组成，其屋架（或屋面梁）与柱顶铰接，柱下端则嵌固于基础顶面。柱顶与屋架铰接，这是排架结构与刚架结构的主要区别。排架结构是钢筋混凝土单层厂房的常用结构形式，如图 5-22 所示。

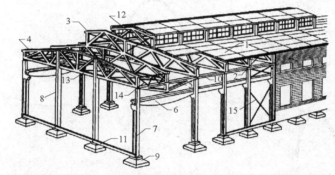

1—屋面板；2—天沟板；3—天窗架；4—屋架；5—托架；6—吊车梁；7—排架柱；
8—抗风柱；9—基础；10—连系梁；11—基础梁；12—天窗架垂直支撑；
13—屋架下弦横向水平支撑；14—屋架端部垂直支撑；15—柱间支撑。

图 5-22　钢筋混凝土排架结构厂房

5.4　空间结构体系

空间结构是指结构形体呈三维空间形状，在荷载作用下具有三维受力特性并呈立体工作状态的结构。跨度越大，空间结构就越能显示出其优异的技术经济性能。事实上，当建筑结构跨度达到一定程度后，一般的平面结构往往难以成为合理的选择。从现有的国内外工程实践来看，大跨度建筑多数采用各种形式的空间结构。

20 世纪 90 年代以来，空间结构发展迅速，各种新型的空间结构不断涌现，空间结构体系中常用的有薄壳结构、折板结构、空间网格结构、悬索结构、膜结构等，以及它们的混合形式。

5.4.1　薄壳结构

壳体结构一般是由上下两个几何曲面构成的空间薄壁结构。这两个曲面之间的距离称为壳体的厚度（t）。当壳体厚度 t 远小于壳体的最小曲率半径 R（$t \ll R$）时，称为薄壳。反之称为厚壳或中厚度壳。一般在建筑工程中所遇到的壳体，常属于薄壳结构的范畴。

薄壳结构形式很多，常用的有单曲面薄壳（筒壳）、圆顶壳、双曲扁壳、双曲抛物面壳等 4 种。单曲面薄壳由壳面、边梁、横隔构件三部分组成，其形状较简单，便于施工，是最常用的薄壳结构，如图 5-23（a）所示。圆顶壳由壳面和支承环两部分组成，具有很好的空间工作性能，很薄的圆顶可以覆盖很大的空间，可用于大型公共建筑，如天文馆、展览馆、体育馆、会堂等，如图 5-23（b）所示。双曲扁壳由双向弯曲的壳面和四边的横隔构件组成，受力合理，厚度薄，可覆盖较大的空间，较经济，适用于工业和民用建筑的各种大厅或车间，如图 5-23（c）所示。双曲抛物面壳由壳面和边缘构件组成，外形特征犹如一组抛物线倒悬在两根拱起的抛物线间，形如马鞍，故又称鞍形壳，如图 5-23（d）所示。其倒悬方向的曲面如同受拉的索网，向上拱起的曲面如同拱结构，拉应力和压应力相互作用提高了壳体的稳定性和刚度，使壳面可以做到很薄。如果从双曲抛物面壳上切取一部分，则可以得到各种形状的扭壳，如图 5-23（e）、（f）所示。

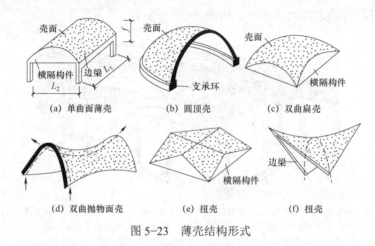

图 5-23 薄壳结构形式

北京火车站中央大厅顶盖为 35 m×35 m 的双曲扁壳，矢高 7 m，壳体厚度 80 mm，如图 5-24 所示。

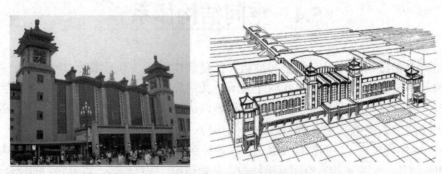

图 5-24 北京火车站

悉尼歌剧院是世界著名的建筑之一，于 1973 年建成。整个歌剧院分为 3 部分——歌剧厅、音乐厅和贝尼朗餐厅，三厅并排而立，建在巨型花岗岩石的基座上，各由 4 块巍峨的大壳顶组成。贝壳形尖屋顶，是由 2 194 块每块重 15.3 t 的弯曲形混凝土预制件，用钢缆拉紧拼成，远观过去既像竖立着的贝壳，又像两艘整装待发的巨型白色帆船，如图 5-25 所示。

(a) 侧面透视图

(b) 顶视图

(c) 正向透视图

图 5-25　悉尼歌剧院

5.4.2　折板结构

折板结构是把若干块薄板以一定的角度相交连接成折线形的空间薄壁结构。折板结构呈空间受力状态，具有筒壳结构受力性能好的优点，同时折板结构厚度薄、省材料、构造简单、施工方便，工程中应用广泛，可建造大跨度屋顶，也可用作外墙。

美国伊利诺伊大学会堂（如图 5-26 所示）平面呈圆形，直径 132 m，屋顶为预应力钢筋混凝土折板组成的圆顶，该圆顶由 48 块同样形状的膨胀页岩轻质混凝土折板拼装而成，形成 24 对折板拱。

图 5-26　美国伊利诺伊大学会堂

5.4.3　空间网格结构

空间网格结构是由多根杆件按照某种有规律的几何图形通过节点连接起来的空间结构。空间网格结构与平面桁架、刚架的不同之处在于其连接构造是空间的，可以充分发挥三维传力的优越性，特别适用于覆盖大跨度建筑。

空间网格结构通常可分为双层的（也可为多层的）平板形网格结构（简称平板网架结构或网架结构）及单层和双层的曲面形网格结构（又称曲面网架结构或网壳结构），如图 5-27 所示。网格结构是网架结构与网壳结构的总称。

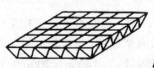
(a) 网架结构

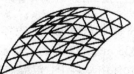
(b) 单层网壳结构

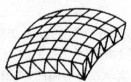
(c) 双层网壳结构

图 5-27　网格结构——网架与网壳结构

1. 网架结构（平板网架结构）

网架结构是由平面桁架发展起来的一种空间受力结构，其整体性好，能有效承受非对称荷载、集中荷载和各种动力荷载，且由于网架是在工厂成批生产，制作完成后运到现场进行拼装，因此网架施工进度快、精度高、便于保证质量。

网架结构主要用来建造大跨度公共建筑的屋顶，适用于多种平面形状如圆形、方形、三角形、多边形等，广泛用于体育馆、俱乐部、食堂、影剧院、候车厅、飞机库、工业车间和仓库等建筑中。

1968 年建成的首都体育馆的屋顶结构采用斜放正交网架，其矩形平面尺寸为 99 m×112 m，厚 6 m，挑檐 7.5 m，如图 5-28 所示。1973 年建成的上海万人体育馆采用圆形平面的三向网架，净架高 110 m，厚 6 m，采用圆钢管构件和焊接空心球结点，如图 5-29 所示。当时网架结构在国内还是全新的结构形式，这两个网架规模都比较大，即使从今天来看仍然具有代表性，对工程界产生了很大影响。

(a) 体育馆外观

(b) 体育馆内景

图 5-28 首都体育馆

(a) 体育馆外观（建成之初）

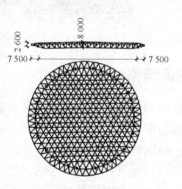
(b) 结构布置

图 5-29 上海体育馆

国家体育场又名鸟巢，是 2008 年北京奥运会的主体育场，其屋盖主体结构是由两向不规则斜交的平面桁架系组成的约为 333 m×298 m 的椭圆形网架结构。网架外形呈微弯形双曲抛物面，周边支承在不等高的 24 根立体桁架柱上，每榀桁架与约为 140 m×70 m 的长椭圆内环相切或接近相切，可称其为鸟巢形网架。图 5-30 为鸟巢形网架平面示意图，图 5-31 为国家体育场鸟瞰图。

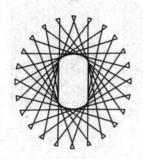 

图 5-30　鸟巢形网架平面示意图　　　　图 5-31　国家体育场鸟瞰图

2. 网壳结构（曲面网架结构）

网壳结构与网架结构相类似，既具有网架结构的一系列优点，又能提供各种优美的造型，近年来几乎取代了钢筋混凝土薄壳结构。

网壳结构的常见形式有以下 4 种：球网壳（球面网壳）、筒网壳（柱面网壳）、扭网壳（双曲抛物面网壳、鞍形网壳）、双曲扁壳（椭圆抛物面网壳）等。

1）球网壳

球网壳是由环向和径向（或斜向）交叉的曲线杆系（或桁架）组成的单层（或双层）球形网壳。球网壳目前常用的网格布置形式有肋环型、肋环斜杆型（施威德勒网壳）、三向网格型、扇形三向网格型（凯威特网壳）、葵花形三向网格型、短程线型等，如图 5-32 所示。

2）筒网壳

筒网壳是外形呈圆柱形曲面、由沿着单曲柱面布置的杆件组成的网状结构。筒网壳兼有杆系和壳体结构的受力特点，只在单方向上有曲率，常用于覆盖矩形平面的建筑。筒网壳常见的网格布置形式如图 5-33 所示。

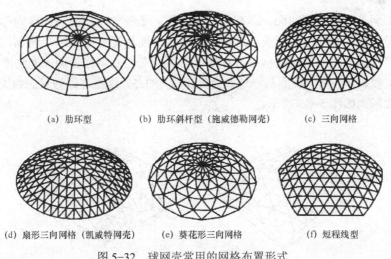

(a) 肋环型　　(b) 肋环斜杆型（施威德勒网壳）　　(c) 三向网格

(d) 扇形三向网格（凯威特网壳）　　(e) 葵花形三向网格　　(f) 短程线型

图 5-32　球网壳常用的网格布置形式

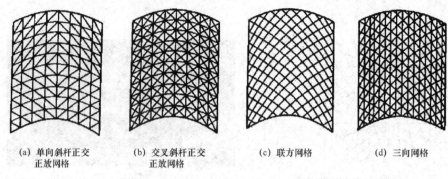

(a) 单向斜杆正交　　(b) 交叉斜杆正交　　(c) 联方网格　　(d) 三向网格
　　正放网格　　　　　　正放网格

图 5-33　筒网壳常见的网格布置形式

3）扭网壳

如果将一竖向下凹的抛物线沿着上凸的抛物线平行移动就可得到双曲抛物面，这种曲面与竖直面相交截出抛物线，与水平面相交截出双曲线。沿着双曲抛物面形的网格布置杆件所形成的曲面网架称为扭网壳（双曲抛物面网壳）。因其形似马鞍形，故又称为鞍形壳。扭网壳常见的网格布置形式如图 5-34 所示。

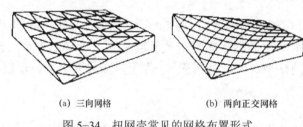

(a) 三向网格　　　　(b) 两向正交网格

图 5-34　扭网壳常见的网格布置形式

扭网壳可以用来覆盖方形、矩形、菱形和椭圆形平面的建筑，大都用于不对称建筑平面，可使建筑显得新颖轻巧。如果将其作为单元来进行组合，还可以形成无数形式各异的方案。

4）双曲扁壳

椭圆抛物面是一种平移曲面，其高斯曲率为正，是以一竖向抛物线作为母线，沿着另一相同的上凸抛物线平行移动而形成。这种曲面与水平面相交会截出椭圆曲线，所以称为椭圆抛物面。沿着椭圆抛物面形的网格布置杆件所形成的曲面网架称为椭圆抛物面网壳。一般这种曲面做得比较扁，矢高与底面最小边长之比不大于 1/5，故通常称为双曲扁壳。双曲扁壳常用的网格布置形式如图 5-35 所示。

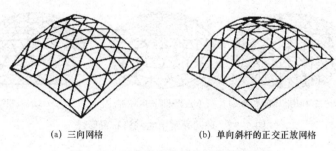

(a) 三向网格　　　　(b) 单向斜杆的正交正放网格

图 5-35　双曲扁壳常用的网格布置形式

5)网壳结构组合形式

网壳结构一般可采用以下 3 种组合形式。

(1) 将圆柱面、圆球面和双曲抛物面截出一部分进行组合,如图 5-36(a) 所示。
(2) 将一段圆柱面两端与半个圆球面组合,如图 5-36(b) 所示。
(3) 将 4 块双曲抛物面组合,如图 5-36(c) 所示。

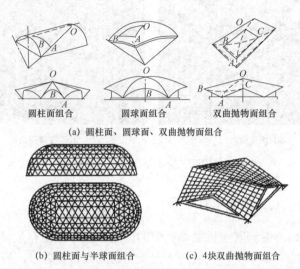

图 5-36 网壳结构组合形式

国家大剧院是中国最高表演艺术中心,如图 5-37 所示,其外部围护钢结构壳体呈半椭球形,平面投影东西方向(长轴)长度为 212.20 m,南北方向(短轴)长度为 143.64 m,壳体钢骨架总重达 6 750 t。整个壳体结构坐落在一个局部有钢箱梁的钢筋混凝土环形梁上,此环梁中心线周长 560 m,是钢屋盖与混凝土结构的连接部分。

(a) 大剧院壳体内景

(b) 大剧院壳体外景

图 5-37 国家大剧院

北京大兴国际机场航站楼核心区屋盖的钢结构造型复杂,由支撑钢结构及上部钢屋盖两大部分组成,如图 5-38 所示。其中,支撑钢结构由 4 组(8 个)C 型支撑、6 对(12 个)支撑筒、3 对(6 根)支撑柱及门头柱和幕墙结构体系组成;核心区屋盖采用不规则自由曲面空间网格钢结构,局部呈波浪状,高差起伏大,最高点与最低点高差达 27 m。屋盖结构整体呈放射状,长和宽分别为 568 m 与 455 m,投影面积达 18 万 m²。屋盖钢网格结构最大厚度 8 m,最大悬挑 47 m。主要节点为焊接球,部分受力较大区域采用铸钢球节点;支撑结构通过三向固定铰支座、单向滑动铰支座或销轴支座与钢屋盖连接。

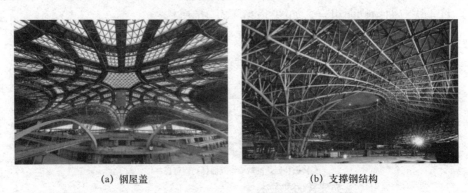

(a) 钢屋盖　　　　　　　　　　　(b) 支撑钢结构

图 5-38　北京大兴国际机场航站楼核心区钢屋盖与支撑钢结构

5.4.4　悬索结构

悬索结构最早可以追溯到其在桥梁结构中的应用。世界上现存最早的竹索桥是我国四川省都江堰市跨越岷江的安澜索桥,该桥为中国著名的五大古桥之一,桥长达到 330 多米。20 世纪 50 年代以后,由于高强钢丝的出现,悬索结构开始用于建造大跨度建筑的屋顶。

悬索结构是以受拉钢索为主要承重构件的结构体系。其组成包括悬索、侧边构件及下部支承结构,悬索屋盖的组成及悬索的受力如图 5-39 所示。

悬索结构最突出的优点是所用的钢索只承受拉力,因而能充分发挥高强度钢材的优越性。悬索结构用高强钢丝做拉索,加上高强的边缘构件及下部的支承构件,可减轻屋盖的自重,使得屋盖结构自重极大地减小,而跨度大大地增加,除了稳定性相对较差外,是比较理想的大跨度屋盖结构形式。

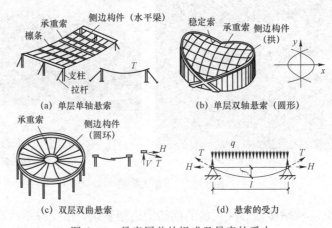

(a) 单层单轴悬索　　　　　　(b) 单层双轴悬索(圆形)

(c) 双层双曲悬索　　　　　　(d) 悬索的受力

图 5-39　悬索屋盖的组成及悬索的受力

悬索结构便于建筑造型,容易适应各种建筑平面,因而能较自由地满足各种建筑功能和表达形式的要求，主要用于机场候机楼、车站、会议中心、展览馆、陈列馆、杂技厅、体育建筑（体育馆、游泳馆、大运动场等）等大跨度建筑及特殊构筑物中。

世界上第一个现代悬索屋盖是于 1952 年建成的美国 Raleigh 竞技馆，如图 5-40 所示，其平面为 91.5 m×91.5 m 的近似圆形，采用以两个斜放的抛物线拱为边缘构件的鞍形正交索网结构。

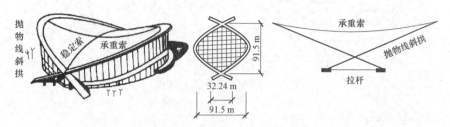

图 5-40 美国 Raleigh 竞技馆

中国现代悬索结构的发展始于 20 世纪 50 年代后期和 60 年代。北京工人体育馆是我国悬索结构大跨度建筑的经典之作，如图 5-41 所示。建筑平面为圆形，跨度达到 94 m，地下 1 层，地上 4 层。屋盖采用轮辐式双层悬索结构，犹如巨大的自行车车轮，由截面为 2 m×2 m 的钢筋混凝土圈梁、中央钢环，以及辐射布置的两端分别锚定于圈梁和中央钢环的上索和下索组成，共有 144 根悬索。中央钢环直径 16 m，高 11 m，由钢板和型钢焊成，承受由于索力作用而产生的环向拉力，并在上、下索之间起撑杆的作用。

(a) 体育馆外观

(b) 体育馆内景

图 5-41 北京工人体育馆

5.4.5 膜结构

膜结构是空间结构中最新发展起来的一种结构类型，泛指所有采用膜材和其他构件（如拉索、支承钢构件等）所组成的建筑物和构筑物。膜结构以性能优良的织物为膜材料，或向膜内充气由空气压力支撑膜面，或利用柔性钢索或刚性骨架将膜面绷紧，形成具有一定刚度并能覆盖大跨度空间的结构体系。膜结构既能承重，又能起围护作用，与传统结构相比，其重量大大减轻，仅为一般屋盖重量的 1/30～1/10。

1. 膜结构分类

中国工程建设协会标准《膜结构技术规程》（CECS 158—2015）根据膜材及相关构件的受力方式把膜结构主要分成 4 种形式：空气支承式膜结构、整体张拉式膜结构、骨架支承式膜结构、索系支承式膜结构。

1）空气支承式膜结构

空气支承式膜结构是即充气膜结构，其利用膜内外空气的压力差为膜材施加预应力，使膜面能覆盖所形成的空间，如图5-42所示。

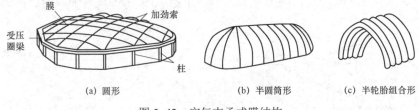

(a) 圆形　　　　　　　(b) 半圆筒形　　　　　(c) 半轮胎组合形

图 5-42　空气支承式膜结构

2）整体张拉式膜结构

整体张拉式膜结构是指依靠膜本身的预张力与拉索、支柱共同作用构成的结构体系。如图5-43所示。

3）骨架支承式膜结构

骨架支承式膜结构是指以刚性结构（如钢拱、刚架等）为承重骨架，并在骨架上铺设张紧膜材的结构体系，适用于平面为方形、圆形或矩形的建筑，如图5-44所示。

图 5-43　整体张拉式膜结构　　　　图 5-44　骨架支承式膜结构

4）索系支承式膜结构

索系支承式膜结构主要由索、杆、膜构成，三者共同起承重作用。其主要形式是索穹顶结构，扇形的膜面从中心环向外环方向展开，通过对钢索施加拉力而绷紧，固定在压杆与接合处的节点上，如图5-45所示。索系支承式膜结构适用于大跨度的圆形或椭圆形建筑。

2. 膜结构特点及应用

膜结构的突出特点之一就是形状的多样性。曲面存在着无限的可能性，空气支承式膜结构充气之后的曲面主要是圆球面或圆柱面；以索或骨架支承的膜结构，其曲面可以随着建筑师的想象力而任意变化。另外，膜结构还具有轻质、柔软、不透气、不透水、耐火性好等特点，并具有一定的透光率和

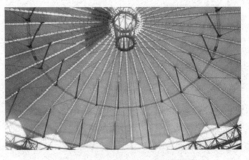

图 5-45　索系支承式膜结构

足够的受拉承载力。新研制的膜材料在耐久性方面又有了明显的提高。

1970年日本大阪万国博览会的美国馆（如图5-46所示）和富士馆（如图5-47所示）这两个膜结构建筑在建筑行业引起轰动，标志着膜结构时代的开始。美国馆采用圆形空气支承

式膜结构，其平面为 140 m×83.5 m 的拟椭圆形；富士馆采用半轮胎组合形空气支承式膜结构，平面为直径 50 m 的圆形，由 16 根直径 4 m、长 78 m 的拱形气肋围成，每隔 4 m 用宽 500 mm 的水平系带将其环箍在一起。

图 5-46　1970 年大阪万国博览会美国馆

图 5-47　1970 年大阪万国博览会富士馆

1997 年建成的上海八万人体育场，如图 5-48 所示，整个空间结构东低西高，南北对称，高低起伏，屋盖呈马鞍状曲面，平面投影尺寸为 288 m×274 m。屋盖采用钢结构，面层选用 SHEERFILL 建筑膜，32 榀桁架将结构分成 57 个伞状索膜单元（锥形单元）。这是中国首次将膜结构应用到大面积和永久性建筑上，影响极为深远。

国家游泳中心"水立方"（如图 5-49 所示）的围护结构采用双层 ETFE 膜材，是目前世界上规模最大的 ETFE 膜结构工程。水立方的中心屋面、立面和内部隔墙均由双层 ETFE 充气枕构成，且几乎没有形状相同的两个气枕，单个最大气枕面积为 90 m²，表面覆盖面积达 10 万 m²。"水立方"充气膜结构共 1 437 块气枕，每一块都好像一个"水泡泡"。

图 5-48　上海八万人体育场

图 5-49　国家游泳中心"水立方"

5.5　筒体结构体系

筒体结构体系是指由一个或多个筒体作为竖向结构，并用各层楼板将井筒四壁相互连接起来，形成一个空间构架的高层建筑结构体系。

随着建筑层数和高度的增加（如高度超过 100～140 m，层数超过 30～40 层），可将房屋的剪力墙集中到房屋的外部或内部组成一个竖向、悬臂的封闭箱体，构成空间薄壁筒体[如图5-50（a）所示]，或由框架通过加密柱子形成密排柱，加大框架梁的截面高度以加大刚度，形成空间整体受力的非实腹筒体——框筒[如图5-50（b）所示]，或由4个平面桁架组成的空间桁架形成非实腹筒体——桁架筒[如图5-50（c）所示]。面对水平荷载，筒体结构体系比剪力墙或框-剪结构体系具有更大的强度和刚度。

筒体结构体系可布置成框筒结构、筒中筒结构、框架-核心筒结构、多重筒结构和筒束结构等，如图5-51所示。

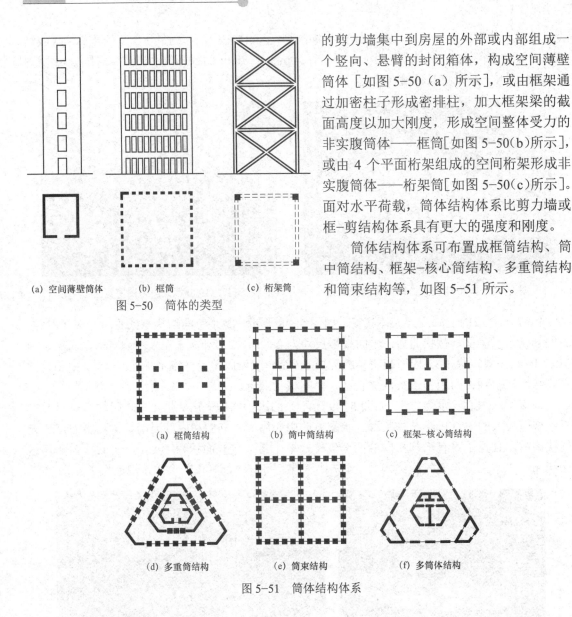

(a) 空间薄壁筒体　　(b) 框筒　　(c) 桁架筒

图 5-50　筒体的类型

(a) 框筒结构　　(b) 筒中筒结构　　(c) 框架-核心筒结构

(d) 多重筒结构　　(e) 筒束结构　　(f) 多筒体结构

图 5-51　筒体结构体系

5.5.1　框筒结构

框筒结构是由深梁密柱框架组成的空间结构。其承受水平荷载时，整体工作性态与空间结构的实腹筒体相似，可视为箱形截面的竖向悬臂构件，即沿四周布置的框架都参与抵抗水平荷载，层剪力由平行于水平荷载作用方向的腹板框架抵抗，倾覆力矩由腹板框架和垂直于水平荷载作用方向的翼缘框架共同承担。

5.5.2　筒中筒结构

当建筑高度更高，对结构的刚度要求更大时，可使用筒体中镶套筒体的结构形式，即筒中筒结构（或称双重筒体结构）。这种结构通常由框筒或桁架筒作为外筒，以实腹筒作为内筒，内、外筒之间由平面内刚度很大的楼板连接，使外框筒和实腹内筒协同工作，形成一个刚度很大的空间结构。筒中筒结构高度不宜低于 80 m。

中国国际贸易中心（北京国贸）三期主塔楼，如图 5-52 所示，地下 3 层，地上 74 层，高度 330 m，周边框筒平面为削角的正方形，外轮廓尺寸在地面层的边长约为 55.3 m，至 74 层减少到约 44 m。其抗侧力体系采用筒中筒结构，外筒为型钢混凝土框架筒体，内筒为型钢混凝土框支核心筒体+钢板墙组合结构。在 6～7 层、28～29 层及 54～55 层的机电层处设置 3 个两层高的腰桁架，以满足不同柱网布置。在 28～29 层顶及 55～56 层顶之间均设有 8 支伸臂桁架，同时在腰桁架层之顶面与底面在周边框筒与核心筒之间设有 6 道平面桁架。

(a) 主塔楼外观　　　　　(b) 主塔楼筒中筒结构　　　　(c) 3个两层高的腰桁架

图 5-52　中国国际贸易中心三期主塔楼

5.5.3　筒束结构

筒束结构是把两个以上的筒体组合成束，形成的结构刚度更大的结构形式，通常是由两个或两个以上的框筒组成。框筒可以是钢框筒，也可以是钢筋混凝土框筒。该结构空间刚度极大，能满足很高的高层建筑的受力要求；建筑内部空间也很大，平面可以灵活划分，可应用于多功能、多用途的超高层建筑。

曾有世界第一高楼之称的芝加哥西尔斯大厦（如图 5-53 所示）就是著名的筒束结构建筑，共有 110 层，总高度 443.2 m（不包括天线塔杆），采用筒束钢结构。其底平面大小为 68.6 m×68.6 m，主体结构由 9 个尺寸相同的边长为 22.86 m 的正方形钢框筒成束地组合在一起，各个筒的高度不同，每一个筒壁有 5 个立柱，柱距 4.57 m，相邻筒共用毗邻的一组立柱和深梁，形成规整的框架方格。

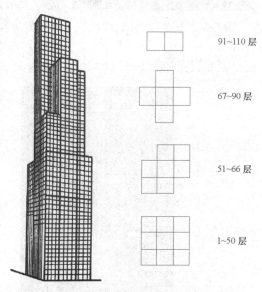

图 5-53　西尔斯大厦筒束结构布置及体型变化

5.6 巨型结构体系

随着高层建筑功能和造型要求的不断提高，20世纪60年代结构工程师设计出了新颖的巨型结构体系。巨型结构体系又称超级结构体系，是指由数个大型结构单元所组成的主结构与常规结构构件组成的子结构共同组成的建筑结构体系。其主要特点是布置有若干个"巨大"的竖向支承结构（组合柱、角筒体、边筒体等），与梁式或桁架式转换楼层相结合，形成了一种巨型框架或巨型桁架结构体系。其大型结构单元通常是由不同于普通梁、柱概念的大型构件——巨型柱和巨型梁组成的简单而巨型的桁架或框架等结构，巨型梁、柱都是空心的、格构的立体杆件，其截面尺寸通常很大，其中巨型柱截面尺寸常超过一个普通框架的柱距。

图 5-54 香港中国银行大厦

香港中国银行大厦（如图 5-54 所示）地上 70 层，地下 4 层，楼高 315 m，加顶上两杆的高度共有 367.4 m。其结构为巨型桁架结构，由 8 片钢平面框架组成，其中 4 片位于建筑四周，相互正交，另外 4 片斜交，每一对角上有 2 片，而 8 片框架的端部由 5 根巨大的混凝土组合柱即巨型结构柱连接，组成了巨型结构体系。

上海金茂大厦（如图 5-55 所示）建筑总高为 420.5 m，地下 3 层，地上 88 层，建筑平面为八边形。其结构为钢-混凝土结构，采用带伸臂桁架的巨柱框架-混凝土内筒体系。外框架由 8 根巨型钢骨混凝土柱及 8 根钢柱和钢框架梁构成，内筒为"九"格形钢筋混凝土方形内筒，其结构标准层平面布置图如图 5-55（b）所示。上海金茂大厦于 1998 年荣获伊利诺斯世界建筑结构大奖。

(a) 上海金茂大厦外观

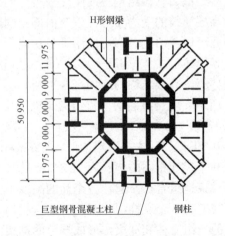

(b) 结构标准层平面布置图

图 5-55 上海金茂大厦

5.7 世界著名超高层建筑结构体系选用案例

摩天高楼是经济高速发展的产物，也是城市经济活力最显著的指标。随着中国经济实力的增强、城市化进程的加快、建造技术的进步，我国超高层建筑的数量和质量蓬勃发展，超高层建筑不断突破城市天际线，刷新高度。CTBUH（世界高层建筑与都市人居学会）各年度发布的高层建筑回顾报告中的统计数据显示，中国近三十年连续拥有最多的 200 m 及以上竣工建筑，截至 2024 年初，中国 150 m 以上的建筑达到 3 285 座，200 m 以上建筑达 1 148 座，300 m 以上达 117 座，三项指标均保持全球第一。高度排名世界前 100 的建筑中近一半矗立在中国，世界十大最高建筑中超过半数在中国。

我国已经形成了较为完善的高层建筑结构设计、施工规范和标准体系，这些对我国超高层建筑工程质量的保证起到了巨大的作用。

超高层建筑结构抗侧力体系是决定超高层建筑结构是否合理和经济的关键。超高层建筑结构抗侧力体系的发展除了从传统的框架、剪力墙、框架-剪力墙、框架-核心筒、框筒结构逐步向框架-核心筒-伸臂、巨型框架、桁架支撑筒、筒中筒、筒束等结构体系转变外，还衍生出了交叉网格筒、米歇尔（Michell）桁架筒及钢板剪力墙等新型结构体系，并进化出了多种体系混合使用的情况；结构体系呈现出主要抗侧力构件周边化、支撑化、巨型化和立体化的特点，结构材料也从纯混凝土结构、钢结构向钢-混凝土混合结构转变。

常用的超高层建筑结构抗侧力体系如图 5-56 所示。每种结构体系都有其受力特点、合理的适用高度及适用的建筑功能。工程实践表明，框架-核心筒（伸臂加强层）一般适用于高度 150~300 m 的超高层建筑，巨型结构及斜交网格筒等适用于 300 m 及以上高度的超高层建筑。

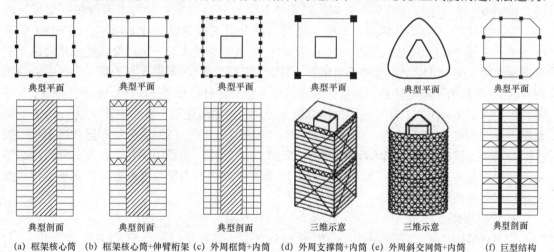

(a) 框架核心筒 (b) 框架核心筒+伸臂桁架 (c) 外周框筒+内筒 (d) 外周支撑筒+内筒 (e) 外周斜交网筒+内筒 (f) 巨型结构

图 5-56 常用的超高层建筑结构抗侧力体系与布置

我国超高层建筑大多采用以框架-核心筒结构为主的双重抗侧力体系，也有悬挂结构这样的单重抗侧力体系。以常用的框架-核心筒为例，无论外框架、核心筒还是斜撑、伸臂加强层等均有多种不同的组合和变化，体现出结构体系多样化及结构效率的提升。

下面以世界著名超高层建筑为例，举例说明超高层建筑结构体系的选用。

1. 北京中信大厦（中国尊）

北京中信大厦又名中国尊，建成之时拥有 8 项"世界之最"、15 项"中国之最"，总建筑面积约 43.7 万 m^2，建筑高度约为 528 m，地上 108 层，地下 7 层。塔楼平面基本为方形，底部大小约为 78 m×78 m，中上部最窄部位为 54 m×54 m，顶部约为 69 m×69 m。其结构是由含有组合钢板剪力墙的钢筋混凝土核心筒和含有巨型柱、巨型斜撑和转换桁架的巨型斜撑外框筒组成的巨型钢-混凝土筒中筒结构体系。如图 5-57 所示。

  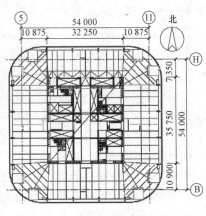

(a) 中国尊外观　　　　　(b) 巨型斜撑框筒与次框架　　　　　(c) 结构典型平面布置图

图 5-57　北京中信大厦（中国尊）

2. 天津 CTF 金融中心

天津 CTF 金融中心如图 5-58 所示。其建筑面积约 39 万 m^2，塔楼总高度 530 m，地下 4 层，地上 97 层，建筑造型具有极强的雕塑感和立体感。建成之时为中国长江以北第一高楼、全中国第四高楼及全球第八高楼，先后获得全球工程建设行业卓越奖、CTBUH 全球杰出奖——最佳高层建筑杰出奖（400 m 及以上）、世界结构大奖——高耸或细长结构最高奖等近 200 项大奖。塔楼主体结构采用钢管（型钢）混凝土框架+混凝土核心筒（内嵌钢板墙和钢骨柱）+带状桁架结构体系。塔楼外框结构由 8 根角框柱、16 根边框柱、8 根斜撑柱、3 道带状桁架和钢梁等组成；外框柱不规则螺旋上升，其截面沿建筑全高由钢管混凝土 CFT 变至型钢混凝土 SRC 再变至钢管；在 F48M-F51、F71-F73、F88-F89 处分别布置 3 道带状桁架（环状桁架）；核心筒由 12 个规则矩形筒形成的"12 宫格"在经历缩角、收肢、分段收缩等多次变化后逐步变化为"日"字形，在 B4 层至 F22 层的剪力墙内嵌钢板墙；水平结构楼面板采用压型钢板组合楼板。

3. 广州东塔

广州东塔即广州 CTF 金融中心，如图 5-59 所示，总建筑面积约 51 万 m^2，地上约 37 万 m^2，地下 5 层，地上 111 层，建筑高度 530 m，结构封顶时为世界第五高楼。塔楼采用退台与垂直性相结合的手法，营造节节上升的体量感。塔楼主体结构采用伸臂巨型框架-核心筒的结构体系，外部为 8 根巨型钢管混凝土柱，内部混凝土核心筒，配合 4 道伸臂桁架及 6 道环状桁架的加强层布置，使结构既满足抗震设计标准，同时又满足建筑功能要求。在建设过程中，创造了近 10 项中国和世界纪录。

第 5 章 常用建筑结构概述

(a) 塔楼外观

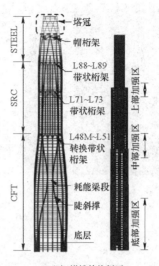
(b) 塔楼结构剖面

图 5-58 天津 CTF 金融中心

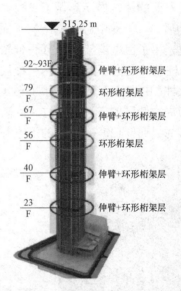

图 5-59 广州东塔

4. 深圳平安国际金融大厦

深圳平安国际金融大厦总建筑面积约 45.8 万 m²，塔楼地上 118 层，地下 5 层，屋面高度 592.5 m，塔顶高度 599.1 m，建成时为深圳第一高楼。整体结构采用带状桁架间设置单斜撑的方案，塔楼结构采用巨型钢斜撑外框架+劲性钢筋混凝土核心筒+伸臂钢桁架结构+空间带状桁架+角部 V 形撑结构体系。其外框架有 8 根巨柱，巨柱最大截面长 6.5 m、宽 3.2 m、高 584 m；外框架外围布置 7 道双层环状桁架、7 道巨型斜撑；核心筒采用 9 宫格多筒束钢骨剪力墙筒；多筒束核心筒通过 7 道水平钢结构桁架外伸臂与巨型外框架连接，形成 7 个结构加强层。如图 5-60 所示。

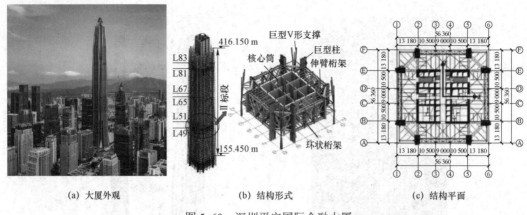

图 5-60　深圳平安国际金融大厦

5. 上海中心大厦

上海中心大厦，如图 5-61 所示，共 118 层，高达 632 m，是世界第三高楼（2024 年初统计），被视为世界超高层建筑技术的集大成之作，其高度已经超越了其物理意义上的高度，再次震撼了不断发展的建筑界，彰显了我国"大国工匠"的精神，同时也为上海新一代地标建筑增添了全新活力。上海中心大厦结构平面为圆形，底部直径沿高度由 83.6 m 逐渐减小至 42 m。该建筑采用了巨型框架-核心筒-伸臂桁架抗侧力结构体系，其巨型框架结构由 8 根巨型柱、4 根角柱及 8 道位于设备层两个楼层高的箱形空间环状桁架组成，巨型柱和角柱均采用钢骨混凝土柱；中央核心筒底部为 30 m×30 m 的正方形钢筋混凝土筒体，截面平面形式根据建筑功能布局由低区的方形逐渐过渡到高区的十字形。塔楼外部幕墙呈三角形旋转上升，每层旋转 1°，共旋转 120°。建筑的形态与中华文化中象征宇宙螺旋塔的造型相结合，象征

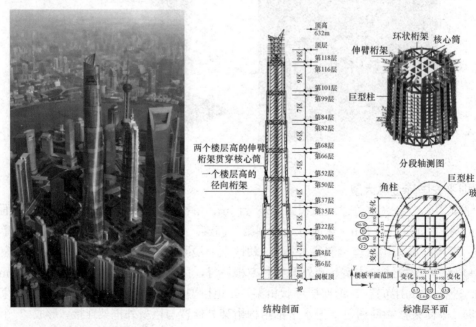

图 5-61　上海中心大厦

着中国与世界、空间和时间的联系,即始终以开放自由的心态面对世界的变化与发展,同时也表达了中国对未来发展的信心。

6. 哈利法塔

哈利法塔(Burj Dubai Tower)原名迪拜塔,又被称为"垂直之城",截至 2024 年仍是世界第一高楼,如图 5-62 所示。其楼层总数 162,高 828 m,是一座集住宅、旅馆、办公、商业、娱乐、购物、休闲于一体的综合功能大厦。

哈利法塔采用扶壁式筒体及筒束结构。其建筑平面形似"沙漠之花",六边形核心筒居中,每一翼的纵向走廊墙形成核心筒的扶壁(共 6 道),横向分户墙作为纵墙的加劲肋,每翼端部有 4 根独立的端柱。整个建筑沿高度每 7 层进行一次内收且减少筒数,自下而上逐步退台,形成优美的塔身宽度变化曲线,且与风力的变化相适应。横墙与外框柱均采用 9 m 模数,在逐步退台时,剪力墙在退台楼层处切断,端部柱向内移,外框柱可直接落在下部横墙上,全楼无转换,避免了荷载的突变及墙、柱截面突然变化给施工带来的困难。该结构的核心筒和 3 个翼筒组合成 Y 形,不但最大化地为使用者提供了自然光线和观光视野,减少了风荷载作用,而且也形成了刚度很大、质量分布合理的超高层结构。其部分层的结构平面图如图 5-63 所示。

图 5-62 哈利法塔

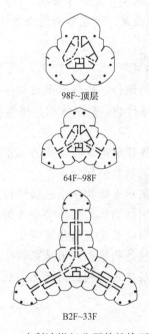

图 5-63 哈利法塔部分层的结构平面图

从节约城市土地、集聚社会资源、提高运行效率的角度来看,高层建筑、超高层建筑在大型城市的发展中有其合理性。然而,超高层"摩天大楼"可能存在的弊端,如城市传统风貌受影响、交通拥堵、土地溢价导致对建造成本的忽略、消防救援能力会遇到瓶颈等问题也确应引起重视,超高层建筑设计者也面临诸如安全问题、舒适性问题、效率问题等方面的挑战。

为进一步加强基础设施建设项目管理,坚持质量第一,保障人民群众生命财产安全,中国已发布了"限高令",提出对 100 m 以上建筑应严格执行超限高层建筑工程抗震设防审批制度,超高层建筑要与城市规模、空间尺度相适宜,与消防救援能力相匹配;严格限制新建 250 m 以上建筑,确需建设的,要结合消防等专题论证进行建筑方案审查,并报住房城乡建设部备案;不得新建 500 m 以上超高层建筑。中小城市要严格控制新建超高层建筑,县城住宅要以多层为主。

在技术越来越先进的现在,造一座更高的摩天大楼并不是难事,但我们应该更重视资源的合理有效利用,以人为本地解决人居环境的现实问题,以适用的技术,真正创造回归生态的建筑环境。

思政映射与融入点

建筑结构形式直接关系到建筑是否安全、适用、经济、绿色、美观。在建筑工程技术越来越先进的现在,建筑结构的选型与优化应该更重视资源的合理有效利用。从德育角度来看,本章知识目标为理解建筑结构安全性、经济性、适用性、耐久性、可持续性等方面的基本要求;能力目标为养成建筑结构选型优化的思维方式,培养建筑结构构思能力;情感目标为认识与欣赏建筑结构之美,体会建筑结构的演变历程所反映出的科技创新与人类文明进步及其相互间的辩证关系,激发创新创造热情。

思考题

5-1 名词解释:墙体承重结构体系,剪力墙结构,骨架承重结构体系,框-剪结构,框-筒结构,板柱结构,刚架结构,拱结构,排架结构,空间结构体系,筒体结构体系,巨型结构体系

5-2 怎样理解建筑与结构的关系?

5-3 建筑结构如何分类?

5-4 骨架承重结构体系包括哪些结构类型?分别适用于何种建筑?

5-5 空间结构体系包括哪些结构类型?分别适用于何种建筑?

5-6 常用高层建筑结构有哪些?

5-7 空间结构体系应用情况调研。

5-8 高层建筑结构应用情况调研。

第6章

民用建筑构造概述

请按表 6-1 的教学要求，学习本章的相关教学内容。

表 6-1 教学内容和教学要求表

教学内容	教学要求	教学内容	教学要求
6.1 建筑构造的研究对象	了解	6.4.2 有利于结构安全	重点掌握
6.2 建筑的构造组成及作用	掌握	6.4.3 技术先进	
6.3 影响建筑构造的因素	了解	6.4.4 合理降低造价	
6.3.1 荷载因素		6.4.5 美观大方	
6.3.2 环境因素		6.5 建筑构造详图的表达	掌握
6.3.3 技术因素		6.5.1 详图的索引方法	
6.3.4 建筑标准		6.5.2 剖视详图	
6.4 建筑构造设计的基本原则	重点掌握	6.5.3 详图符号表示	
6.4.1 满足建筑使用功能的要求			

6.1 建筑构造的研究对象

　　建筑构造是研究建筑各组成部分的构造原理和构造方法的学科，是建筑设计不可分割的一部分。其具有实践性强和综合性强的特点，在内容上是对实践经验的高度概括，并且涉及建筑材料、建筑物理、建筑力学、建筑结构、建筑施工及建筑经济等方面的知识。

　　解剖一座建筑，不难发现其是由许多部分构成的，而这些构成部分在建筑工程上被称为构件或配件。建筑构造原理就是综合多方面的技术知识，根据多种客观因素，以选材、选型、工艺、安装为依据，研究各种构、配件及其细部构造的合理性（包括适用、安全、经济、美观）及如何能更有效地满足建筑使用功能的理论。

　　构造方法则是在理论指导下，进一步研究如何运用各种材料，有机地组合各种构、配件，并提出解决各构、配件之间相互连接的方法和这些构、配件在使用过程中的各种防范措施。

6.2 建筑的构造组成及作用

一幢建筑，一般是由基础、墙或柱、楼地层、楼梯、屋顶和门窗等六大部分组成，如图 6-1 所示。

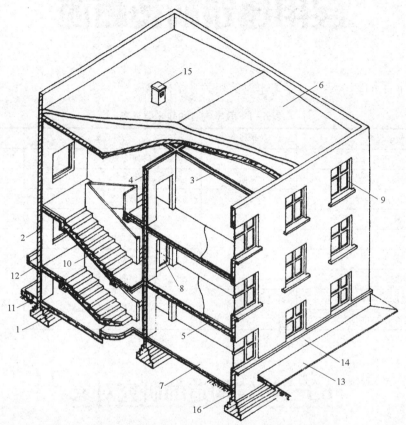

1—基础；2—外墙；3—内横墙；4—内纵墙；5—楼板；6—屋顶；7—地坪；8—门；9—窗；10—楼梯；
11—台阶；12—雨篷；13—散水；14—勒脚；15—通风道；16—防潮层。

图 6-1　建筑的基本组成

1. 基础

基础是建筑最下部的承重构件，其作用是承受建筑的全部荷载，并将这些荷载传给地基。因此基础必须拥有足够的强度和稳定性，并能抵御地下各种有害因素的侵蚀。基础形式分为独立基础、条形基础、筏形基础、箱形基础和桩基础。

2. 墙体、柱

墙体分为承重墙体和非承重墙体。承重墙体承受着自重及建筑由屋顶和楼板传来的荷载，并将这些荷载传给基础。外墙同时具备围护作用，内墙同时具备分隔空间的作用。非承重墙体只能承受其自重，主要起围护和分隔空间的作用，外墙要能够抵御自然界各种因素对室内的侵袭，内墙主要起分隔空间及保证环境舒适的作用。因此，墙体需要具有足够的强度、稳定性及良好的保温、隔热、隔声、防水、防火、耐久及经济等性能。

柱是建筑结构的主要承重构件，承受屋顶和楼板层传来的荷载，因此必须具有足够的强度和刚度。

3. 楼地层

楼板由结构层和装饰层构成。楼板是建筑水平方向的承重构件，按房间层高将整幢建筑沿水平方向分为若干层。楼板需要承受家具、设备和人体荷载及本身的自重，并将这些荷载传给墙或柱，同时对墙体起着水平支撑的作用。因此要求楼板应具有足够的抗弯强度、刚度和隔声能力，厕浴间等有水侵蚀的房间的楼板要具备防水、防潮能力。

地坪是底层房间与地基土层相接的构件，起承受底层房间荷载的作用。地坪要具备耐磨、防潮、防水和保温的性能。

4. 楼梯

楼梯是楼房建筑的垂直交通设施，供人们上下楼层和紧急疏散之用。因此楼梯应具有足够的通行能力，并且要防滑、防水。现在很多建筑因为交通或舒适的需要安装了电梯，但同时也必须有楼梯用于交通和防火疏散。

5. 屋顶

屋顶具有承重和围护双重功能，既能抵御风、霜、雨、雪、冰雹等的侵袭和太阳辐射热的影响，又能承受自重和雪荷载及施工、检修等屋顶荷载，并将这些荷载传给墙或柱。屋顶形式主要有平屋顶、坡屋顶和其他形式。平屋顶的做法与楼板相似，有上人屋面和不上人屋面之分，上人屋面指人员能够到屋面上活动，如屋顶花园等。屋顶应具有足够的强度、刚度及防水、保温、隔热等能力。

6. 门窗

门与窗均属非承重构件，按照材质不同可分为木门窗、塑料门窗、铝合金门窗、钢门窗等。门主要供人们内外交通和分隔房间用，窗主要起通风、采光、分隔、眺望等围护作用。处于外墙上的门窗又是围护构件的一部分，要满足保温、隔热的要求；某些有特殊要求的房间的门窗还应具有隔声、防火的能力。

一幢建筑除上述六大基本组成部分以外，对不同使用功能的建筑，还有许多特有的构件和配件，如阳台、雨篷、台阶等。

6.3　影响建筑构造的因素

影响建筑构造的因素有很多，大体有以下4个方面。

6.3.1　荷载因素

作用在建筑上的荷载有恒荷载（如结构自重等）、活荷载（如风荷载、雪荷载等）、偶然荷载（如爆炸力、撞击力等）三类，在确定建筑构造方案时，必须考虑荷载因素的影响。

6.3.2　环境因素

环境因素包括自然因素和人为因素。自然因素的影响是指风吹、日晒、雨淋、积雪、冰冻、地下水、地震等因素给建筑带来的影响。为了防止自然因素对建筑的破坏，在构造设计时，必须采用相应的防潮、防水、保温、隔热、防温度变形、防震等构造措施。

人为因素的影响是指火灾、噪声、化学腐蚀、机械摩擦与振动等因素对建筑的影响。在构造设计时，必须采用相应的防护措施。

6.3.3 技术因素

技术因素的影响是指建筑材料、建筑结构、建筑施工方法等技术条件对建筑设计与建造的影响。随着这些技术的发展与变化，建筑构造的做法也在改变。例如，水泥粉煤灰碎石桩（简称 CFG 桩）是由水泥、粉煤灰、碎石、石屑或砂加水拌和形成的高粘结强度桩，其和桩间土、褥垫层一起形成复合地基，相比于普通地基，复合地基不仅承载力高而且变形小，并且由于 CFG 桩不配筋，桩体可利用工业废料粉煤灰作为掺合料，因此可大大降低工程造价。

此外，建筑业是能耗较大的产业，随着低碳环保理念的深入人心，绿色节能建筑成为建筑业发展的必然趋势，在这种情况下，必须要大力发展绿色环保施工技术，才能够更好地实现低碳环保这一目标。当前，建筑环保节能技术的发展取得了良好的成果，空心砖、加气混凝土等新型节能材料已经在建筑的施工中得到应用，这些技术都对建筑构造设计产生了或多或少的影响。因此，建筑构造不能脱离一定的建筑技术条件而存在，它们之间是互相促进、共同发展的。

6.3.4 建筑标准

建筑标准一般包括造价标准、装修标准、设备标准等。标准高的建筑耐久等级高、装修质量好、设备齐全、档次较高，但是造价也相对较高，反之则低。不难看出，建筑构造方案的选择与建筑标准密切相关。如对住宅建筑，建筑标准将其分为一、二、三、四类，并规定了各类住宅平均每户建筑面积、户室比、室内层高、上下水和厕所的设置、楼地面每平方米造价指标等；对办公楼、教学楼、病房、食堂等规定平均每一职工或学生所占建筑面积、室内外装饰、楼地面及每平方米造价指标等；对一些专业性工程，通常由其主管部门规定建筑标准，如公路有路面等级，桥涵有载重量，港口码头有停泊船只的吨位和吞吐能力等。

6.4 建筑构造设计的基本原则

6.4.1 满足建筑使用功能的要求

建筑的使用性质、所处环境不同，对建筑构造设计的要求亦不同。如北方的建筑在冬季需要保温，南方的建筑要求能够通风、隔热，影剧院等建筑需要考虑吸声、隔声等。在进行建筑构造设计时必须考虑并满足建筑使用功能的要求。

6.4.2 有利于结构安全

除按荷载大小及结构要求确定构件的基本断面尺寸外，对阳台、楼梯栏杆、顶棚、门窗与墙体的连接等构造设计，也必须保证建筑在使用时的安全。

6.4.3 技术先进

在进行建筑构造设计时,应大力改进传统的建筑方式,从材料、结构、施工等方面引入先进技术,并注意因地制宜、就地取材。

6.4.4 合理降低造价

各种构造设计,均要注重建筑的经济、社会和环境三方面的效益,即综合效益。在经济上注意节约建筑造价,降低材料的能源消耗,尤其是要注意节约钢材、水泥、木材三大材料,在保证质量的前提下尽可能降低造价。但要杜绝单纯追求效益而偷工减料,降低质量标准的情况,应做到合理降低造价。

6.4.5 美观大方

建筑形象除了取决于建筑设计中的体型组合和立面处理外,一些建筑细部的构造设计对建筑整体美观也有很大影响。

6.5 建筑构造详图的表达

建筑构造设计用建筑构造详图表达。详图又称大样图或节点大样图,是建筑平、立、剖面图的一部分,根据具体情况可选用 1:20、1:10、1:5 甚至 1:1 的比例。详图要表明建筑材料、作用、厚度、做法等,构造详图中构造层次与标注文字的对应关系如图 6-2 所示,剖切符号如图 6-3 所示。

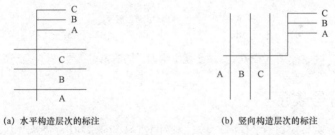

(a) 水平构造层次的标注　　　　(b) 竖向构造层次的标注

图 6-2　构造详图中构造层次与标注文字的对应关系

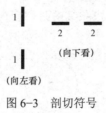

图 6-3　剖切符号

6.5.1 详图的索引方法

详图有明确的索引方法,图样中的某一局部或构件如需另见详图应以索引符号索引,索引符号是由直径为 10 mm 的圆和水平直径组成，圆及水平直径均应以细实线绘制，如图 6-4（a）所示，索引符号应按下列规定编写。

（1）索引出的详图如与被索引的详图同在一张图纸内，应在索引符号的上半圆中用阿拉伯数字注明该详图的编号，并在下半圆中间画一段水平细实线，如图 6-4（b）所示。

（2）索引出的详图如与被索引的详图不在同一张图纸内，应在索引符号的上半圆中用阿拉伯数字注明该详图的编号，并在索引符号的下半圆中用阿拉伯数字注明该详图所在图纸的编号，数字较多时可加文字标注，如图 6-4（c）所示。

（3）索引出的详图如采用标准图，应在索引符号水平直径的延长线上加注该标准图册的编号，如图 6-4（d）所示。

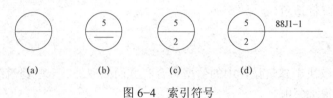

图 6-4　索引符号

6.5.2　剖视详图

索引符号如用于索引剖视详图，应在被剖切的部位绘制剖切位置线，并以引出线引出索引符号，引出线所在的一侧应为投射方向，索引符号的绘制如图 6-5 所示，索引符号的绘制同 6.5.1 节的规定。

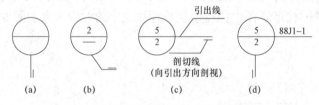

图 6-5　用于索引剖面详图的索引符号

6.5.3　详图符号表示

详图的位置和编号应以详图符号表示，详图符号的圆应以直径为 14 mm 的粗实线绘制，详图应按下列规定编号。

（1）详图与被索引的图样同在一张图纸内时，应在详图符号内用阿拉伯数字注明详图的编号，如图 6-6 所示。

图 6-6　与被索引图样同在一张图纸内的详图符号

（2）详图与被索引的图样不在同一张图纸内时，应用细实线在详图符号内画一水平直径，在上半圆中注明详图编号，在下半圆中注明被索引的图纸编号，如图 6-7 所示。

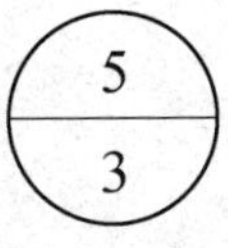

图 6-7　与被索引图样不在同一张图纸内的详图符号

 思政映射与融入点

回顾我国建筑发展及构造设计历程，展示我国古代优秀建筑及构造设计，激发学生爱国热情、树立为中华民族伟大复兴而奋斗的热情。

 思考题

6-1　建筑一般由哪几部分构成？各自有什么作用？
6-2　建筑构造设计的基本原则是什么？
6-3　建筑构造设计详图如何表达？

第 7 章 基础与地下室

请按表 7-1 的教学要求,学习本章的相关教学内容。

表 7-1 教学内容和教学要求表

教学内容	教学要求	教学内容	教学要求
7.1 地基与基础	掌握	7.3 基础的类型与构造	掌握
7.1.1 地基与基础的概念		7.3.1 基础按所用材料及其受力特点的分类及特征	
7.1.2 基础应满足的要求		7.3.2 基础按构造形式的分类及特征	
7.1.3 地基应满足的要求		7.4 基础构造中特殊问题的处理	理解
7.1.4 地基的类型		7.4.1 基础错台	
7.1.5 案例	了解	7.4.2 基础管沟	
7.2 基础埋置深度及其影响因素	掌握	7.5 地下室构造	了解
7.2.1 基础埋置深度概念		7.5.1 概述	
7.2.2 基础埋深影响因素		7.5.2 地下室的防潮、防水构造	掌握

7.1 地基与基础

7.1.1 地基与基础的概念

基础是将建筑结构所承受的各种作用传递到地基上的结构组成部分。其是建筑与岩土层直接接触的部分,是建筑地面以下的承重构件、建筑的下部结构,承受建筑上部结构传下来的全部荷载,并将这些荷载连同自重一并传给地基。

地基是建筑下面支承基础的土体或岩体,不是建筑的组成部分。地基承受建筑荷载而产生的应力和应变随着土层深度的增加而减小,在达到一定深度后可忽略不计。直接承受建筑荷载的土层称为持力层,持力层以下的土层称为下卧层,如图 7-1 所示。

7.1.2 基础应满足的要求

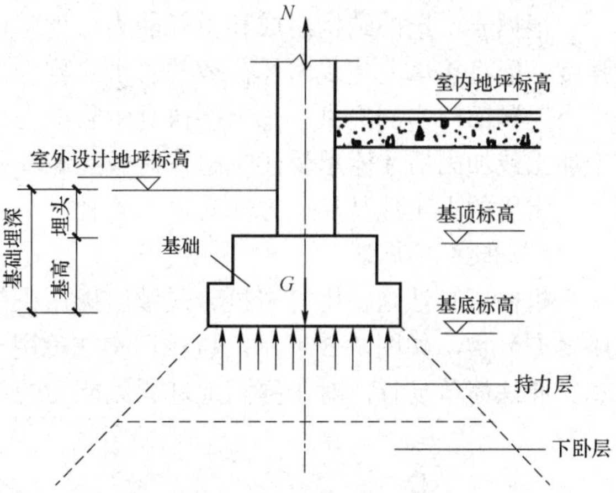

基础作为建筑的重要组成部分,是建筑地面以下的主要承重构件,属于隐蔽工程。基础质量的好坏,直接关系着建筑的安全问题,因此设计时应满足以下4个方面的基本要求。

1. 强度

基础应具有足够的强度,能承受建筑的全部荷载。

2. 刚度

基础应具有足够的刚度,能把荷载稳定地传给地基,防止建筑产生过大的变形而影响其正常使用。

图 7-1 基础与地基

3. 耐久

基础所用材料和构造应与上部建筑等级相适应,并符合耐久性要求,具有较高的防潮、防水和耐腐蚀的能力。如果基础先于上部结构破坏,检查和加固都十分困难,将严重影响建筑寿命。

4. 经济

基础工程的工程量、造价和工期在整个建筑中占有相当的比例,其造价按结构类型不同一般占房屋总造价的 10%~40%,甚至更高。因此,应选择恰当的基础形式及构造方案,采用质优价廉的地方材料,减少基础工程的投资,以降低建筑的总造价。

7.1.3 地基应满足的要求

1. 强度

地基要有足够的承载能力,建筑作用在基础底部的压力应小于地基的承载力,这一要求是选择基础类型的依据。当建筑荷载与地基承载力已经确定时,可通过调整基础底面积来满足这一要求。

2. 变形

地基要有均匀的压缩量,保证建筑在许可的范围内可均匀下沉,避免不均匀沉降导致建筑产生开裂变形。

3. 稳定

地基应具有防止产生滑坡、倾斜的能力。必要时(特别是地基高差较大时)应加设挡土墙,以防止滑坡变形的出现。这一点对于经常受水平荷载或位于斜坡上的建筑尤为重要。

4. 经济

应尽量选择土质优良的地基场地,降低土方开挖与地基处理的费用。

7.1.4 地基的类型

《建筑地基基础设计规范》(GB 50007—2011)中规定,作为建筑地基的岩土可分为岩石、碎石土、砂土、粉土、黏性土和人工填土。

根据岩土层的结构组成和承载能力，地基可分为人工地基和天然地基。凡自身具有足够强度并能直接承受建筑整体荷载的岩土层称为天然地基。天然地基的岩土层分布及承载力大小由勘测部门实测提供。凡土层自身承载能力弱，或建筑整体荷载较大，需对该土层进行人工加工或加固后才能承受建筑整体荷载的地基称为人工地基。

常用的人工地基加固方法有以下4种。

1）机械压实法

机械压实法是指用打夯机、重锤、碾压机等对土层进行夯打碾压或采用振动方法将土层压（夯）实，如图7-2所示。机械压实法可用于处理由建筑垃圾或工业废料组成的杂填土地基。此法简单易行，对于提高地基承载能力的效果较好。

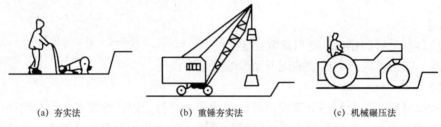

(a) 夯实法　　　　　(b) 重锤夯实法　　　　　(c) 机械碾压法

图7-2　机械压实法加固地基

2）排水固结法

排水固结法又称预压法，是对天然地基，或先在地基中设置砂井或塑料排水袋等竖向排水体，然后利用建筑本身重量分级逐渐加载，或在建筑建造前在场地上先行加载预压，使土体中的孔隙水排出，逐渐固结，地基发生沉降，同时强度逐步提高的方法。这是处理软黏土地基的有效方法之一。按照采用的各种排水技术措施的不同，排水固结法可分为堆载预压法、真空预压法、降水预压法、电渗排法，其中堆载预压法和真空预压法较为常用，如图7-3所示。排水固结法适用于淤泥质土、淤泥、泥炭土和冲填土等饱和黏性土地基的处理。

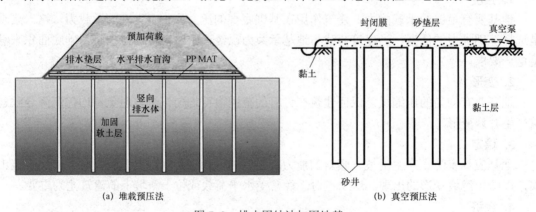

(a) 堆载预压法　　　　　　　　　　(b) 真空预压法

图7-3　排水固结法加固地基

3）换填垫层法

换填垫层法是指挖去地表浅层软弱土层或不均匀土层，回填坚硬、较粗粒径的材料，并夯压密实，形成垫层的地基处理方法。适用于浅层软弱地基及不均匀地基的处理，包括淤泥、淤泥质土、松散素填土、杂填土、已完成自重固结的冲填土等地基的处理及暗塘、暗浜、暗沟等浅层的处理和低洼区域的填筑。换填材料可选用砂石、粉质黏土、灰土、粉煤灰、矿渣、其他工业废渣、土工合成材料等性能稳定、无侵蚀性的材料。如图7-4所示。

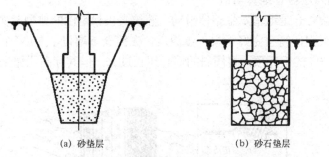

图7-4　换填垫层法加固地基

4）复合地基法

复合地基法是指增强或置换部分土体，形成由增强体和周围地基土共同承担上部荷载并协调变形的人工地基的处理方法。根据地基中增强体的方向，复合地基可分为水平向增强体复合地基和竖向增强体复合地基，如图7-5所示。水平向增强体复合地基是由各种土工合成材料如土工聚合物、土工格栅等形成的加筋土复合地基；竖向增强体复合地基又称桩体复合地基，有垂直等长桩柱或长短桩柱、斜向桩柱等多种形式。

(a) 水平向增强复合地基　(b) 竖直向增强复合地基　(c) 斜向增强复合地基　(d) 长短桩复合地基

图7-5　复合地基常用形式

桩体复合地基是指由地基土和竖向增强体（桩）组成、共同承担荷载的人工地基，与桩基础的区别如图7-6所示。桩体复合地基按增强体材料可分为刚性桩（如CFG桩）复合地基、散体材料桩（如碎石桩、砂桩、矿渣桩）复合地基、粘结材料桩（土桩、灰土桩、石灰桩、水泥土搅拌桩、粉体喷射搅拌桩、旋喷桩）复合地基等。

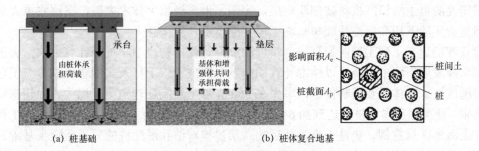

(a) 桩基础　(b) 桩体复合地基

图7-6　桩基础与桩体复合地基的区别

7.1.5 案例

1. 加拿大特朗斯康谷仓地基事故

加拿大特朗斯康谷仓是地基发生整体滑动、建筑丧失稳定性的典型范例，如图 7-7 所示。由于该谷仓整体性很强，筒仓完好无损。事故后，在筒仓下增设了 70 多个支承在基岩上的混凝土墩，用 377 个 50 t 的千斤顶，将倾斜的筒仓纠正过来，但其标高比原来的设计标高降低了 4 m。

图 7-7 加拿大特朗斯康谷仓的地基破坏情况

特朗斯康谷仓基础工程设计失败的实例及其他事故表明，必须慎重对待任何建筑的基础工程的安全性问题。只有深入了解地基情况，掌握勘察资料，经过精心设计与施工，才能保证基础工程的质量安全，进而追求其经济合理性。

2. 上海中心大厦地基基础技术创新

上海中心大厦以世界第三的建筑总高度、绿色环保节能的设计理念、螺旋式上升的建筑结构和极大的施工难度，成为中国最受瞩目的"超级工程"之一，被誉为"腾飞的东方巨龙"。

"万丈高楼平地起，全靠基础来支撑"。位于长江入海口、建造在冲击平原之上的上海这座城市，下面有超 270 m 的松软土层，土层含水量高。上海特有的深厚软土地基是建造超高层建筑的最大障碍，如何在"豆腐土"上建高楼成为上海中心大厦建设者必须攻克的难题。

在上海中心大厦建设过程中，建设者通过不懈努力，奋勇开拓，取得了一大批具有原创性和系统性的自主知识产权科技创新成果，实现了世界级重大技术突破，在这些重大成果中就包括复杂环境下超高层桩基础和基坑工程关键技术。

建设者们建立了软土地区超高层高精度的沉降计算本构模型和沉降计算方法，突破了软土地基沉降发展历程中沉降难以精准计算的问题。突破了软土打入式钢管桩的传统工艺，研发了新型成桩工艺体系及控制技术，率先在 350 m 以上超高层建筑中采用大直径超深钻孔灌注桩技术，使得裙房最大桩深达到约 64 m，主楼最大桩深达到约 76 m，这一超常规工程技术不仅在上海地区属首例，更是一举为此后超高层建筑对钻孔灌注桩的采用奠定了基础。建立了软土卸荷深层滑移带理论及分析方法，形成分区支护和分区卸荷微变形控制技术，率先在国内软土超高层中采用非锁口管套铣接头新工艺，突破超深地下连续墙施工瓶颈，设计了规模最大的直径 121 m 地下连续墙自立式基坑，为我国百米级超深地下连续墙的应用奠定了坚实的基础。

上海中心大厦建筑主体地上 127 层，地下 5 层，总高为 632 m，总重量达 75 万 t，支撑这栋超高层大厦的基础深度当时为中国之最。大厦主楼采用超长、大直径钻孔灌注桩作为承重桩基础，主楼桩总数 955 根，桩基础直径 1 m，其中核心筒下 A 型桩 247 根，成孔深度约 76 m，有效桩长 56 m；核心筒外 B 型桩 707 根，成孔深度约 72 m，有效桩长 52 m。针对钻孔灌注桩直径大、超深的特点，建设者们采用先进的钻孔桩施工设备，应用后注浆技术，使桩承载力提高 50%，并大大降低了材料用量，使得整体造价节约了 60%以上。这种钻孔灌注桩避免了常规钢管桩基础施工过程中产生的挤土效应，降低了对周边环境的影响。

上海中心大厦基坑工程为上海软土地区罕见的超大、超深基坑工程，也是全球少见的超深、超大、无横梁支撑的单体建筑基坑。项目场地所处区域内土质较软，且周边环境复杂，变形控制要求高。针对这些客观因素，建设者们研发并应用了基于圆桶效应的复合式支护技术和施工参数化的"分层、分块、平衡、限时"土方开挖技术。塔楼区采取顺作法施工，大大加快了工程的施工进度，其采用的外径 123 m、深 31 m 圆筒形无内支撑大直径深基坑，充分发挥了圆形结构均匀良好的受力性能，较好地利用了混凝土的抗压性能，减小了围护结构拆除带来的环境污染。裙房区基坑施工采用了逆作法技术，利用地下室顶板作为施工场地，成功打造了上海看不见的地下"高度"，解决了塔楼区和裙房区基坑在施工期间场地不足的问题。这些措施充分体现了绿色建造技术的思想，实现了工期、经济、环保综合最优化的建造目标。

上海中心大厦主楼基础大底板为一直径 121 m、厚 6 m 的圆形钢筋混凝土平台，面积相当于 1.6 个标准足球场大小，厚度则达到两层楼高，其体积为世界民用建筑底板之最，混凝土用量约 6.1 万 m³。作为 632 m 高摩天大楼的底板，与其下方的 955 根长达约 76 m 的主楼桩基础一起承载着上海中心大厦主楼的荷载，被建设者形象地称为"定海神座"，如图 7-8 所示。

(a) 塔楼基坑开挖示意

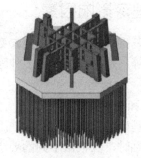

(b) 筏板+桩基模型

图 7-8　上海中心大厦大直径深基坑及地基基础

7.2 基础埋置深度及其影响因素

7.2.1 基础埋置深度概念

基础的埋置深度是指室外设计地坪标高至基础底面的垂直高度，简称基础埋深，如图 7-9 所示。

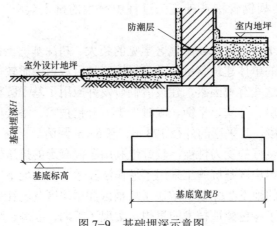

图 7-9 基础埋深示意图

基础按其埋置深度不同可分为浅基础和深基础。一般情况下，基础埋深小于等于 5 m 时为浅基础，大于 5 m 时为深基础。浅基础的开挖、排水采用普通方法，施工技术简单，造价较低，因此中小型建筑一般都采用浅基础。但是基础埋置过浅，没有足够的土层包围，基础底面持力层受到的压力会把基础四周的土挤出，致使基础产生滑移而失去稳定，同时基础过浅，易受外界的影响而损坏。考虑到基础的稳定性要求、基础的大放脚要求、动植物活动的影响、风雨侵蚀等自然因素的影响及习惯做法等，除岩石地基外，基础的埋置深度不宜小于 0.5 m。

7.2.2 基础埋深影响因素

基础埋深是基础设计的一个重要参数，其大小关系到地基是否可靠、施工的难易程度及工程造价的高低等。基础埋深受到多种因素的制约，在确定基础埋深时主要应考虑以下 5 种影响因素。

1. 建筑特点和使用要求

高层建筑的基础埋深一般为建筑地上总高度的 1/10 左右；当建筑设置地下室、地下设施或有特殊设备基础时，应根据不同的要求确定基础埋深，例如基础附近有设备基础时，为避免设备基础对建筑基础产生影响，可将建筑基础深埋。

2. 地基土质条件

地基土质的好坏直接影响基础的埋深。在土质好、承载力高的土层中，基础可以浅埋，相反则应深埋。当土层为两种土质结构时，如上层土质好且有足够厚度，基础埋在上层土范围内为宜；反之，则以埋置在下层好土范围内为宜。

3. 地下水位

地下水对某些土层的承载能力有很大影响，如黏性土在地下水上升时，通常会因含水量增加而膨胀，使得土层的强度降低；当地下水下降时，基础将产生下沉。因此基础一般应争取埋在最高水位以上（一般为 200 mm）；若地下水位较高，应将基础底面埋置在最低地下水位以下 200 mm，基础应采用耐水材料，如混凝土、钢筋混凝土等。如图 7-10 所示。

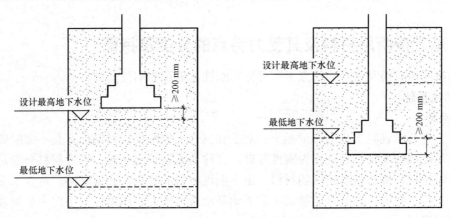

图 7-10　地下水位与基础埋深的关系

4. 冻结深度

冻结土与非冻结土的分界线称为冰冻线，冰冻线的深度为冻结深度。各地区气候不同，低温持续时间不同，冻结深度也不相同。如北京地区为 0.7～1.0 m，哈尔滨为 2 m；有的地区不冻结，如武汉地区；有的地区冻结深度很小，如上海、南京一带仅为 0.12～0.2 m。

地基土冻结后产生冻胀，向上拱起（冻胀向上的力会超过地基承载力），土层解冻后又会使房屋下沉。这种冻融交替使房屋处于不稳定状态，易产生变形，造成墙身开裂，甚至使建筑结构也遭到破坏等。因此，一般要求基础底面应埋置在冰冻线以下 200 mm，如图 7-11 所示。

5. 相邻建筑的基础埋深

当新建建筑与原有建筑的基础相邻时，如基础埋深小于或等于原有建筑基础埋深，可不考虑相互影响；当基础埋深大于原有建筑基础埋深时，必须考虑相互影响，两基础间应保持一定的水平净距 L，其数值应根据原有建筑荷载大小、基础形式和土质情况确定，一般应满足下列条件：$H/L \leqslant 0.5 \sim 1$ 或 $L=(1 \sim 2)H$，如图 7-12 所示。当不能满足上述要求时，应采取临时加固支撑、打板桩、地下连续墙或加固原有建筑地基等措施，以保证原有建筑的安全和正常使用。

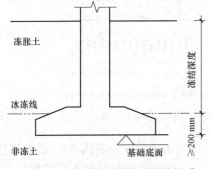

图 7-11　基础埋深和冰冻线的关系

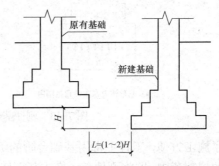

图 7-12　基础埋深和相邻基础的关系

7.3 基础的类型与构造

基础的类型很多,通常按基础所用材料及其受力特点的不同或依据构造形式的不同进行分类。

7.3.1 基础按所用材料及其受力特点的分类及特征

基础按所用材料及其受力特点不同可分为刚性基础和非刚性基础。

1. 刚性基础

1)概念

由砖、毛石、混凝土或毛石混凝土、灰土和三合土等刚性材料制作,且不需配置钢筋的墙下条形基础或柱下独立基础称为刚性基础,又称为无筋扩展基础。刚性材料一般是指抗压强度高,而抗拉、抗剪强度较低的材料。由于刚性材料的特点,刚性基础只适合于受压而不适合受弯、拉、剪力,因此这类基础常用于地基承载力较好、压缩性较小的中小型建筑,例如砌体结构房屋。

2)刚性角限制与大放脚

由于地基承载力的限制,当基础承受的墙或柱传来的荷载较大时,为使其单位面积所传递的力与地基的允许承载力相适应,可采用台阶的形式逐渐扩大其传力面积,然后将荷载传给地基,这种逐渐扩展的台阶称为大放脚。

建筑上部结构的压力在基础中的传递是沿一定角度分布的,这个传力角度称为压力分布角或刚性角,是基础放宽的引线与墙体垂直线之间的夹角,用 α 表示,如图 7-13(a)所示。基础底面的宽度 B_0 要大于墙或柱的宽度 B,类似于悬臂梁结构。由于刚性材料本身具有抗压强度高、抗拉强度低的特点,因此压力分布角必须控制在材料的抗压范围内,基础底面宽度的增大要受到刚性角的限制。若基础放大尺寸超过刚性角的控制范围,如由 B_0 增大至 B_1,在基底反力的作用下,基底将产生拉应力而破坏,如图 7-13(b)所示。

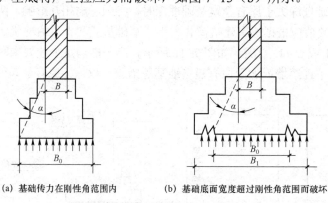

(a) 基础传力在刚性角范围内　　(b) 基础底面宽度超过刚性角范围而破坏

图 7-13　刚性基础的受力、传力特点

为了施工方便,工程中常用基础台阶的级宽与级高的比值(宽高比 b/h)的允许值来表示刚性角的控制范围,即将刚性角 α 换成其正切值 $\tan\alpha$。不同基础材料和不同基底压力条件下,刚性基础台阶的允许宽高比也不同，通常混凝土基础 tanα=1:1～1:1.25，砖基础 tanα=1:1.5，灰土基础 tanα=1:1.25～1:1.5。

3）构造做法

（1）灰土基础。

地下水位较低的地区，在低层房屋的条形砖石基础下可做一层由石灰和黏土按照一定比例拌和夯实后形成的灰土垫层，以提高基础的整体性。当灰土垫层的厚度超过 100 mm 时，按基础使用计算，又称灰土基础。灰土基础常用的灰土比例为 3:7 或者 2:7，厚度与建筑层数有关。灰土基础应分层施工，每层虚铺厚度一般为 220 mm，夯压密实后厚度为 150 mm，如图 7-14 所示。

灰土基础施工简单，造价低廉，便于就地取材，可以节省水泥、砖石等，但其抗冻、耐水性能较差，其顶面应在冰冻线以下，在地下水位以下或者很潮湿的地基上不宜采用。

（2）三合土基础。

三合土基础是由石灰、砂、骨料（碎砖、碎石、矿渣等）按照 1:3:6 或 1:2:4 的体积比拌和、分层铺设、夯压密实而成，如图 7-15 所示。分层施工时每层厚度为 150 mm，总厚度 H_0 大于等于 300 mm，宽度 B 大于等于 600 mm。这种基础造价低廉，施工简单，但强度较低，基础深度应在地下水位以上，适用于 4 层及 4 层以下的建筑。

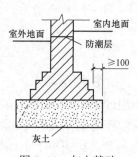

图 7-14 灰土基础

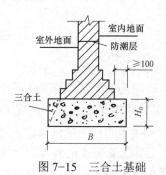

图 7-15 三合土基础

（3）毛石基础。

毛石基础由未加工成形的石块和砂浆砌筑而成，其截面形式有阶梯形、锥形和矩形等。阶梯形毛石基础的顶面要比墙或柱每边宽出 100 mm，每个台阶挑出的宽度不应大于 200 mm。高度不宜小于 400 mm，以确保符合刚性角要求，如图 7-16 所示。当宽度小于 700 mm 时，毛石基础应做成矩形截面。

毛石基础常用于受地下水侵蚀或冰冻作用的多层建筑，但其整体性欠佳，不宜用于有振动的建筑。

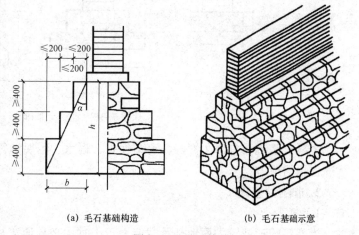

(a) 毛石基础构造　　(b) 毛石基础示意

图 7-16 毛石基础

（4）砖基础。

砖基础一般用砖和砂浆砌筑而成。砖基础大放脚一般有二皮一收和二一间隔收两种砌筑方法，前者是指每砌筑两皮砖的高度，收进 1/4 砖的宽度；后者是指每两皮砖的高度与每一皮砖的高度相间隔，交替收进 1/4 砖的宽度，如图 7-17 所示。这两种砌筑方法均可满足砖基础刚性角的要求。在砖基础下宜做灰土、砂或三合土垫层。

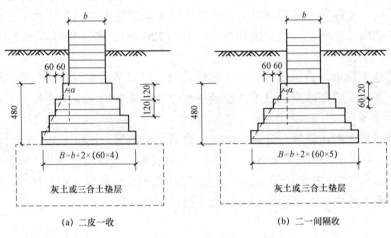

图 7-17　砖基础

（5）混凝土基础。

混凝土基础断面有矩形、锥形和台阶形等几种形式，如图 7-18 所示。当基础高度小于 350 mm 时，多做成矩形；当基础高度大于 350 mm 但不超过 1 000 mm 时，多做成台阶形，每阶高度 350～400 mm；当基础高度大于 1 000 mm 或基础底面宽度大于 2 000 mm 时，可做成锥形。混凝土基础的刚性角为 45°，故台阶形断面台阶的宽高比应小于 1:1 或 1:1.25，而锥形断面的斜面与水平面的夹角应大于 45°。

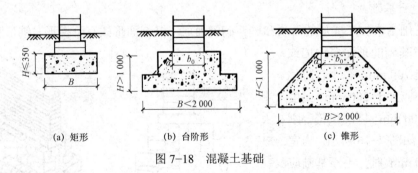

图 7-18　混凝土基础

混凝土基础具有耐久性好、可塑性强、耐水、耐腐蚀等优点，可用于地下水位较高和有冰冻作用的地方。

2. 非刚性基础

1）概念

当建筑的荷载较大而地基承载能力较小时，必须加宽基础底面的宽度，如果仍采用混凝土等刚性材料做基础,那么刚性角的限制势必会增加基础的高度,这样既增加了挖土工作量,又增加了材料的用量,如图7-19(a)所示。如果在混凝土基础的底部配以钢筋,形成钢筋混凝土基础,利用钢筋来承受拉应力,如图7-19(b)所示,可使基础底部能够承受较大弯矩,这时,基础宽度的加大可不受刚性角的限制,故称钢筋混凝土基础为非刚性基础或柔性基础。

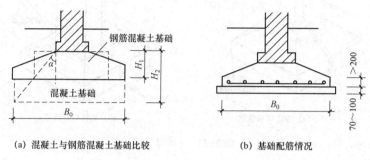

图 7-19 非刚性基础

2)构造做法

一般在钢筋混凝土基础底板下均匀浇筑一层素混凝土作为垫层,以保证基础钢筋和地基之间有足够的隔离厚度,防止钢筋锈蚀,还可以作为绑扎钢筋的工作面。垫层混凝土强度等级不宜低于C10,垫层厚度不宜小于 70 mm,一般取 100 mm。垫层两边应各伸出底板 100 mm。

钢筋混凝土基础底板厚度和配筋数量均由计算确定。当其截面为锥形时,最薄处不应小于 200 mm 厚;截面为台阶形时,每阶高度为 300～500 mm。混凝土强度等级不应低于 C20。底板受力钢筋的最小直径不应小于 10 mm,间距不应大于 200 mm(一般取 100～200 mm)。条形基础受力钢筋仅在平行于槽宽的方向放置,纵向分布钢筋的直径不应小于 7 mm,间距不应大于 300 mm。独立基础的受力钢筋应在两个方向垂直放置。钢筋的保护层厚度,当有垫层时不应小于 40 mm,无垫层时不应小于 70 mm。

钢筋混凝土柱下独立基础(如图 7-20 所示)可与柱子一起浇筑,也可以做成杯口形(如图 7-21 所示),将预制柱插入,施工时在杯口底及四周用比基础混凝土强度等级高一级的细石混凝土充填密实。

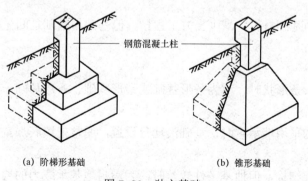

图 7-20 独立基础

 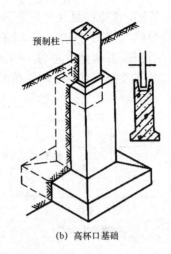

(a) 普通杯形基础　　　　(b) 高杯口基础

图 7-21　杯形基础

7.3.2　基础按构造形式的分类及特征

基础构造形式随建筑上部结构形式、荷载大小及地基土壤性质的变化而不同。通常情况下，上部结构形式直接影响基础的形式，当上部荷载增大且地基承载能力有变化时，基础形式也随之变化。常见的基础构造形式有以下6种。

1. 独立基础

独立基础呈单独的块状形式。常见断面有阶梯形、锥形和杯形等，如图 7-20、图 7-21 所示。

当建筑上部结构采用框架结构或单层排架结构承重时，基础常采用方形或矩形的独立基础。独立基础是柱下基础的基本形式。当柱采用预制构件时，基础则做成杯形。有时因建筑场地起伏或局部工程地质条件变化，以及避开设备基础等原因，可将个别柱基础底面降低，做成高杯口基础，或称长颈基础，如图 7-21（b）所示。

在墙承式建筑中，当地基承载力较弱或埋深较大时，为了节约基础材料、减少土石方工程量、加快工程进度，也可采用独立基础。为了支承上部墙体，在独立基础上可设梁或拱等连续构件。

独立基础可节约基础材料，减少土方工程量，但基础与基础之间无构件连接，整体刚度较差。

2. 条形基础

基础为连续的长条形状时，称为条形基础或带形基础。条形基础一般用于墙下，也可用于柱下。

当建筑上部结构采用墙承重时，基础沿墙身设置，通常把墙底加宽形成墙下条形基础，如图 7-22（a）所示。

当建筑采用框架结构，但地基条件较差时，为满足地基承载力的要求，提高建筑的整体性，可把柱下独立基础在一个方向连接起来成为柱下条形基础，如图 7-22（b）所示。

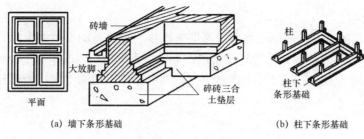

图 7-22 条形基础

3. 井格基础

当地基条件较差时,为了提高建筑整体性,防止柱子之间产生不均匀沉降,常将柱下基础沿纵横两个方向连接起来,做成十字交叉的井格基础或称联合基础,如图 7-23 所示。

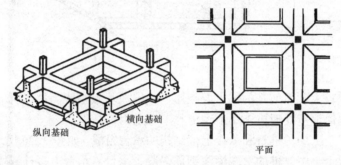

图 7-23 井格基础

4. 筏形基础

当建筑上部荷载较大,而地基承载力低,采用简单的条形基础或井格基础不能适应地基变形的需要时,通常将墙或柱下基础连成一片,使建筑荷载承受在一块整板上,这种满堂式的板式基础称为筏形基础,或称片筏基础、筏板基础。筏形基础由整片混凝土板组成,板直接作用于地基上,整体性好,可以跨越基础下的局部软弱土。筏形基础有平板式和梁板式两种,如图 7-24 所示。筏形基础混凝土强度等级不应低于 C30。

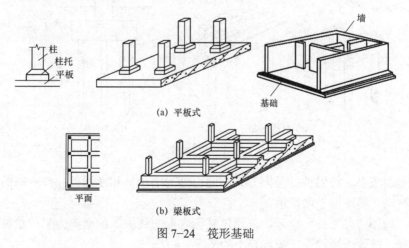

图 7-24 筏形基础

5. 箱形基础

当上部建筑荷载大，对地基不均匀沉降要求严格，板式基础要做得很深时，常将基础做成箱形基础，如图 7-25 所示。箱形基础是由钢筋混凝土底板、顶板和若干个纵、横侧墙组成的整体性结构。基础的中空部分可用作地下室，其主要特点是刚度大，能调整基底压力，常用于高层建筑。

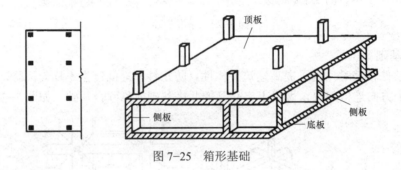

图 7-25 箱形基础

6. 桩基础

当建筑的荷载较大，而地基的弱土层较厚，浅层地基土不能满足建筑对地基承载力和变形的要求，采取其他地基处理措施又不经济时，可采用桩基础。

桩基础由设置于土中的桩身和承接上部结构的承台组成，如图 7-26 所示。桩基础是按设计的点位将桩身置于土中，桩的上端灌注钢筋混凝土承台。承台上接柱或墙体，以便使建筑荷载均匀地传递给桩基础，一般砖墙下设承台梁，钢筋混凝土柱下设承台板。承台混凝土强度等级不应小于 C20，其宽度不应小于 500 mm，最小厚度不应小于 300 mm，均由结构计算确定。桩顶嵌入承台内的长度不小于 50 mm。桩柱有木桩、钢桩、钢筋混凝土桩、钢管桩等，我国采用最多的是钢筋混凝土桩，其断面有圆形、方形、筒形、六边形等多种形式，桩身混凝土强度应满足桩的承载力设计要求。

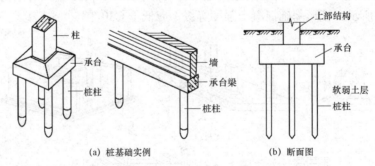

图 7-26 桩基础组成示意图

桩基础类型很多，按照桩的受力方式不同可分为端承桩和摩擦桩；按照桩的施工方法不同可分为预制桩、灌注桩、爆扩桩。

摩擦桩，如图 7-27（a）所示，是通过桩侧表面与周围土的摩擦力来承担荷载的，适用于软土层较厚、坚硬土层较深、荷载较小的情况。

端承桩，如图7-27（b）所示，是将建筑荷载通过桩端传给地基深处的坚硬土层，这种桩适用于坚硬土层较浅、荷载较大的情况。

预制桩是在预制好桩身后将其用打桩机打入土中，断面边长一般为200～350 mm，桩长不超过12 m。预制桩质量易于保证，不受地基等其他条件的影响，但造价高、用钢量大、施工有噪声。

灌注桩是直接在地面上钻孔或打孔，然后放入钢筋笼，浇注混凝土，具有施工快、造价低等优点，但当地下水位较高时，容易出现颈缩现象。

爆扩桩是用机械或人工钻孔后，用炸药爆炸扩大孔底，再浇注混凝土而成。其优点是承载力较高（因为有扩大端），施工速度快，劳动强度低及投资少等；缺点是爆炸产生的振动对周围房屋有影响，且容易出事故，在城市内使用受限制。

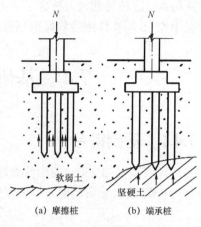

图7-27 摩擦桩与端承桩

以上是常见基础的几种基本结构形式。此外，我国各地还因地制宜，采用了许多新型基础结构形式，如图7-28所示的壳体基础、图7-29所示的不埋板式基础。

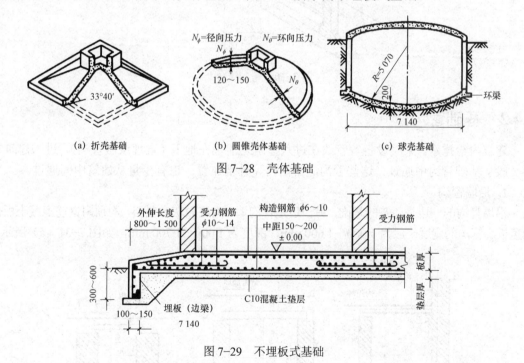

图7-28 壳体基础

图7-29 不埋板式基础

壳体基础是以钢筋混凝土壳体结构形成的空间薄壁基础，有正圆锥形、倒圆锥形、正倒锥组合形、椭圆锥形、M形、正筒形、倒筒形和双曲抛物线形等多种形式，可用作一般工业与民用建筑物的柱基和筒形构筑物如烟囱、水塔、筒仓、中小型高炉、电视塔等的基础。

不埋板式基础是在天然地面上将场地平整，并用压路机将地表土碾压密实后，在较好的持力层上浇灌的钢筋混凝土板式基础，其构造如同一只盘子反扣在地面上，以此来承受上部荷载。这种基础大大减少了土方工作量，且较适宜于较弱地基（但必须是均匀的），特别适宜于5~6层整体刚度较好的居住建筑采用，但在冻土深度较大的地区不宜采用。

7.4 基础构造中特殊问题的处理

7.4.1 基础错台

深浅基础相交时，应由浅及深逐渐形成踏步台阶形基础，如图7-30所示，这种做法通常称为基础错台。台阶高度h小于等于500 mm，台阶宽度L大于等于$2h$，且L大于等于1 000 mm。

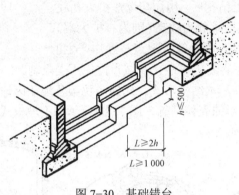

图7-30 基础错台

7.4.2 基础管沟

建筑内给排水、采暖设备等管线在进入建筑之前埋在地下（直埋或做管沟），进入建筑之后一般从基础管沟中通过。这些管沟通常沿内、外墙布置，也有少量从建筑中间通过。

1. 沿墙管沟

沿墙管沟的一边是建筑的基础，另一边是管沟墙，沟底做灰土垫层，沟顶用钢筋混凝土板做沟盖板。管沟的宽度一般为1 000~1 600 mm，深度为1 000~1 700 mm，如图7-31（a）所示。

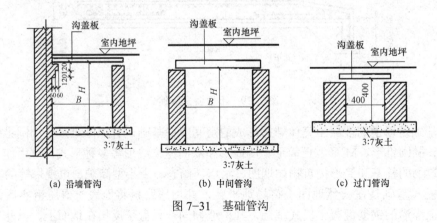

图7-31 基础管沟

2. 中间管沟

中间管沟位于建筑的中部或室外，一般用两道管沟墙支承上部的沟盖板。这种管沟在室外时，如有汽车通过应选择强度较高的沟盖板，如图 7-31（b）所示。

3. 过门管沟

在地面上的暖气回水管线遇有门口转入地下通过时，需设置过门管沟。这种管沟的断面尺寸一般为 400 mm×400 mm，上铺沟盖板，如图 7-31（c）所示。

设计和选用管沟时应注意在管沟穿墙洞口和管沟转角处增设过梁，如图 7-32 所示。

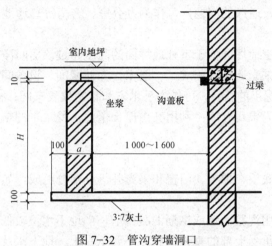

图 7-32 管沟穿墙洞口

7.5 地下室构造

地下室是建筑设在首层以下的房间，可作为设备间、储藏间、商场、车库及战备工程等。在城市用地日趋紧张的情况下，建筑向上下两个空间发展，能够在有限的占地面积内增加建筑的使用空间，提高建筑用地的利用率。

7.5.1 概述

1. 地下室的分类

地下室通常根据使用性质和埋入地下深度的不同进行分类。

1）按使用性质分类

（1）普通地下室。

普通地下室是建筑空间向地下的延伸，一般用作高层建筑的地下停车库、设备用房等，根据用途及结构需要可做成一层或二、三层或多层地下室。与地上房间相比，普通地下室有采光通风不利、容易受潮等弊端，但同时也具有受外界气候影响较小的特点，因此普通地下室多用作储藏间、车库、仓库、设备间等建筑辅助用房，在采用了机械通风、人工照明和防潮、防水措施后，可用作商场、餐厅等多种功能用房。

（2）防空地下室。

防空地下室是有人民防空要求的地下空间，用以妥善解决战时应急状态下人员的隐蔽和疏散问题，并具有保障人身安全的各项技术措施。设计时应严格遵照人防工程的相关规范要求，在平面布局、结构、构造、建筑设备等方面采取特殊构造方案，如顶板应具有抗冲击能力、应有安全疏散通道、应设置滤毒通风设施和密闭门等。同时，还要考虑和平时期对防空地下室的利用，尽量做到平战结合。

2）按埋入地下深度分类

（1）半地下室。

半地下室是指地下室地坪面低于室外地坪面的高度超过该房间净高 1/3，但不超过 1/2 者。半地下室易于解决采光、通风的问题，可作为办公室、客房等普通地下室使用。

（2）全地下室。

全地下室是指地下室地坪面低于室外地坪面的高度超过该房间净高 1/2 者。全地下室由于埋入地下较深，自然采光通风较困难，一般多作为储藏间、设备间等建筑辅助用房；利用其受外界噪声、振动干扰小的特点，可作为手术室和精密仪表车间；利用其受气温变化较小，冬暖夏凉的特点，可作为果蔬仓库；利用其由厚土覆盖，受水平冲击和辐射作用小的特点，可作为防空地下室。

2. 地下室的组成

地下室一般由墙、底板、顶板、门窗和采光井等五部分组成，如图 7-33 所示。

1）墙体

地下室的墙体常采用混凝土墙或钢筋混凝土墙，当地下水位较低时也可采用砖墙或砌块墙。地下室的墙体不仅承受上部的垂直荷载，还要承受土、地下水及土壤冻胀时产生的侧压力，所以地下室的墙体厚度应经过计算确定。采用筏形基础的地下室，应采用防水混凝土，钢筋混凝土外墙厚度不应小于 250 mm，内墙厚度不宜小于 200 mm。防空地下室墙体厚度还需满足人防工程相关规范的要求。

2）顶板

地下室的顶板采用现浇或预制钢筋混凝土板。防空地下室的顶板采用预制板时，往往需在板上浇筑一层钢筋混凝土整体层，以保证顶板的整体性。

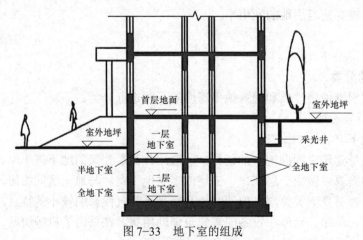

图 7-33 地下室的组成

3）底板

地下室的底板不仅承受作用于其上的垂直荷载，而且在地下水位高于地下室底板时，还必须承受底板地下水的浮力,所以要求底板应具有足够的强度、刚度和抗渗能力,地下室底板常采用现浇钢筋混凝土板。

4)门和窗

地下室的门窗与地上部分的门窗相同。防空地下室的门应符合相应等级的防护和密闭要求,一般采用钢门或钢筋混凝土门。防空地下室一般不允许设窗。

5)采光井

当地下室的窗在地面以下时,为达到采光和通风的目的,应设置采光井,一般每个窗设一个,当窗的距离很近时,也可将采光井连在一起。采光井由侧墙、底板、遮雨设施或铁篦子组成。侧墙一般为砖墙,采光井底板则由混凝土浇筑而成,如图7-34所示。

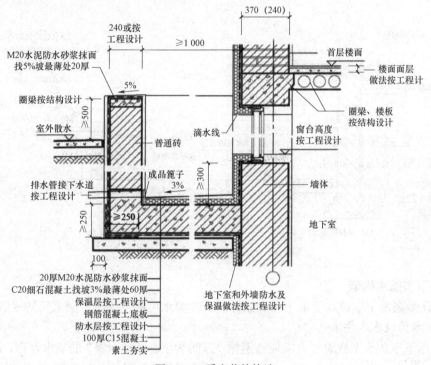

图 7-34 采光井的构造

采光井的深度应根据地下室窗台的高度确定,一般采光井底板顶面应比窗台低 250～300 mm。采光井在进深方向(宽)为 1 000 mm 左右,在开间方向(长)应比窗宽大约 1 000 mm。采光井侧墙顶面应比室外地面标高高出 250～300 mm,以防止地面水流入。

防空地下室属于箱形基础的范围,其组成部分同样有顶板、底板、侧墙、门窗及楼梯等。另外,防空地下室还应有防护室、防毒通道(前室)、通风滤毒室、洗消间及厕所等。为保证疏散,地下室的房间出口应不设门而以空门洞为主。与外界联系的出入口应设置防护门,出入口至少应有两个。其具体做法是一个与地上楼梯连接,另一个与人防通道或专用出口连接。为兼顾平时利用可在外墙侧开设采光窗并设置采光井。

7.5.2 地下室的防潮、防水构造

地下室的外墙和底板都埋在地下,长期受到地潮和地下水的侵蚀,忽视或处理不当,会

导致墙面及地面受潮、生霉，面层脱落，严重者危及其耐久性。因此解决地下室的防潮、防水问题成为其构造设计的主要问题。

1. 地下室防潮构造

当设计最高地下水位低于地下室底板，且基地范围内的土壤及回填土无形成上层滞水的可能时，可采用防潮做法。

防潮的具体做法如下：外墙面抹 20 mm 厚 1:2.5 水泥砂浆，且高出地面散水 300 mm，再刷冷底子油一道、热沥青 2 道至地面散水底部；地下室外墙四周 500 mm 左右回填低渗透性土壤，如黏土、灰土（3:7）等，并逐层夯实，在地下室地坪结构层和地下室顶板下高出散水 150 mm 左右处墙内设 2 道水平防潮层，如图 7-35（a）所示。地坪防潮构造如图 7-35（b）所示。

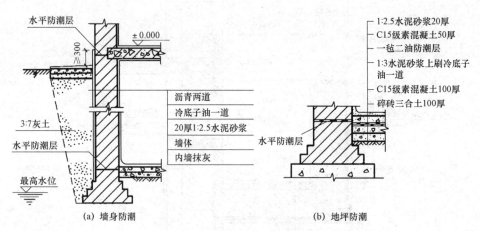

图 7-35　地下室的防潮处理

2. 地下室防水构造

当设计最高地下水位高于地下室底板标高且地面水可能下渗时，应采用防水做法。

1）防水构造基本要求

（1）地下室防水工程设计方案应该遵循"以防为主、以排为辅"的基本原则，因地制宜，设计先进，防水可靠，经济合理，可按地下室防水工程设防的要求进行设计。

（2）一般地下室防水工程设计，外墙主要起抗水压或自防水作用，需做卷材外防水（即迎水面处理），卷材防水做法应遵照国家有关规定。

（3）地下工程比较复杂，设计时必须了解地下土质、水质及地下水位情况，采取有效设防措施，保证防水质量。

（4）地下最高水位高于地下室地面时，地下室设计应考虑采用整体钢筋混凝土结构，保证防水效果。

（5）地下室设防标高的确定。根据勘测资料提供的最高水位标高，再加上 500 mm 为设防标高。上部可以做防潮处理，有地表水时按全防水地下室设计。

（6）地下室防水。根据实际情况，可采用柔性防水或刚性防水。必要时可以采用刚柔结合防水方案。在特殊要求下，可以采用架空、夹壁墙等多道设防方案。

（7）地下室外防水无工作面时，可采用外防内贴法，有条件时改为外防外贴法施工。

（8）地下室外防水层的保护，可以采取软保护层，如聚苯板等。

（9）对于特殊部位，如变形缝、施工缝、穿墙管、埋件等薄弱环节要精心设计，按要求作细部处理。

2）防水构造做法

（1）卷材防水（柔性防水）。

卷材防水是利用胶结材料将卷材粘结在基层上，形成防水层。

① 防水卷材的品种。防水卷材的品种规格和层数，应根据地下工程防水等级、地下水位高低及水压力作用状况、结构构造形式和施工工艺等因素确定。卷材外观质量、品种规格应符合现行国家标准或行业标准。卷材及其胶粘剂应具有良好的耐水性、耐久性、耐刺穿性、耐腐蚀性和耐菌性。

改性沥青防水卷材（如 SBS 改性沥青油毡）耐候性强，温度适应范围广（-20～70℃），延伸率较大，弹性较好，施工方便，因此得到了广泛应用。合成高分子类防水卷材在防水工程中应用广泛，如 PVC 防水卷材耐耗性、耐化学腐蚀性、耐冲击力、延伸率等均较改性沥青油毡大大提高，且施工方便，防水性能强；三元乙丙橡胶防水卷材耐久性极强，其拉伸强度为改性沥青油毡的 2～3 倍，能充分适应基层伸缩开裂变形；高分子自粘胶膜防水卷材是近年来在地下工程防水中使用的新产品，是在高密度聚乙烯膜表面涂覆一层自粘胶膜而制成，归类于高分子防水卷材复合片中树脂类品种，其特点是具有较高的断裂拉伸强度和断裂伸长率，单层使用，可空铺在潮湿基面上，由卷材表面的胶膜与结构混凝土发生粘结作用。铺贴高聚物改性沥青卷材应采用热熔法施工，铺贴合成高分子卷材宜采用冷粘法施工。

② 卷材防水层厚度。卷材防水层必须具有足够的厚度，才能保证防水的可靠性和耐久性。地下防水工程对卷材厚度的要求是根据卷材的原材料性质、生产工艺、物理性能与使用环境等因素决定的，见表 7-2。

表 7-2 卷材防水层厚度　　　　　　　　　　　　　　　单位：mm

卷材品种	高聚物改性沥青类防水卷材			合成高分子类防水卷材			
	弹性体改性沥青防水卷材和改性沥青聚乙烯胎防水卷材	本体自粘聚合物改性沥青防水卷材		三元乙丙橡胶防水卷材	聚氯乙烯(PVC)防水卷材	聚乙烯丙纶复合防水卷材	高分子自粘胶膜防水卷材
		聚酯毡胎体	无胎体				
单层厚度	≥4	≥3	≥1.5	≥1.5	≥1.5	卷材：≥0.9 粘结料：≥1.3 芯材厚度≥0.6	≥1.2
双层总厚度	≥(4+3)	≥(3+3)	≥(1.5+1.5)	≥(1.2+1.2)	≥(1.2+1.2)	卷材：≥(0.7+0.7) 粘结料：≥(1.3+1.3) 芯材厚度≥0.5	

③ 卷材防水做法。卷材防水层应铺设在地下室混凝土结构的迎水面，这种做法称为外防水，如图 7-36（a）所示。在维护修缮工程中，有时将防水层贴在地下室外墙的内表面，这

种做法称为内防水,如图 7-36(b)所示。内防水施工方便,容易维修,但对防水不利。

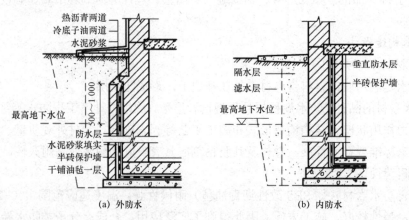

图 7-36 外防水与内防水

外防水按其保护墙施工先后顺序及卷材铺设位置,可分为"外防外贴法"和"外防内贴法"两种,如图 7-37 所示。

外防外贴法是先在垫层上铺贴底层卷材,四周留出接头,待底板混凝土和立面混凝土浇筑完毕,将立面卷材防水层直接铺设在防水结构的外墙外表面的一种外防水构造做法,如图 7-37(a)所示。该方法一般适用于基坑空间较大,有施工操作空间,防水结构层高大于 3 m 的地下结构防水工程。

外防内贴法是先浇筑混凝土垫层,在垫层上将永久性保护墙全部砌好,抹水泥砂浆找平层,将卷材防水层直接铺贴在垫层和永久性保护墙上的一种外防水构造做法,如图 7-37(b)所示。该方法一般适用于受场地限制,基坑空间狭窄,防水结构层高小于 3 m 的地下结构防水工程。

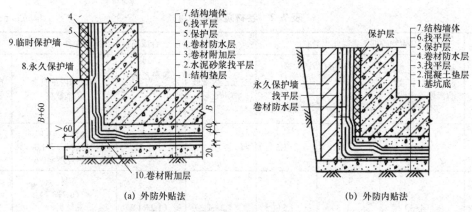

图 7-37 外防外贴法与外防内贴法

竖向卷材防水层外保护墙可以为砖墙,也可以是软保护层或保温层、挡土墙,如图 7-38 所示。

第7章 基础与地下室

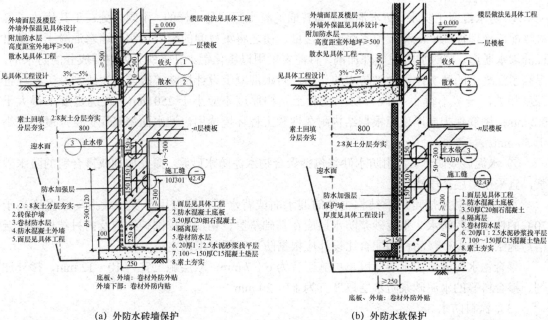

(a) 外防水砖墙保护

(b) 外防水软保护

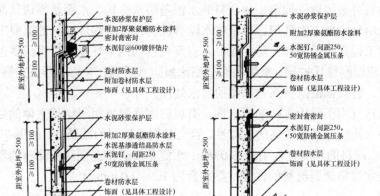

① 外墙防水卷材收头构造

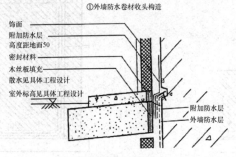

② 防水卷材收头在散水处构造

(c) 节点构造

图7-38 外防水保护墙

（2）刚性防水。

① 防水混凝土防水。防水混凝土与普通混凝土配制是一样的，不同之处在于其优化了集料级配，合理提高了混凝土中水泥砂浆含量，使之将集料间的缝隙填实，堵塞混凝土中易出现的渗水通道。同时加入适量外加剂，目前多采用以氯化铝、氯化铁等为主要成分的防水剂，提高了混凝土的密实性，达到防水的作用。防水混凝土设计抗渗等级与围岩级别及工程埋置深度相关，一般不得小于 P6。防水混凝土结构厚度不应小于 250 mm，裂缝宽度不得大于 0.2 mm；钢筋保护层厚度应根据结构耐久性和工程环境选用，迎水面钢筋保护层厚度不应小于 50 mm。

② 水泥砂浆防水。常用防水砂浆包括聚合物水泥防水砂浆、掺外加剂或掺合料的防水砂浆，宜采用多层抹压法施工。

水泥砂浆防水层可用于结构主体的迎水面或背水面，不应用于受持续振动或温度高于 70℃的地下工程防水。水泥砂浆防水层应在基础垫层、初期支护围护结构及内衬结构验收合格后施工。水泥砂浆品种和配合比设计应根据防水工程要求确定。

聚合物水泥砂浆防水层厚度单层施工宜为 6~7 mm，双层施工宜为 10~12 mm，掺外加剂、掺合料等的水泥砂浆防水层厚度宜为 17~20 mm。

（3）涂料防水。

涂料防水层所用防水涂料包括无机防水涂料和有机防水涂料。

无机防水涂料可选用掺外加剂、掺合料的水泥基防水涂料、水泥基渗透结晶型涂料；有机防水涂料可选用反应型、水乳型、聚合物水泥等涂料。埋置深度较深的重要工程、有振动或有较大变形的工程宜选用高弹性防水涂料。有腐蚀性的地下环境宜选用耐腐蚀性较好的有机防水涂料，并应做刚性保护层。常用的聚氨酯涂膜防水材料，有利于形成完整的防水膜层，尤其适用于穿管、转折部位及有高差部位的防水处理。

无机防水涂料宜用于结构主体的背水面，有机防水涂料宜用于结构主体的迎水面。用于迎水面的有机防水涂料应具有较高的抗渗性，且与基层有较强的粘结性，如图 7-39、图 7-40 所示。水泥基防水涂料的厚度宜为 1.5~3.0 mm；水泥基渗透结晶型防水涂料的厚度不应小于 0.7 mm；有机防水涂料根据材料的性能，厚度宜为 1.2~2.0 mm。

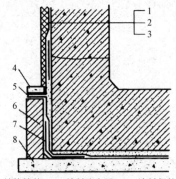

1—结构墙体；2—涂料防水层；3—涂料保护层；
4—涂料防水层搭接部位保护层；
5—涂料防水层搭接部位；6—永久保护墙；
7—涂料防水加强层；8—混凝土垫层。

图 7-39 防水涂料外防外涂做法

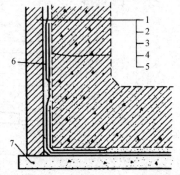

1—结构墙体；2—砂浆保护层；3—涂料防水层；
4—砂浆防水层；5—保护墙；
6—涂料防水加强层；7—混凝土垫层。

图 7-40 防水涂料外防内涂做法

(4) 辅助防水措施。

对地下建筑除采用以上所述的直接防水措施以外,还会采用间接防水措施,如人工降水、排水措施等辅助防水措施,以消除或限制地下水对地下建筑的影响程度。辅助防水措施可分为外降排水法和内降排水法两种。

① 外降排水法。在地下建筑四周低于地下室地坪标高处设置降排水措施——盲沟排水,迫使地下水透入盲沟内排至城市或区域中的排水系统,如图7-41(a)所示。

② 内降排水法。主要用于二次防水系统。在地下室内设置自流排水沟和集水井,将渗入地下室内的水采用人工方法用抽水泵排除。为减少或限制因渗水对室内造成的影响,往往设置架空层,其构造做法如图7-41(b)所示。

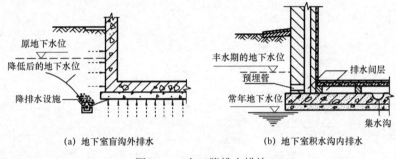

(a) 地下室盲沟外排水　　　　(b) 地下室积水沟内排水

图 7-41　人工降排水措施

思政映射与融入点

1. 引入"加拿大特朗斯康谷仓地基事故"案例,分析事故原因及处理措施,引导学生养成严肃认真的工作作风,避免工程质量事故出现;

2. 引入"上海中心大厦地基基础技术创新"案例,介绍我国建设者创造性地研发出了复杂环境下超高层桩基础和基坑工程等关键技术,实现了世界级重大技术突破,激发学生学习热情,增强民族自豪感和科技自信心。

3. 讲授建筑基础的各种类型及构造做法要点、地下室防潮防水做法,引导学生认识基础与地下室构造的复杂性,培育学生刻苦钻研的精神和理论联系实际的工程意识。

思考题

7-1　基础、地基的概念是什么?

7-2　什么是人工地基、天然地基?

7-3　什么是基础的埋深?如何确定基础的埋深?

7-4　基础如何分类?

7-5　什么是刚性基础和刚性角?什么是柔性基础?

7-6　常见基础构造类型有哪些?各有何特点?

7-7　不同埋深的基础如何处理?

7-8 简述地下室的种类及构造组成。
7-9 地下室的采光井应注意哪些构造问题?
7-10 如何确定地下室是防潮还是防水?其构造各有何特点?图示其构造做法。
7-11 常用的地下室防水措施有哪些?简述其防水构造原理。
7-12 抄绘某条形基础的平面图,并设计绘制2~3个基础断面图。

第 8 章 墙 体

请按表 8-1 的教学要求，学习本章的相关教学内容。

表 8-1　教学内容和教学要求表

教学内容	教学要求	教学内容	教学要求
8.1　墙体的作用、类型及设计要求	掌握	8.2.4　砌体墙的细部构造	掌握
8.1.1　墙体的作用		8.3　隔墙、隔断的基本构造	
8.1.2　墙体的类型		8.3.1　隔墙	
8.1.3　墙体的设计要求		8.3.2　隔断	
8.2　砌体墙的基本构造	了解	8.4　非承重外墙板与幕墙	了解
8.2.1　砌体墙的材料		8.4.1　非承重外墙板	
8.2.2　砌体墙的组砌方式	理解	8.4.2　幕墙	
8.2.3　砌体墙的尺度	了解	8.5　墙面装修构造	

8.1　墙体的作用、类型及设计要求

墙体是建筑的重要组成部分，其耗材、造价、自重和施工周期在建筑中往往占据重要的位置。因而，在工程中合理地选择墙体材料、结构方案和构造做法十分重要。

8.1.1　墙体的作用

墙体的作用主要体现在以下 4 个方面。
（1）承重作用。承重墙体可承受各楼层及屋顶传下的垂直方向的荷载、水平方向的风荷载、地震作用及自身重量等。
（2）围护作用。墙体可抵御风、雨、雪的侵袭，防止太阳辐射、噪声干扰及室内热量的散失，起到保温、隔热、隔声、防水等作用。
（3）分隔作用。墙体可将大空间划分为若干个小空间，以满足功能分区要求。
（4）艺术表现和装饰作用。中国传统建筑中的墙体具有极高的审美价值，凝聚着深厚的

文化象征意义,如图8-1所示。并且装饰后的墙面能够满足室内外装饰及使用功能要求,改善整个建筑的内外环境。

(a) 故宫午门红墙　　　　　　　　(b) 天坛回音壁

(c) 北海公园九龙壁　　　　　　　(d) 布达拉宫的宫墙

(e) 徽派建筑的马头墙　　　　　　(f) 山西平遥民居清水砖墙

(g) 福建土楼的土墙　　　　　　　(h) 云南大理白族民居粉墙画壁

图8-1　中国传统建筑的墙体

8.1.2　墙体的类型

根据墙体的所处位置、受力情况、所用材料、构造方式、施工方法的不同,可将墙体分为不同类型。

1. 按墙体所处位置分类

墙体按所处位置不同,可以分为外墙和内墙。外墙位于房屋的四周,又称外围护墙;内墙位于房屋内部,主要起分隔内部空间的作用。

墙体按水平布置方向不同又可以分为纵墙和横墙。凡沿建筑短轴方向布置的墙称为横墙,横向外墙俗称为山墙；凡沿建筑长轴方向布置的墙称为纵墙。

另外，根据墙体与门窗的位置关系，墙体又有窗间墙、窗下墙、女儿墙之分。平面上窗洞口之间或窗洞与门洞之间的墙称为窗间墙；立面上窗洞口之间的墙称为窗下墙，又称窗肚墙；外墙突出屋顶的部分称为女儿墙。

不同位置的墙体名称如图 8-2、图 8-3 所示。

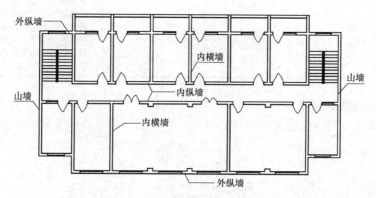

图 8-2　墙体按水平位置和方向分类

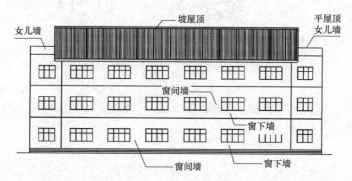

图 8-3　墙体按与门窗的位置关系分类

2. 按墙体受力情况分类

墙体按结构垂直方向的受力情况不同可以分为承重墙和非承重墙。承重墙直接承受上部楼板及屋顶传下来的荷载。凡不承受外来荷载的墙称非承重墙。砌体结构中，非承重墙可分为自承重墙和隔墙。自承重墙仅承受自身重量，并把自重传给基础；隔墙则把自重传给楼板层或附加的小梁。框架结构中，非承重墙分为填充墙和幕墙。填充墙是位于框架梁柱之间的墙体；当墙体悬挂于框架梁柱的外侧起围护作用时，称为幕墙，如金属、玻璃或石材幕墙等，幕墙的自重由其连接固定部位的梁柱承担。

3. 按墙体所用材料分类

墙体按所用材料不同可分为砖墙、石墙、土墙、混凝土墙、砌块墙、玻璃幕墙、复合板材墙等。目前，各种新材料的墙体层出不穷，其中工程中常见的各类墙体见表 8-2。

表 8-2　常见各类材料墙体

承重墙	自承重砌块墙	自承重隔墙板
混凝土小型砌块墙	蒸压加气混凝土砌块墙	混凝土或 GRC 墙板
混凝土中型砌块墙	轻集料混凝土空心砌块墙	蒸压硅酸钙板
轻集料混凝土砌块墙	混凝土小型空心砌块墙	蒸压加气混凝土墙板
蒸压加气混凝土砌块墙	混凝土空心砖墙	陶粒混凝土空心板
混凝土普通砖墙	石膏砌块	钢丝网抹水泥砂浆墙板
蒸压灰砂普通砖墙	蒸压灰砂空心砖墙	轻钢龙骨石膏板或硅钙板
蒸压粉煤灰普通砖墙	混凝土空心砌块墙	铝合金玻璃隔断墙
非黏土烧结普通砖墙	烧结非黏土空心砖墙	彩色钢板或铝合金板
非黏土多孔砖墙	烧结非黏土空心砌块墙	彩色钢板或铝塑复合板
现浇钢筋混凝土墙		聚苯颗粒水泥芯板

4. 按墙体构造方式分类

墙体按照构造方式可分为实体墙、空体墙（空斗墙）和组合墙 3 种，如图 8-4 所示。

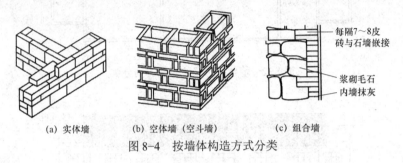

(a) 实体墙　　(b) 空体墙（空斗墙）　　(c) 组合墙

图 8-4　按墙体构造方式分类

1）实体墙

实体墙是由单一材料（多孔砖、普通砖、石块、混凝土和钢筋混凝土等）组成的不留孔隙的墙体，如图 8-4（a）所示。

2）空体墙

空体墙也是由单一材料组成，可由单一材料砌成内部空腔，也可用具有孔洞的材料建造墙，如空斗砖墙、空心砌块墙等。如图 8-4（b）所示。

3）组合墙

组合墙由两种以上材料组合而成，如图 8-4（c）所示。通常这种墙体的主体结构为砖或钢筋混凝土，其一侧或中间为轻质保温板材，常用的保温材料有膨胀聚苯板（EPS 板）、挤塑聚苯板、聚氨酯发泡材料等。按保温材料设置位置不同，可分为外保温墙、内保温墙和夹心墙，如图 8-5 所示。

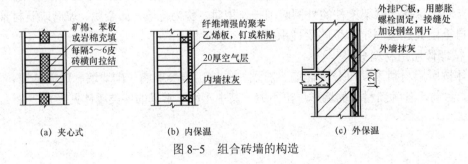

(a) 夹心式　　(b) 内保温　　(c) 外保温

图 8-5　组合砖墙的构造

5. 按墙体施工方法分类

按施工方法不同，墙体有叠砌墙、板筑墙、装配式板材墙3种。叠砌墙是将各种加工好的块材（如普通砖、多孔砖、空心砖、砌块等）用砂浆按一定的技术要求砌筑而成的墙体。板筑墙是直接在墙体部位竖立模板，在模板内夯筑黏土或浇筑混凝土，经振捣密实而成的墙体，如夯土墙和大模板、滑模施工的混凝土墙。装配式板材墙是将工厂生产的大型板材（如GRC墙板、钢丝网抹水泥砂浆墙板、彩色钢板或铝合金墙板、配筋陶粒混凝土墙板、轻集料混凝土墙板等）运至现场进行机械化安装而成的墙体。

8.1.3 墙体的设计要求

在选择墙体材料、结构形式及构造方案时，要考虑墙体不同的作用，应分别满足结构与抗震、热工、节能、隔声、防火、工业化、可持续性等不同要求。

1. 结构与抗震要求

墙体设计必须根据建筑的层数、层高、房间大小、荷载大小等，经过计算确定墙体的材料、厚度及合理的结构布置方案、构造措施以满足墙体的结构及抗震要求。对于以墙体承重为主的低层或多层混合结构，一般要求各层的承重墙上下对齐，各层门窗洞口也以上下对齐为佳。此外还需考虑以下两个方面。

1）合理选择墙体结构布置方案

混合结构房屋墙体的结构布置按其竖向荷载的传递路线不同，大致分为4种承重方案：横墙承重、纵墙承重、纵横墙承重和内框架承重。

（1）横墙承重。

横墙承重是指将楼板及屋面板等水平承重构件搁置在横墙上，楼面及屋面荷载依次通过楼板、横墙、基础传递给地基，纵墙只起到加强纵向稳定、拉结及承受自重的作用，如图8-6（a）所示。此种方案适用于房间开间尺寸不大、墙体位置比较固定的建筑，如宿舍、旅馆、住宅等。

（2）纵墙承重。

纵墙承重是指将楼板及屋面板等水平承重构件均搁置在纵墙上，屋面荷载依次通过楼板（梁）、纵墙、基础传递给地基，横墙只起分隔空间和连接纵墙的作用，如图8-6（b）所示。此种方案适用于使用上要求有较大空间的建筑，如办公楼、商店和教学楼中的教室、阅览室等。

（3）纵横墙承重。

纵横墙承重是指由纵横两个方向的墙体共同承受楼板、屋顶荷载的结构布置，也称混合承重方案。如图8-6（c）所示。该方案平面布置灵活，两个方向的抗侧力都较好，适用于房间开间、进深变化较多的建筑，如医院、幼儿园等。

（4）内框架承重。

内框架承重是指建筑内部大空间采用柱、梁组成的内部框架承重，四周采用砌体墙承重，由墙和柱共同承受水平承重构件传来的荷载，如图8-6（d）所示。该种方案适用于大型商店、餐厅、多层工业建筑等内部有大空间要求的建筑。该方案房屋的刚度主要由框架保证，水泥及钢材用量较多，且其抗震性能较低，目前已很少使用。

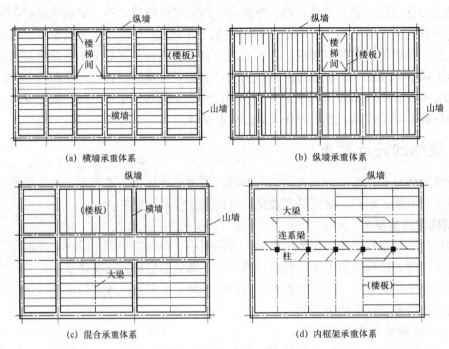

图 8-6 墙体结构布置方案

不同墙体承重方案的对比见表 8-3。墙体布置必须同时考虑建筑和结构两方面的要求，既要满足建筑的使用功能与空间布局要求，又应选择合理的墙体结构布置方案，坚固耐久，经济适用。

表 8-3 墙体承重方案性能对比

方案类型	适用范围	优点	缺点
横墙承重	小开间房屋，如宿舍、住宅	横墙数量多，整体性好，房屋空间刚度大	建筑空间不灵活，房屋开间小
纵墙承重	大开间房屋，如中学的教室	开间划分灵活，能分隔出较大的房间	房屋整体刚度差，纵墙开窗受限制，室内通风不易组织
纵横墙承重	开间进深组合复杂的房屋	平面布置灵活	构件类型多、施工复杂

2）具有足够的强度、刚度和稳定性

墙体强度是指墙体承受荷载的能力，与所采用的材料强度等级、墙体的截面积、构造和施工方式有关。作为承重墙的墙体，必须具有足够的强度以保证结构的安全。

墙的刚度、稳定性与墙的高度、长度和厚度及纵横墙体间的间距有关。一般采用限制墙体高厚比、增加墙厚、提高砌筑砂浆强度等级、墙内加筋等办法来保证墙体的刚度和稳定性。墙体高厚比是指墙体的计算高度与墙厚的比值。高厚比越大，构件越细长，其稳定性越差，因此高厚比必须控制在允许值以内。为满足高厚比要求，通常在墙体开洞口部位设置门垛、在长而高的墙体中设置壁柱。

2. 建筑节能、热工要求

为贯彻国家节能政策，必须通过建筑设计和构造措施节约能耗。《民用建筑热工设计规范》（GB 50176—2016）用累年最冷月（1月）和最热月（7月）平均温度作为分区主要指标，累年日平均温度小于等于 5℃和大于等于 25℃的天数作为辅助指标，将全国划分成 5 个建筑热工设计分区，即严寒、寒冷、夏热冬冷、夏热冬暖和温和地区，并提出相应的设计要求。严寒地区如黑龙江和内蒙古大部分地区，应加强建筑的防寒措施，一般可不考虑夏季防热；寒冷地区如东北地区的吉林、辽宁，华北地区的山西、河北、北京、天津及内蒙古部分地区，应以满足冬季保温设计要求为主，适当兼顾夏季防热；夏热冬冷地区如陕西、安徽、江苏南部、广东、广西、福建北部地区，必须满足夏季防热要求，适当兼顾冬季保温；夏热冬暖地区如广东、广西、福建南部地区和海南省，必须充分满足夏季防热要求，一般可不考虑冬季保温；温和地区如云南全省和四川、贵州的部分地区，应考虑冬季保温，一般不考虑夏季防热。

作为围护结构的外墙，在寒冷地区要具有良好的保温能力，以减少室内热量的损失，同时应避免出现凝聚水；在炎热地区，外墙应具有一定的隔热能力，以防室内过热。

1）墙体保温要求

在严寒的冬季，热量通过外墙由室内高温一侧向室外低温一侧传递的过程中，会遇到各种阻力，使热量不会突然消失，这种阻力称为热阻。热阻越大，通过墙体所传出的热量就越小，墙体的保温性能越好，反之则越差。对于有保温要求的墙体，须提高其热阻，通常采取以下 6 种措施来实现。

（1）增加墙体的厚度。墙体的热阻值与其厚度成正比，要提高墙身的热阻，可适当增加其厚度。

（2）选择导热系数小的墙体材料。一般把导热系数小于 0.23 W/(m·K)的材料称为保温材料。在建筑工程中，可选用导热系数小的保温材料如泡沫混凝土、加气混凝土、陶粒混凝土等作为墙体材料，或者用轻质高效保温材料与砖、混凝土、钢筋混凝土、砌块等主墙体材料组成复合保温墙体，可增加墙体的保温效果。

（3）墙中设置保温层。将导热系数小的材料如泡沫塑料、矿棉及玻璃棉等与承重墙体组合在一起形成保温墙体，使不同性质的材料各自发挥其功能。

（4）墙中设置封闭空气间层。墙体中设封闭空气间层是提高保温能力的有效且经济的方法。因此用空心砖、空心砌块等材料砌墙对保温有利。

（5）采取综合保温与防热措施。如充分利用太阳能，在外墙设置空气置换层，将被动式太阳房外墙设计为一个集热/散热器。

（6）改进外墙上的门窗缝隙构造，防止能量损失。

2）墙体隔热要求

我国南方地区，特别是长江流域、东南沿海等地，夏季炎热时间长，太阳辐射强烈，气温较高。为了使室内不致过热，应考虑对周围环境采取防热措施，并在建筑设计中加强对自然通风的组织，对外墙的构造设计进行隔热处理。由于外墙外表面受到的日晒时数和太阳辐射强度以东、西向最大，东南和西南向次之，南向较小，北向最小。所以隔热应以东、西向墙体为主，一般采取以下 4 种措施。

（1）墙体外表面采用浅色而平滑的外饰面，如白色抹灰、贴陶瓷砖或马赛克等，形成反射,以减少墙体对太阳辐射热的吸收。

(2) 在窗口的外侧设置遮阳设施,以减少太阳对室内的直射。

(3) 在外墙内部设置通风间层,利用风压和热压作用,使间层中的空气不停地交换,从而降低外墙内表面的温度。

(4) 利用植被对太阳能的转化作用而降温。即在外墙外表面种植各种攀缘植物等,利用植被的遮挡、蒸腾和光合作用,吸收太阳辐射热,从而起到隔热的作用。

3. 隔声要求

为保证建筑室内有一个良好的声学环境,对不同类型建筑、不同位置墙体应有隔声要求。

墙体隔声主要是指隔离由空气直接传播的噪声。隔声量是衡量墙体隔绝空气声能力的标志。隔声量越大,墙体的隔声性能越好。一般采取以下4种措施。

(1) 加强墙体缝隙的填密处理。

(2) 增加墙厚和墙体的密实性。

(3) 采用有空气间层或在间层中填充吸声材料的夹层墙。

(4) 尽量利用垂直绿化降低噪声。

4. 防火要求

墙体材料的燃烧性能和耐火极限必须符合防火规范的规定,当建筑的占地面积或长度较大时,还应按防火规范要求设置防火墙,防止火灾蔓延。

5. 工业化建造的需要

建筑工业化的关键是墙体改革。在大量民用建筑中,墙体工程量占有相当大的比重,其劳动力消耗量大,施工工期长。因此应推进墙体改革,通过提高机械化施工程度来提高工效、降低劳动强度,并采用轻质高强的墙体材料,以减轻自重、降低成本。

6. 环保、可持续发展要求

墙体的构造和材料选择应注意因地制宜、节约资源、减少污染、保护环境、保护生态和保护健康,适应环保、可持续发展的需要。

7. 其他要求

此外,还应根据实际情况,考虑墙体的防潮、防水、防射线、防腐蚀及经济等各方面的要求。

8.2 砌体墙的基本构造

砌体墙是用砂浆等胶结材料将砖石、砌块等块材按一定的技术要求组砌而成的墙体,如砖墙、石墙及各种砌块墙等,也可简称为砌体。一般情况下,砌体墙具有一定的保温、隔热、隔声性能和承载能力,生产制造及施工操作简单,不需要大型的施工设备;但是现场湿作业较多、施工速度慢、劳动强度较大。从我国实际情况出发,砌体墙在今后相当长的一段时期内仍将被广泛采用。图8-7所示为常见的砌体墙。

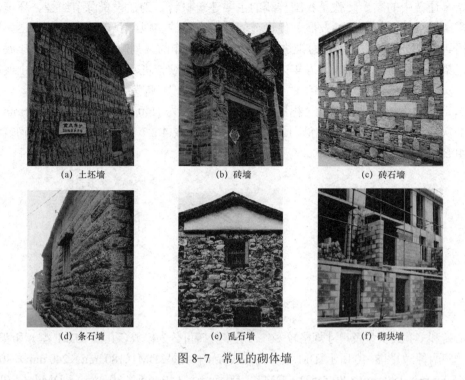

(a) 土坯墙　　　　　(b) 砖墙　　　　　(c) 砖石墙

(d) 条石墙　　　　　(e) 乱石墙　　　　　(f) 砌块墙

图 8-7　常见的砌体墙

8.2.1　砌体墙的材料

砌体墙是由胶结材料将块材砌筑成整体的墙体，其组成材料有块材和胶结材料两种。

1. 块材

工程中砌体墙常用块材主要有各种砖、砌块等，如图 8-8 所示。

图 8-8　砌体墙材料

1）砖

砖的种类很多。按材料分，有黏土砖、页岩砖、煤矸石砖、淤泥砖、建筑渣土砖、灰砂砖、水泥砖及各种工业废料砖如固体废弃物砖、粉煤灰砖等；按外观分，有实心砖、空心砖和多孔砖。按制作工艺分，有烧结砖和蒸压砖。目前常用的有烧结普通砖、烧结多孔砖、蒸压粉煤灰普通砖、蒸压灰砂普通砖、混凝土普通砖、混凝土多孔砖等。

烧结普通砖是指由各种材料烧结成的实心砖，其制作的主要原材料一般是黏土、页岩、煤矸石粉煤灰、建筑渣土、江河湖淤泥、污泥等。

烧结普通砖中的黏土砖曾是我国传统的主要建筑材料。为建设资源节约型、环境友好型社会，实现经济社会的可持续发展，促进节能减排目标的实现，我国政府相关部门先后出台了以禁用实心黏土砖为主线、大力推进墙体材料革新工作的系列政策，至 2010 年年底我国所有城市已禁止使用实心黏土砖。近年来全国各地都在持续推进落实"禁实"["禁止使用实心黏土砖（实心页岩砖）"]、"禁黏"（"禁止使用黏土制品"）政策，成效显著。

我国常用的烧结普通砖规格（标准砖长×宽×厚）为 240 mm×115 mm×53 mm，当砌筑所需的灰缝宽度按施工规范取 8～12 mm 时，正好形成 4:2:1 的尺度关系，便于砌筑时相互搭接和组合，如图 8-9 所示。

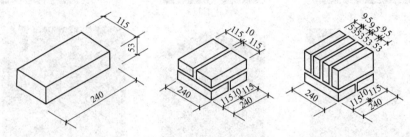

图 8-9 标准砖的尺寸关系

空心砖和多孔砖类型及尺寸规格较多。一般多孔砖可分为模数多孔砖（DM 型）和普通多孔砖（KP1 型）两种，如图 8-10 所示。DM 型多孔砖共有 4 种类型：DM1（180 mm×240 mm×80 mm）、DM2（180 mm×180 mm×80 mm）、DM3（180 mm×140 mm×80 mm）、DM4（180 mm×80 mm×80 mm），并有配砖 DMP（180 mm×80 mm×40 mm），采用 $1M$ 制组砌；KP1 型砖（240 mm×115 mm×80 mm）可用烧结普通砖和 178 mm×115 mm×80 mm 的多孔砖作配砖，采用 $2.5M$ 制组砌，与普通黏土砖非常近似，仅厚度改为 80 mm。

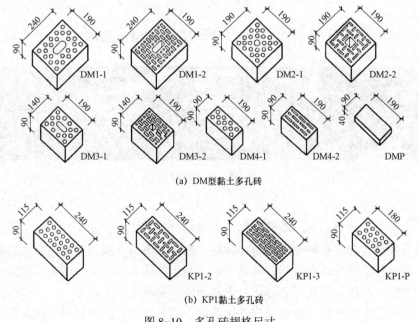

(a) DM型黏土多孔砖

(b) KP1黏土多孔砖

图 8-10 多孔砖规格尺寸

砖的强度等级有 MU30、MU25、MU20、MU15、MU10 等。常用砖规格及强度见表 8-4。

表 8-4　常用砖规格及强度

名称	简图	主要规格/mm	强度等级/MPa	密度/(kg·m^{-3})	主要产地
烧结普通砖		240×115×53	MU10～MU30	1 600～1 800	全国各地
混凝土实心砖		240×115×53	MU15～MU40	A 级≥2 100 B 级 1 681～2 088 C 级≤1 680	全国各地
烧结多孔砖		长宽高符合下列要求： 280、240、180、180、140、115、80 如：180×180×80 240×180×115	MU10～MU30	1 000～1 300	全国各地
烧结空心砖		长：380、280、240、180、180（175）、140 宽：180、180（175）、140、115 高：180（175）、140、115、80	MU3.5～MU10	800～1 100	全国各地
承重混凝土多孔砖		长：360、280、240、180、140 宽：240、180、115、80 高：115、80	MU15～MU25	800～1 100	全国各地
蒸压灰砂实心砖		240×115×53 其他规格，由用户与厂商商定	MU10～MU25	1 700～1 850	全国各地

2）砌块

砌块与砖的区别在于砌块的外形尺寸比砖大。砌块是利用混凝土、工业废料（炉渣、粉煤灰等）或地方材料制成的人造块材。具有投资少、见效快、生产工艺简单、能充分利用工业废料和地方材料，以及节约用地、节约能源、保护环境等优点。

（1）砌块种类、规格。

砌块的种类很多。按材料分，有普通混凝土砌块、轻骨料混凝土砌块、加气混凝土砌块及利用各种工业废料制成的砌块（如粉煤灰混凝土砌块等）；按功能分，有承重砌块和保温砌块等；按砌块在组砌中的位置与作用分，有主砌块和各种辅助砌块；按构造形式分，有实心砌块和空心砌块，空心砌块（如图 8-11 所示）有单排孔、双排孔、多排孔等形式，其中多排孔通常为多排扁孔形式，对保温较有利。

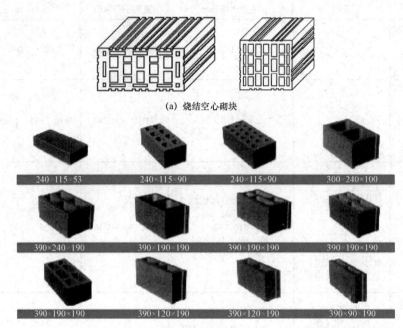

图 8-11 空心砌块的形式

砌块按尺寸、质量不同分为小型砌块、中型砌块和大型砌块。砌块系列中主规格的高度大于 115 mm 而小于 380 mm 的称作小型砌块，高度为 380～880 mm 的称为中型砌块，高度大于 880 mm 的称为大型砌块。实际使用中以中小型砌块居多。

（2）砌块强度等级。

普通混凝土小型砌块强度等级见表 8-5。

表 8-5 普通混凝土小型砌块强度等级

砌块种类	承重砌块	非承重砌块
空心砌块	7.5、10.0、15.0、20.0、25.0	5.0、7.5、10.0
实心砌块	15.0、20.0、25.0、30.0、35.0、40.0	10.0、15.0、20.0

蒸压加气混凝土强度等级有 A1.0、A2.0、A2.5、A3.5、A5.0、A7.5、A10。

轻集料混凝土小型空心砌块强度等级分为 MU2.5、MU 3.5、MU 5.0、MU 7.5、MU 10.0。

2. 胶结材料

砌体墙所用胶结材料主要是砌筑砂浆。砌筑砂浆由胶凝材料（水泥、石灰等）、填充料（砂、矿渣、石屑等）混合加水搅拌而成，其作用是将块材粘结成砌体并均匀传力，同时还起着嵌缝作用，并可提高墙体的强度、稳定性及保温、隔热、隔声、防潮等性能。

砌筑砂浆需要具有一定的强度，以保证墙体的承载能力，还应有适当的稠度和保水性（即有良好的和易性），方便施工。

砌筑砂浆性能主要是从强度、和易性、耐水性等方面进行比较。工程中常用的砌筑砂浆有水泥砂浆、石灰砂浆和混合砂浆 3 种。水泥砂浆强度高、防潮性能好，但可塑性和保水性较差，主要用于受力和潮湿环境下的墙体，如地下室、基础墙等；石灰砂浆的强度、耐水性均差，但和易性好，用于砌筑强度要求低的墙体及干燥环境的低层建筑墙体；混合砂浆由水泥、石灰膏、砂加水拌和而成，有一定的强度，和易性也好，常用于砌筑地面以上的砌体，使用比较广泛。对非烧结类块材，宜采用配套的专用砂浆。

砌筑砂浆的强度等级有 M20、M15、M10、M7.5、M5、M2.5 等。在同一段砌体中，砂浆和块材的强度应有一定的对应关系，以保证砌体的整体强度。根据试验测得，砌体的强度随砖和砂浆强度等级的增高而增高，但不等于两者的平均值，而是远低于平均值。

8.2.2 砌体墙的组砌方式

组砌是指块材在砌体中的排列。组砌的关键是错缝搭接，使上下皮块材的垂直缝交错，保证砌体墙的整体性。如果墙体表面或内部的垂直缝处于一条线上，即形成通缝（如图 8-12 所示），在荷载作用下，会使墙体的强度和稳定性显著降低。砖墙和砌块墙由于块材尺度和材料构造的差异，对墙体的组砌有不同的要求。

1. 砖墙的组砌

在砖墙的组砌中，把砖的长边垂直于墙面砌筑的砖称为丁砖，砖的长边平行于墙面砌筑的砖称为顺砖。上下皮之间的水平灰缝称横缝，左右两块砖之间的垂直缝称竖缝。每一层砖称为一皮。标准缝宽为 10 mm，可以在 8~12 mm 之间进行调节。为了保证墙体的强度和稳定性，砌筑时要避免通缝，砌筑原则是横平竖直、错缝搭接、灰浆饱满、厚薄均匀。当外墙面做清水墙时，组砌还应考虑墙面图案美观。

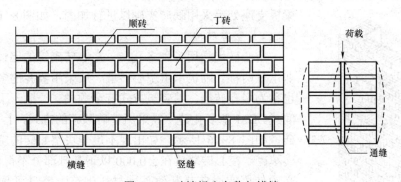

图 8-12 砖墙组砌名称与错缝

1）实心砖墙

实心砖墙是用普通实心砖砌筑的实体墙。普通实心砖在组砌时，上下皮错缝搭接长度不得小于 60 mm，常采用顺砖和丁砖交替砌筑。常见的砌式有全顺式、一顺（或多顺）一丁式、每皮丁顺相间式、两平一侧式等，如图 8-13 所示。

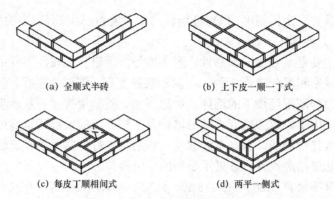

(a) 全顺式半砖　　(b) 上下皮一顺一丁式

(c) 每皮丁顺相间式　　(d) 两平一侧式

图 8-13　砖墙的砌式

2）空斗墙

空斗墙是用砖侧砌或平、侧交替砌筑而成的空心墙体，侧砌的砖为斗砖，平砌的砖为眠砖。全由斗砖砌筑而成的墙称为无眠空斗墙；每隔 1～3 皮斗砖砌 1 皮眠砖的墙称为有眠空斗墙，如图 8-14 所示。

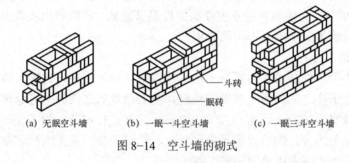

(a) 无眠空斗墙　　(b) 一眠一斗空斗墙　　(c) 一眠三斗空斗墙

图 8-14　空斗墙的砌式

空斗墙在构造上要求在墙体重要部位，如基础、勒脚、门窗洞口两侧、纵横墙交接处、梁板支座处等采用眠砖实砌以进行加固，如图 8-15 所示。

3）空心砖墙

空心砖墙指用各种多孔砖、空心砖砌筑的墙体，有承重和非承重两种。砌筑承重空心砖墙一般采用竖孔的多孔砖，因此也称为多孔砖墙。其砌筑方式有全顺式、一顺一丁式和丁顺相间式。DM 型多孔砖一般采用整砖顺砌的方式，上下皮错开 1/2 砖，如图 8-16 所示。如出现不足一块空心砖的空隙，用实心砖填砌。空心砖墙体在 ±0.000 以下基础部分不得使用空心砖，必须使用实心砖或其他基础材料砌筑。墙身可预留孔洞和竖槽，但不允许预留水平槽（女儿墙除外），也不得临时用机械工具凿洞或射钉，以免破坏墙体。

2. 砌块墙的组砌

砌块的组砌与砖墙不同的是，由于砌块规格较多、尺寸较大，为保证错缝及砌体的整体性，应事先做排列设计，并在砌筑过程中采取加固措施。排列设计是把不同规格的砌块在墙

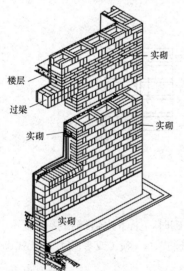

图 8-15　空斗墙加固部位示意

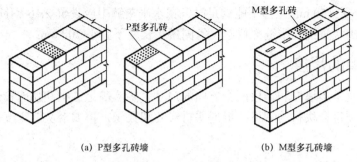

图 8-16　多孔砖墙的砌式

体中的安放位置用平面图和立面图加以表示，并注明每一砌块的型号，以便施工时按排列图进料和砌筑。砌块排列设计应满足以下 5 个要求。

（1）上下皮砌块应错缝搭接，尽量减少通缝。
（2）墙体交接处和转角处的砌块应彼此搭接，以加强其整体性。
（3）优先采用大规格的砌块，使主砌块的总数量在 70% 以上，以利加快施工进度。
（4）尽量减少砌块规格，在砌块体中允许用极少量的普通砖来镶砌填缝，以方便施工。
（5）空心砌块上下皮之间应孔对孔、肋对肋，以保证有足够的接触面。

砌块排列组合如图 8-17 所示。

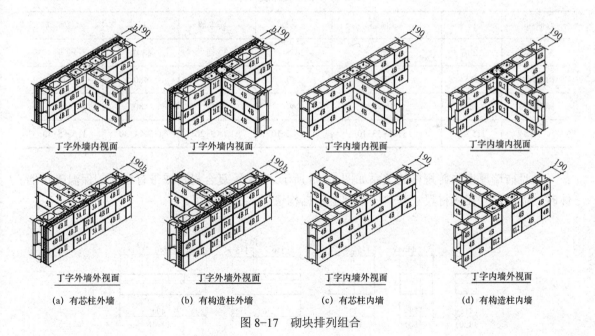

图 8-17　砌块排列组合

不同类型砌块的上下皮搭接长度有不同要求，如采用普通混凝土小型空心砌块和轻骨料混凝土小型空心砌块砌墙时，单排孔小砌块的搭接长度应为块体长度的 1/2，多排孔小砌块的搭接长度可适当调整，但不宜小于小砌块长度的 1/3，且不应小于 80 mm；墙体的个别部位不能满足上述要求时，应在水平灰缝中设 $\phi 4$ 钢筋网片，且网片两端与该位置的竖缝距离不得小于 400 mm，或采用配块。采用蒸压加气混凝土砌块砌填充墙时，搭接长度不宜小于砌块长度的1/3，且不应小于150 mm；当不能满足时，在水平灰缝中应设置$2\phi 6$钢筋或$\phi 4$钢筋网片加强，加强筋从砌块搭接的错缝部位起，每侧搭接长度不宜小700 mm。

8.2.3 砌体墙的尺度

砌体墙的尺度是指墙厚和墙段两个方向的尺寸。除应满足结构和功能设计要求之外，块材墙的尺度还必须符合块材的规格。根据块材尺寸和数量，再加上灰缝宽度，即可组成不同的墙厚和墙段。

1. 墙厚

墙厚主要由块材和灰缝的尺寸组合而成。

1）实心砖墙

以常用的规格（长×宽×厚）240 mm×115 mm×53 mm 为例，用砖的3个方向的尺寸作为墙厚的基数，当错缝或墙厚超过砖块尺寸时，均按灰缝10 mm进行砌筑。从尺寸上可以看出，砖厚加灰缝、砖宽加灰缝后与砖长可大致形成1:2:4的比例，组砌很灵活。用标准砖砌墙时，常见的墙厚为115 mm、178 mm、240 mm、365 mm、480 mm等，分别称为12墙（半砖墙）、18墙（3/4墙）、24墙（一砖墙）、37墙（一砖半墙）、48墙（二砖墙）等（见表8-6），墙体即按这些尺寸砌筑。

表8-6 墙厚名称及尺寸 单位：mm

习惯称谓	半砖墙	3/4砖墙	一砖墙	一砖半墙	二砖墙	二砖半墙
工程称谓	12墙	18墙	24墙	37墙	48墙	62墙
构造尺寸	115	178	240	365	480	615
标志尺寸	120	180	240	360	480	620
尺寸组成	115×1	115×1+53+10	115×2+10	115×3+20	115×4+30	115×5+40

常见砖墙厚度与砖规格的关系如图8-18所示。当采用复合材料或带有空腔的保温隔热墙体时，墙厚尺寸在块材尺寸基数的基础上根据构造层次计算即可。

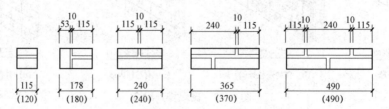

图8-18 常见砖墙厚度与砖规格的关系

2）空心砖墙

空心砖墙的厚度及轴线定位与砖的类型、圈梁的设置等有关。

DM型多孔砖墙体厚度以50 mm（$M/2$）进级，见表8-7。

表 8-7　DM 型多孔砖墙厚

模数	1M	1.5M	2M	2.5M	3M	3.5M	4M
墙厚/mm	80	140	180	240	280	340	380
用砖类型	DM4	DM3	DM2	DM1 DM3+DM4	DM2+DM4	DM1+DM4 DM2+DM3	DM1+DM3

KP 型多孔砖墙体的厚度有 120 mm、240 mm、360 mm、480 mm。

2. 洞口与墙段尺寸

1）洞口尺寸

洞口主要是指门窗洞口，其尺寸应按模数协调统一标准制定，这样可以减少门窗规格，有利于工厂化生产，提高工业化的程度。一般情况下，1 000 mm 以内的洞口尺度采用基本模数 100 mm 的倍数，如 600 mm、700 mm、800 mm、900 mm、1 000 mm，大于 1 000 mm 的洞口尺度多采用扩大模数 300 mm 的倍数，如 1 200 mm、1 500 mm、1 800 mm 等。

2）墙段尺寸

墙段尺寸是指窗间墙、转角墙等部位墙体的长度。普通砖墙体的墙段尺寸应符合砖模数 125 mm。砖模数 125 mm 与我国现行《建筑模数协调标准》（GB/T 50002—2013）中的基本模数 1M 或扩大模数 3M 制不一致，在一栋房屋中如果采用两种模数，在设计、施工中会出现不协调现象，而且砍砖过多会影响砌体强度。解决这一矛盾的一个办法是调整灰缝大小，施工规范允许竖缝宽度为 8～12 mm，使墙段有少许的调整余地。当墙段长度小于 1.5 m 时，设计时宜使其符合砖模数；墙段长度超过 1.5 m 时，可按基本模数或扩大模数考虑，普通砖墙体洞口及墙段尺寸如图 8-19 所示。DM 型多孔砖墙体的墙体长度以 50 mm（$M/2$）进级。承重砖墙的墙段尺寸还需满足结构和抗震的要求。

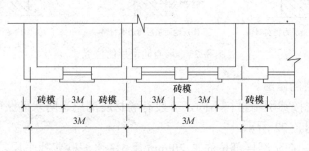

图 8-19　普通砖墙体洞口及墙段尺寸

8.2.4　砌体墙的细部构造

砌体墙作为承重构件或围护构件，不仅与其他构件密切相关，而且还受到自然界各种因素的影响。为了保证砌体墙的耐久性和墙体与其他构件的连接，应在相应的位置进行细部构造处理。砌体墙的细部构造包括墙脚、门窗洞口、墙身加固措施及变形缝构造等。

1. 墙脚

墙脚一般是指室内地坪以下、室外地面以上的这段墙体。外墙墙脚易受到雨水冲溅、机

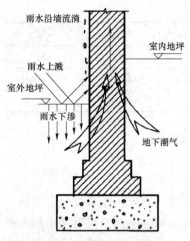

图 8-20 外墙墙脚受潮示意图

械碰撞，同时由于砌体本身存在很多微孔及墙脚所处的位置常有地表水和土壤水渗入，致使墙身受潮、饰面层脱落、影响室内卫生环境，如图 8-20 所示。因此，必须做好墙脚防潮，增强墙脚的坚固及耐久性，及时排除房屋四周地面水。

墙脚细部构造主要包括墙身防潮层、勒脚、散水或明沟。

1）墙身防潮层

为了防止地表水或土壤水对墙身产生不利的影响，须在内外墙脚部位连续设置防潮层。防潮层按构造形式不同分为水平防潮层和垂直防潮层。

（1）防潮层的位置。

当室内地面垫层为混凝土等密实材料时，水平防潮层的位置应设在垫层范围内，低于室内地坪 60 mm 处，同时还应至少高于室外地面 150 mm，防止雨水溅湿墙面。当室内地面垫层为透水材料时（如炉渣、碎石等），水平防潮层的位置应平齐或高于室内地面 60 mm。当内墙两侧地面出现高差时，应在墙身内设高低两道水平防潮层，并在土壤一侧设垂直防潮层。墙身防潮层的位置如图 8-21 所示。

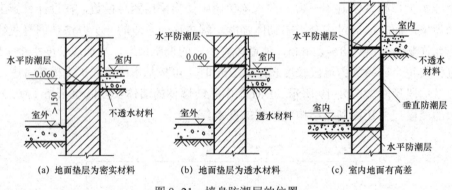

图 8-21 墙身防潮层的位置

（2）水平防潮层的做法。

墙身水平防潮层按其所用材料不同，一般有卷材防潮层、防水砂浆防潮层、细石混凝土防潮层等做法，如图 8-22 所示。

① 卷材防潮层。在防潮层部位先抹 20 mm 厚 1:3 水泥砂浆找平层，然后铺卷材防潮层。卷材防潮层一般选用改性沥青油毡、SBS 防水卷材或三元乙丙橡胶卷材等。所用卷材均应比墙每边宽 10 mm，沿长度铺设，搭接长度大于等于 100 mm。卷材防潮层具有一定的韧性、延伸性和良好的防潮性能，但因降低了上下砌体之间的粘结力，也削弱了墙体的整体性和抗震能力，故不宜用于下端按固定端考虑的砖砌体和有抗震设防要求的建筑。

② 防水砂浆防潮层。在防潮层位置抹一层 20 mm 厚 M20 防水砂浆（内掺水泥重量 5%的防水剂的水泥砂浆），或用防水砂浆砌 2~4 皮砖作防潮层。此种做法构造简单、整体性好，但砂浆开裂或不饱满时会影响防潮效果。适用于抗震地区、独立砖柱和振动较大的砖砌体。

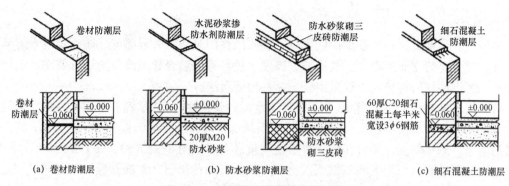

图 8-22 墙身水平防潮层的构造做法

③ 细石混凝土防潮层。在防潮层位置铺设 60 mm 厚与墙等宽的 C15 或 C20 细石混凝土带，内配 3φ6 或 3φ8 钢筋。其抗裂性能和防潮效果好，且与砌体结合紧密，故适用于整体刚度要求较高的建筑。

以下两种情况可不设水平防潮层。

a）采用不透水材料（如混凝土或条石）墙脚，且其顶面标高在 −0.060 m 时；

b）当地圈梁提高到室内地坪以下不超过 60 mm 的范围内，即钢筋混凝土圈梁的顶面标高为 −0.060 m 时，此时地圈梁代替水平防潮层，如图 8-23 所示。

（3）垂直防潮层的做法。

垂直防潮层具体做法是在高地坪房间填土前，在两道水平防潮层之间的垂直墙面上，先用水泥砂浆做出 15~20 mm 厚的抹灰层，然后再涂热沥青两道（或做其他防潮处理），而在低地坪一边的墙面上，则采用水泥砂浆打底的墙面抹灰，如图 8-24 所示。

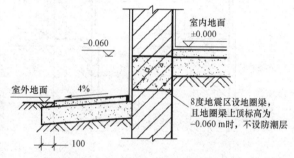

图 8-23 地圈梁代替水平防潮层

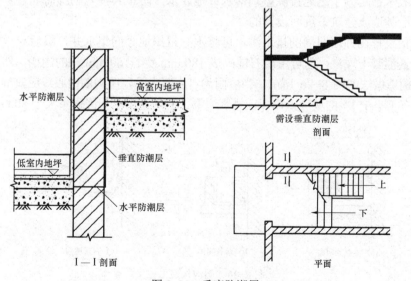

图 8-24 垂直防潮层

2）勒脚

勒脚是外墙墙脚接近室外地面的部分。勒脚的作用是防止外界碰撞、防止地表水对墙脚的侵蚀、增强建筑立面美观性。其做法、高度、色彩等应结合建筑造型的设计要求，选用耐久性好、防水性好的材料。一般采用以下 3 种构造做法。

（1）抹灰类勒脚。可采用 20 mm 厚 1:3 水泥砂浆抹面，1:2 水泥石子浆（根据立面设计确定水泥和石子种类及颜色）、水刷石或斩假石抹面。为保证抹灰层与砖墙粘结牢固，施工时应清扫墙面、洒水润湿，并可在墙上留槽使灰浆嵌入，如图 8-25（a）、(b) 所示。

（2）贴面勒脚。可用天然石材或人工石材贴面，如花岗石、水磨石板、陶瓷面砖等。贴面勒脚耐久性好、装饰效果好，多用于标准较高建筑，如图 8-25（c）所示。

（3）坚固材料勒脚。采用条石、蘑菇石、混凝土等坚固耐久的材料代替砖或砌块砌筑外墙。高度可砌筑至室内地坪或设计要求高度。适用于潮湿地区、高标准建筑或有地下室建筑，如图 8-25（d）所示。

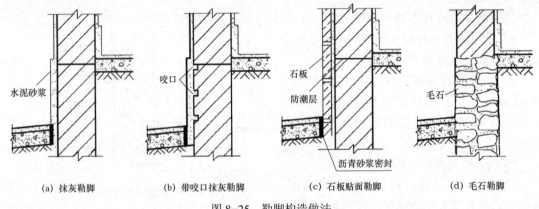

图 8-25 勒脚构造做法

3）明沟与散水

明沟与散水都是为了迅速排除屋顶落水或地表水，防止其侵入勒脚而危害基础，并防止因积水渗入地基造成建筑下沉而设置的。

明沟是指设置在外墙四周的排水沟，可将水有组织地导向集水井，然后导入排水系统。明沟一般用素混凝土现浇，也可用砖石铺砌成 180 mm 宽、160 mm 深的沟槽，然后用水泥砂浆抹面，其构造做法如图 8-26 所示。当屋面为自由落水时，明沟的中心线应对准屋顶檐口边缘，沟底应有不小于 1% 的坡度，以保证排水通畅。明沟适用于年降雨量大于 800 mm 的地区。

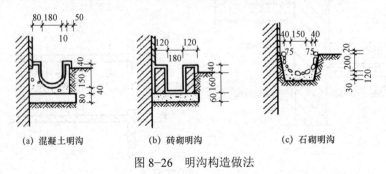

图 8-26 明沟构造做法

散水是沿建筑外墙设置的排水倾斜坡面，坡度一般为 3%～5%，可将积水排离建筑。散水又称散水坡或护坡。散水的做法通常是在素土夯实基层上铺设灰土、三合土、混凝土等材料，用混凝土、水泥砂浆、砖、块石等材料做面层，如图 8-27 所示。其宽度一般为 600～1 000 mm；当屋面为自由落水时，散水宽度应比屋檐桃出宽度大 200 mm 左右；在软弱土层、湿陷性黄土地区，散水宽度一般应大于或等于 1 500 mm。

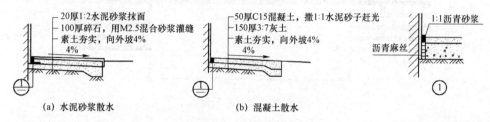

图 8-27　散水构造做法

由于建筑的沉降及勒脚与散水施工时间的差异，在勒脚与散水交接处应设分格缝，缝内用弹性材料填嵌（如沥青砂浆），以防外墙下沉时勒脚部位的抹灰层被剪切破坏，如图 8-28 所示。整体面层为了防止散水因温度应力及材料干缩产生裂缝，在散水长度方向每隔 6～12 m 应设一道伸缩缝，并在缝中填嵌沥青砂浆，如图 8-29 所示。

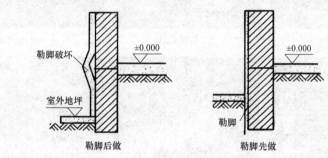

图 8-28　勒脚与散水关系示意图

图 8-29　散水伸缩缝构造

2. 门窗洞口

1）门窗过梁

门窗过梁是在砌体墙的门窗洞口上方所设置的水平承重构件，用以承受洞口上部砌体传来的各种荷载，并把这些荷载传给洞口两侧的墙体，如图 8-30 所示。

过梁的形式较多，如图 8-31 所示，常见的有砖拱过梁、钢筋砖过梁和钢筋混凝土过梁 3 种。

（1）砖拱过梁。

砖拱过梁将立砖和侧砖相间砌筑，使砂浆灰缝上宽下窄，砖向两边倾斜，相互挤压形成拱用以承担荷载。砖拱过梁节约钢材和水泥，但整体性较差，不宜用于上部有集中荷载、建

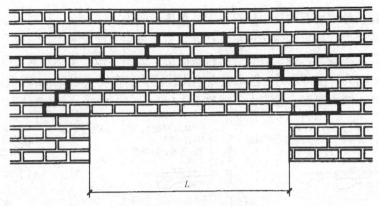

图 8-30 过梁受荷范围

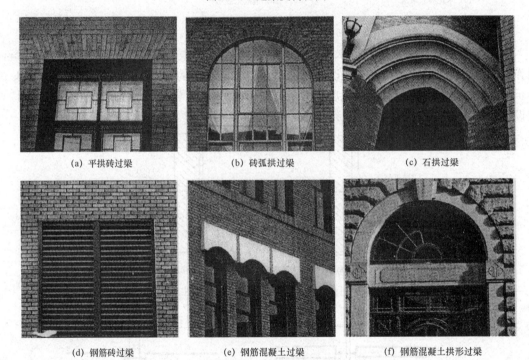

图 8-31 常用过梁外观

筑受振动荷载、地基承载力不均匀及地震区的建筑。

砖拱过梁有平拱和弧拱两种，如图 8-32 所示。

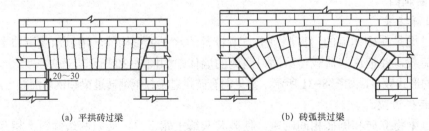

图 8-32 砖拱过梁

砖砌平拱过梁是我国传统做法。砖砌平拱拱高不应小于 240 mm，多为一砖，灰缝上部宽度不大于 15 mm，下部宽度不小于 5 mm，两端下部伸入墙内 20~30 mm，中部起拱高度为洞口跨度的 1/50，受力后拱体下落时适成水平。砖的强度等级不低于 MU10，砂浆不能低于 M5（Mb5、Ms5），最大跨度为 1.2 m［《砌体结构设计规范》（GB 50003—2011）］。

砖砌弧拱过梁的弧拱高度不小于 120 mm，其余做法同平拱砌筑方法，由于起拱高度大，跨度也相应增大。当拱高为（1/12~1/8）L 时，跨度 L 为 2.5~3 m；当拱高为（1/6~1/5）L 时，跨度 L 为 3~4 m。砖砌弧拱过梁的砌筑砂浆强度等级不低于 M10，砖强度等级不低于 MU7.5，才能保证过梁的强度和稳定性。

（2）钢筋砖过梁。

钢筋砖过梁是在洞口顶部配置钢筋，形成能受弯矩作用的加筋砖砌体。所用砖强度等级不低于 MU10，砌筑砂浆强度等级不低于 M5；一般在洞口上方先支木模，再在其上放直径不小于 5 mm 的钢筋，间距不大于 120 mm，伸入两端墙内不小于 240 mm；钢筋砂浆层厚度不小于 30 mm；梁高一般不少于 5 皮砖，且不少于门窗洞口宽度的 1/4。钢筋砖过梁最大跨度为 1.5 m［《砌体结构设计规范》（GB 50003—2011）］，如图 8-33 所示。

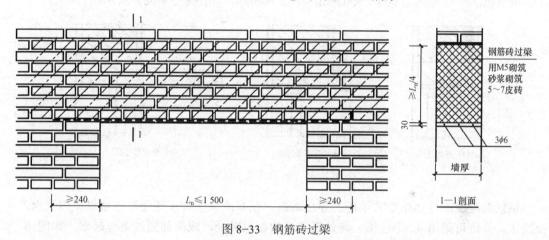

图 8-33　钢筋砖过梁

钢筋砖过梁施工方便，整体性好，特别适用于清水墙立面，可得到与外墙砌法统一的效果。在设计中为加固墙身，也可将钢筋砖过梁沿外墙一周连通砌筑，使之成为钢筋砖圈梁。

（3）钢筋混凝土过梁。

钢筋混凝土过梁承载能力强，一般不受跨度的限制，施工简便，对房屋不均匀下沉或振动有一定的适应性。当门窗洞口较大或洞口上部有集中荷载时，宜采用钢筋混凝土过梁。规范规定，当房屋有较大振动荷载或可能产生不均匀沉降时，应采用钢筋混凝土过梁。

钢筋混凝土过梁有现浇和预制两种，预制装配式过梁施工速度快，最为常用。图 8-34 为钢筋混凝土过梁的几种形式。其断面形式有矩形和 L 形，矩形多用于内墙和混水墙，L 形多用于外墙和清水墙。

钢筋混凝土过梁梁高及配筋由计算确定。为了施工方便，梁高应与砖的皮数相适应，以方便墙体连续砌筑，故常见梁高为 60 mm、120 mm、180 mm、240 mm，即 60 mm 的整倍数。过梁梁宽一般同墙厚。过梁两端伸进墙内的支承长度要求与抗震设防烈度相关，6~8 度时不应小于 240 mm，9 度时不应小于 360 mm，以保证足够的承压面积。

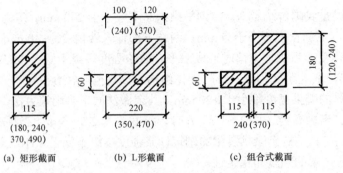

(a) 矩形截面　　(b) L形截面　　(c) 组合式截面

图 8-34　钢筋混凝土过梁的几种形式

在立面中往往有不同形式的窗，过梁的形式应配合处理，如图 8-35 所示。带窗套的窗所用过梁断面为 L 形，一般挑出 60 mm，厚度 60 mm，如图 8-35（b）所示。为了简化构造、节约材料，可将过梁与圈梁、悬挑雨罩、窗楣板或遮阳板等结合起来设计。在南方炎热多雨地区，常从过梁上挑出窗楣板，既保护窗户不淋雨，又可遮挡部分直射太阳光。窗楣板按设计要求出挑，一般可挑出 300～500 mm，厚度 60 mm，如图 8-35（c）所示。

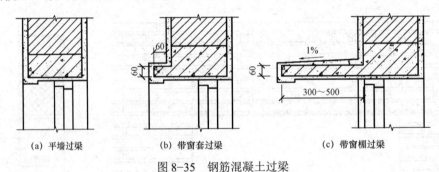

(a) 平墙过梁　　(b) 带窗套过梁　　(c) 带窗楣过梁

图 8-35　钢筋混凝土过梁

钢筋混凝土的导热系数大于砖的导热系数。在寒冷地区为了避免在外墙过梁内表面产生凝结水，外墙可采用 L 形过梁，使外露部分的面积减少，或全部把过梁包起来，如图 8-36 所示。

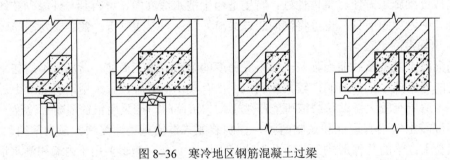

图 8-36　寒冷地区钢筋混凝土过梁

在采用现浇钢筋混凝土过梁的情况下，若过梁与圈梁或现浇楼板位置接近时，则应尽量合并设置，同时浇筑。这样，既节约模板、便于施工，又增强了建筑的整体性。

2）窗台

窗洞口的下部应设置窗台。窗台根据窗的安装位置可形成外窗台和内窗台，如图 8-37 所示。

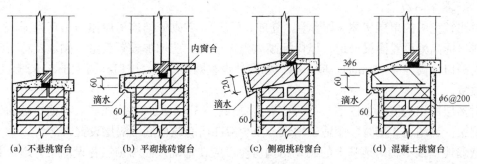

图 8-37 窗台构造

外窗台是窗洞口下部靠室外一侧设置的向外形成一定坡度以利于排水的泻水构件,其目的是防止雨水积聚在窗洞底部、侵入墙身和向室内渗透,因此外窗台应有不透水的面层。外窗台有悬挑和不悬挑两种。悬挑的窗台可用砖(平砌、侧砌)或混凝土板等构成,窗台下部应做成锐角形或半圆形凹槽(称为"滴水"),以引导雨水沿着滴水槽口下落。由于悬挑窗台下部容易积灰,在风雨作用下很容易污染窗台下的墙面,特别是采用一般抹灰装修的外墙面,影响建筑的美观,因此,在当今设计中,大部分建筑多以不悬挑窗台取代悬挑窗台,以利用雨水的冲刷洗去积灰。

(1) 砖窗台。

砖窗台应用较广,有平砌不悬挑、平砌挑砖和侧砌挑砖等做法。挑砖挑出尺寸大多为 60 mm,其厚度为 60~120 mm。窗台表面抹 1:3 水泥砂浆,并应有 10% 左右的坡度,挑砖下缘粉滴水线,如图 8-37(b)、(c)所示。

(2) 混凝土窗台。

混凝土窗台可采用预制构件或现场浇筑而成。混凝土窗台易形成"冷桥"现象,不利于结构的保温和隔热,如图 8-37(d)所示。

3. 墙体加固措施——圈梁与构造柱

1) 圈梁

圈梁是沿建筑外墙、内纵墙及部分横墙设置在同一水平面上连续相交、圈形封闭的带状构造。

(1) 圈梁的作用。

圈梁配合楼板共同作用可提高房屋的空间刚度及整体性,防止由于地基不均匀沉降或较大振动引起墙体开裂;圈梁与构造柱浇筑在一起可以有效地抵抗地震作用;圈梁可以承受水平荷载;圈梁还可以减小墙的自然高度,增强墙的稳定性。

(2) 圈梁的位置。

圈梁应设置在楼(层)盖之间的同一标高处,或紧靠板底的位置及基础顶面和房屋的檐口处,如图 8-38 所示。当墙高度较大、不满足墙的刚度和稳定性要求时,可在墙的中部加设一道圈梁。

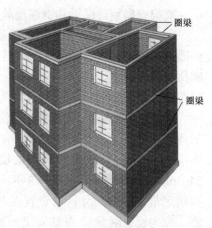

图 8-38 圈梁位置

(3) 圈梁的数量。

对比较空旷的单层房屋（如食堂、仓库、厂房），砖砌体结构房屋檐口标高为 5~8 m 时，应在檐口标高处设置圈梁一道；檐口标高大于 8 m 时，应增加设置数量。砌块及料石砌体结构房屋檐口标高为 4~5 m 时，应在檐口标高处设置圈梁一道；檐口标高大于 5 m 时，应增加设置数量。

对多层民用房屋（如住宅、办公楼等），层数为 3~4 层时，应在底层和檐口标高处各设一道圈梁；当超过 4 层时，应适当增设，至少应在所有纵横墙上隔层设置。

软弱地基或不均匀地基上的砌体结构房屋，应在基础顶面与顶层各设圈梁一道，其他各层可隔层设或层层设。

装配式钢筋混凝土楼、屋盖或木屋盖的砖房、多层小砌块房屋，应按表 8-8 要求设置圈梁。

表 8-8 现浇钢筋混凝土圈梁设置要求

圈梁设置及配筋		设计烈度		
		6、7 度	8 度	9 度
圈梁设置	沿外墙及内纵墙	屋盖处及每层楼盖处设置	屋盖处及每层楼盖处设置	屋盖处及每层楼盖处设置
	沿内横墙	屋盖处及每层楼盖处设置；屋盖处间距不大于 4.5 m；楼盖间距不大于 7.2 m；构造柱对应部位	屋盖处及每层楼盖处设置；各层所有横墙且间距不大于 4.5 m；构造柱对应部位	屋盖处及每层楼盖处设置；各层所有横墙
配筋	最小纵筋	4ϕ10	4ϕ12	4ϕ14
	箍筋及最大间距/mm	250	200	150

现浇混凝土楼（屋）盖的多层砌体结构房屋，当层数超过 5 层时，除应在檐口标高处设置一道圈梁外，可隔层设置圈梁，并应与楼（屋）面板一起现浇。

(4) 圈梁的种类。

圈梁有钢筋砖圈梁和钢筋混凝土圈梁两种。

① 钢筋砖圈梁。钢筋砖圈梁设置在楼层标高处的墙身上，高度一般为 4~6 皮砖，宽度同墙厚，以前多用于非抗震区，目前少用。构造上采用强度等级不低于 M5 的砂浆砌筑，在砌体灰缝中配置通长钢筋，钢筋不宜少于 6ϕ6，钢筋水平间距不宜大于 120 mm，应分上下两层布置，如图 8-39（a）所示。

② 现浇钢筋混凝土圈梁。现浇钢筋混凝土圈梁是在施工现场支模、绑钢筋并浇注混凝土形成的圈梁。混凝土强度等级不应低于 C20；钢筋混凝土圈梁的宽度宜与墙厚相同，当墙厚不小于 240 mm 时，圈梁宽度可取墙厚的 2/3；圈梁高度不应小于 120 mm，常见尺寸为 180 mm、240 mm；圈梁配筋要求见表 8-8。钢筋混凝土圈梁在墙身上的位置应可使圈梁充分发挥作用并满足最小断面尺寸，宜设置在与楼板或屋面板同一标高处（称为板平圈梁）或紧贴楼板底（称为板底圈梁）。外墙圈梁一般与楼板相平，内墙圈梁一般在板下，如图 8-39（b）、（c）所示。

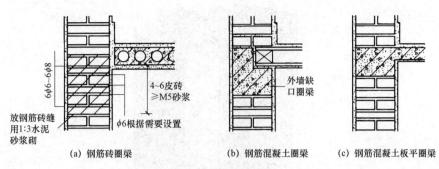

(a) 钢筋砖圈梁　　(b) 钢筋混凝土圈梁　　(c) 钢筋混凝土板平圈梁

图 8-39　圈梁的构造

钢筋混凝土圈梁宜连续地设在同一水平面上，并形成封闭状。当圈梁被门窗等洞口截断时，应在洞口上部增设相同截面的附加圈梁，附加圈梁与圈梁的搭接长度不应小于其垂直间距（中到中）的两倍，并不得小于 1 m，如图 8-40 所示。对有抗震要求的建筑，圈梁不宜被洞口截断。

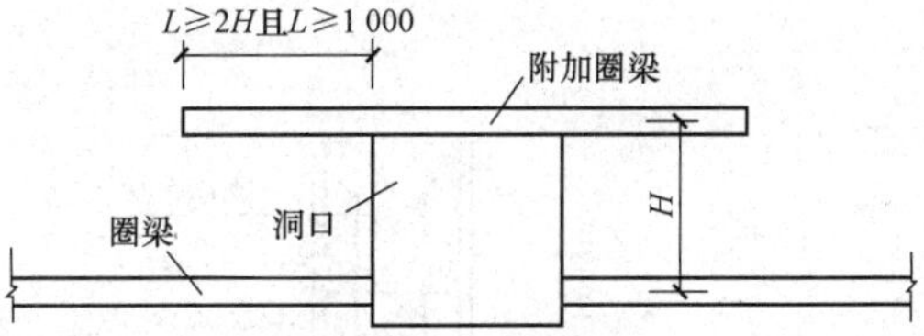

2）构造柱

构造柱是从构造角度考虑设置的，其与承重柱的作用完全不同。在抗震设防地区，设置钢筋混凝土构造柱是多层建筑重要的抗震措施。因为钢筋混凝土构造柱可与圈梁形成具有较大刚度的空间骨架，如图 8-41（a）所示，从而增强建筑的整体刚度，提高墙体的抗变形能力，使建筑在受震开裂后也能"裂而不倒"。

图 8-40　附加圈梁

（1）构造柱的加设原则。

构造柱一般加设在外墙转角、内外墙交接处（包括内横外纵及内纵外横两部分）、较大洞口两侧、楼电梯间的四角处、某些较长的墙体中部、错层部位横墙与外纵墙交接处等部位。根据房屋层数和抗震设防烈度不同，构造柱的设置要求各不相同，如表 8-9、图 8-41 所示。

表 8-9　砖砌房屋构造柱设置要求

房屋层数				各种层数和烈度均应设置的部位	随层数或烈度变化而增设的部位
6 度	7 度	8 度	9 度		
四、五	三、四	二、三		楼、电梯间四角，楼梯斜梯段上下端对应的墙体处；	楼梯间对应的另一侧内横墙与外纵墙交接处； 隔 12 m 或单元横墙与外纵墙交接处
六	五	四	二	外墙四角和对应转角； 错层部位横墙与外纵墙交接处；	隔开间横墙（轴线）与外墙交接处； 山墙与内纵墙交接处
七	≥六	≥五	≥三	较大洞口两侧； 大房间内外墙交接处	内墙（轴线）与外墙交接处； 内墙局部较小墙垛处； 内纵墙与横墙（轴线）交接处

注：较大洞口，内墙指不小于 2.1 m 的洞口；外墙在内外墙交接处已设置构造柱时应允许适当放宽，但洞侧墙体应加强。

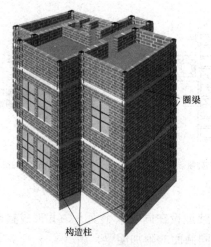

(a) 构造柱与圈梁关系

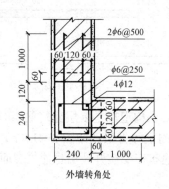
外墙转角处

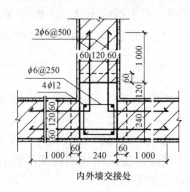
内外墙交接处

(b) 平面图上的构造柱表达

图 8-41 构造柱的设置

(2) 构造柱做法。

砖砌房屋构造柱的最小断面为 240 mm×180 mm（墙厚 190 mm 时为 190 mm×190 mm）。小砌块房屋中替代芯柱的钢筋混凝土构造柱截面不宜小于 190 mm×190 mm，用于构造柱的混凝土强度等级不应小于 C20，纵向钢筋宜采用 $4\phi 12$，箍筋间距不宜大于 250 mm，且在柱上下端应适当加密。抗震等级 6、7 度时砖房超过 6 层或小砌块房屋超过 5 层、8 度时砖房超过 5 层或小砌块房屋超过 4 层和 9 度时，构造柱纵向钢筋宜采用 $4\phi 14$，箍筋间距不应大于 200 mm，房屋四角的构造柱应适当加大截面及配筋。

构造柱具体构造要求施工时必须先砌墙，随着墙体的上升而逐段现浇钢筋混凝土柱身，构造柱与墙的连接处宜砌成马牙槎，如图 8-42 所示。

砖房沿墙高每隔 500 mm 设 $2\phi 6$ 水平钢筋和 $\phi 4$ 分布短筋平面内电焊组成的拉结网片或 $\phi 4$ 电焊钢筋网片，每边伸入墙内不宜少于 1 000 mm；对于 6、7 度设防的房屋底部 1/3 楼层或 8 度设防的房屋底部 1/2 楼层或 9 度设防的房屋全部楼层，上述拉结钢筋网片应沿墙体水平通长设置。

对于小砌块房屋，与构造柱相邻的砌块孔洞，6 度设防时宜填实，7 度设防时应填实，8、9 度设防时应填实并插筋；构造柱与砌块墙之间沿墙高每隔 600 mm 设置 $\phi 4$ 点焊拉结钢筋网片,并沿墙体水平通长设置;对于 6、7 度设防的房屋底部 1/3 楼层或 8 度设防的房屋底部 1/2 楼层或 9 度设防的房屋全部楼层,上述拉结钢筋网片沿墙高间距应不大于 400 mm。

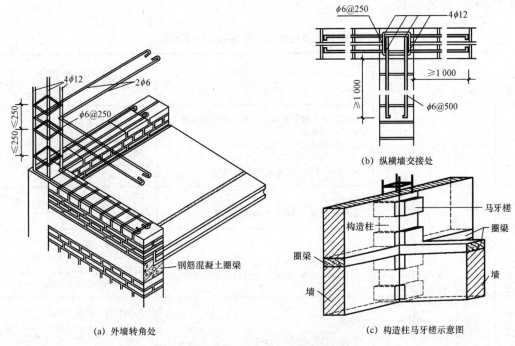

图 8-42 砖砌体中的构造柱

砌体房屋构造柱应与圈梁紧密连接,在建筑中形成整体骨架。与圈梁连接处,构造柱的纵筋应在圈梁纵筋内侧穿过,保证构造柱纵筋上下贯通。构造柱可不单独设置基础,但应伸入室外地面下 500 mm,或与埋深小于 500 mm 的基础圈梁相连。

3)芯柱

混凝土空心砌块墙的芯柱是利用空心砌块上下孔洞对齐,并在孔中用 A12～A14 的钢筋分层插入,再用 C20 细石混凝土分层灌实而形成的一种构造柱,如图 8-43 所示。芯柱的设置可提高墙体抗震受剪承载力。

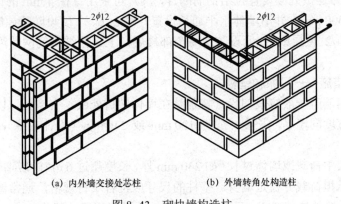

图 8-43 砌块墙构造柱

(1) 芯柱设置要求。

芯柱宜在墙体内均匀布置,最大净距不宜大于2.0 m。多层小砌块房屋应按要求设置钢筋混凝土芯柱,见表8-10。

表8-10 多层小砌块房屋芯柱设置要求

房屋层数				各种层数和烈度均应设置的部位	随层数或烈度变化而增设的部位
6度	7度	8度	9度		
四、五	三、四	二、三		外墙转角,楼、电梯间四角,楼梯斜梯段上下端对应的墙体处; 错层部位横墙与外纵墙交接处; 大房间内外墙交接处; 隔12 m或单元横墙与外纵墙交接处	外墙转角,灌实3个孔; 内外墙交接处,灌实4个孔; 楼梯斜梯段上下端对应的墙体处,灌实2个孔
六	五	四		同上; 隔开间横墙(轴线)与外纵墙交接处	
七	六	五	二	同上; 各内墙(轴线)与外纵墙交接处; 内纵墙与横墙(轴线)交接处和洞口两侧	外墙转角,灌实5个孔; 内外墙交接处,灌实4个孔; 内墙交接处,灌实4~5个孔; 洞口两侧各灌实1个孔
	七	≥六	≥三	同上; 横墙内芯柱间距不大于2 m	外墙转角,灌实7个孔; 内外墙交接处,灌实5个孔; 内墙交接处,灌实4~5个孔; 洞口两侧各灌实1个孔

注:外墙转角,内外墙交接处,楼、电梯间四角等部位,应允许采用钢筋混凝土构造柱代替部分芯柱。

(2) 芯柱做法。

① 芯柱截面不宜小于120 mm×120 mm,混凝土强度等级不应小于C20。

② 芯柱的竖向插筋应贯通墙身且与圈梁连接,插筋不应小于1ϕ12,6、7度时超过5层、8度时超过4层和9度时,插筋不应小于1ϕ14。

③ 芯柱应伸入室外地面下500 mm,或与埋深小于500 mm的基础圈梁相连。

④ 芯柱与墙体连接处应设置拉结钢筋网片,网片可采用直径4 mm的钢筋点焊而成,沿墙高间距不大于600 mm,并沿墙体水平通长设置。对于6、7度设防房屋底部1/3楼层或8度设防房屋底部1/2楼层或9度设防房屋全部楼层,上述拉结钢筋网片沿墙高间距不大于400 mm。

4. 墙体加固措施——门垛和壁柱

墙体上开设门洞时一般应设门垛,特别是在墙体转折处或丁字墙处,以保证墙身稳定和门框安装。门垛宽度同墙厚,长度一般为120 mm或240 mm(不计灰缝),过长会影响室内空间使用。

当墙体受到集中荷载或墙体过长(如240 mm厚,长度超过6 m)时应增设壁柱(扶壁柱),使之和墙体共同承担荷载并稳定墙身。壁柱的尺寸应符合块材规格,通常壁柱突出墙面半砖或一砖,考虑到灰缝的错缝要求,丁字形墙段的短边伸出尺度一般为130 mm或250 mm,壁柱宽370 mm或480 mm。门垛与壁柱的设置如图8-44所示。

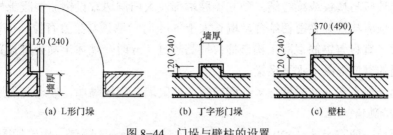

图 8-44 门垛与壁柱的设置

8.3 隔墙、隔断的基本构造

现代建筑为了提高平面布局的灵活性，大量使用隔墙、隔断以适应建筑功能的变化。隔墙、隔断是分隔室内空间的非承重构件，起到空间的分隔、引导和过渡的作用。隔墙和隔断的不同之处如下。

（1）分隔空间的程度和特点不同。隔墙通常做到楼板底，将空间完全分为两个部分，相互隔开，没有联系，必要时隔墙上设有门；隔断可到顶，也可不到顶，空间似分非分，相互可以渗透，视线可不被遮挡，有时设门，有时设门洞，比较灵活。

（2）拆装的灵活性不同。隔墙设置后一般固定不变；隔断可以移动或拆装。

8.3.1 隔墙

由于隔墙不承受任何外来荷载，且本身的重量还要由楼板或墙下小梁来承受，因此隔墙构造设计时应满足以下 5 个基本要求。

（1）自重轻，以减轻楼板的荷载。

（2）厚度薄，以增加建筑的有效空间。

（3）便于拆装，能随使用要求的改变而变化，减轻工人的劳动强度、提高效率。

（4）有一定的隔声能力，使各使用房间互不干扰，具有较好的独立性或私密性。

（5）满足不同使用部位的要求，如卫生间隔墙要防水、防潮，厨房隔墙要防潮、防火等。

隔墙的类型很多，按其构造方式不同可分为块材隔墙、轻骨架隔墙、板材隔墙三大类。

1. 块材隔墙

块材隔墙是利用普通砖、多孔砖、空心砌块及各种轻质砌块等砌筑而成的墙体，又称为砌筑式隔墙。

后砌的块材隔墙应沿墙高每隔 500～600 mm 配置 $2\phi 6$ 拉结钢筋与承重墙或柱拉结，多层砌体结构中隔墙拉筋每边伸入墙内不应少于 500 mm；框架结构中填充墙拉筋伸入墙内的长度，6、7 度时宜沿墙全长贯通，8、9 度时应全长贯通。若墙上安装门，则需预埋木砖、铁件或带有木楔的混凝土块，以便固定门框。

块材隔墙上部与楼板或梁的交接处，一般留有 30 mm 的空隙或将上两皮砖斜砌，以防上部结构构件产生挠度，致使隔墙被压坏。多层砌体结构抗震设防 8、9 度时，长度大于 5 m 的后砌隔墙，墙顶应与楼板或梁拉结，独立墙肢端部及大门洞边宜设钢筋混凝土构造柱。框架结构填充墙墙顶应与框架梁密切结合，墙长大于 5 m 时，墙顶与梁宜有拉结；墙长超过 8 m 或层高 2 倍时，宜设置钢筋混凝土构造柱；墙高超过 4 m 时，墙体半高处宜设置与柱连接且沿墙全长贯通的钢筋混凝土水平系梁。

块材隔墙一般有普通砖隔墙、多孔砖或空心砖隔墙、砌块隔墙、玻璃砖隔墙等。

1）普通砖隔墙

普通砖隔墙一般有半砖（120 mm）隔墙、1/4 砖（60 mm）隔墙，构造如图 8-45 所示。半砖隔墙坚固耐久，有一定的隔声能力，但自重大，湿作业多，施工麻烦；1/4 砖隔墙厚度较薄，稳定性差，目前较少采用。

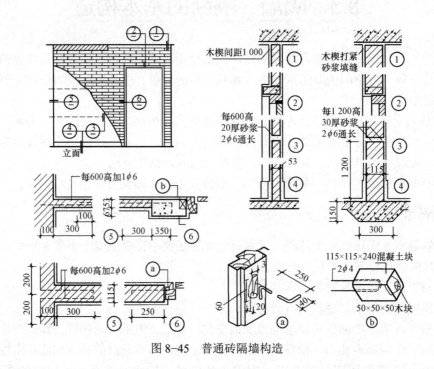

图 8-45 普通砖隔墙构造

2）多孔砖或空心砖隔墙

多孔砖或空心砖作隔墙多采用立砌，厚度为 80 mm，其加固措施可以参照普通砖隔墙进行构造处理。在接合处距离少于半块砖时，常可用普通砖填嵌空隙。这类隔墙重量轻、吸湿性大，墙下部可砌 2~3 皮普通砖，构造如图 8-46 所示。

3）砌块隔墙

目前最常用的是混凝土小型空心砌块、蒸压加气混凝土砌块、蒸压灰砂空心砌块等砌筑的隔墙。砌块大多具有质量轻、孔隙率大、隔热性能好等优点，但砌块隔墙吸水性强。厨房、卫生间等较潮湿房间的每楼层第一皮砌块须采用强度等级不低于 Cb20 的混凝土灌实，砌块强度等级不低于 MU10。砌块墙内不得混砌黏土砖或其他墙体材料。当需局部嵌砌时，应采用强度等级不低于 C20 的适宜尺寸的配块。

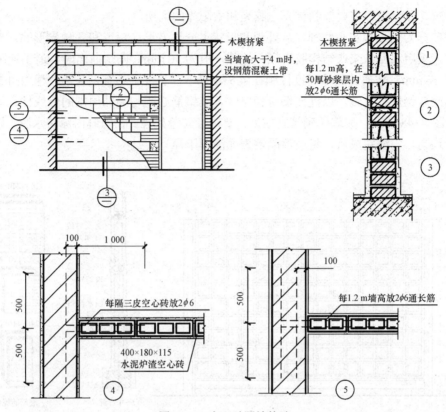

图 8-46 空心砖隔墙构造

砌块隔墙墙厚由砌块尺寸而定,一般为 80~120 mm。隔墙厚度较薄,墙体稳定性较差,需对墙身进行加固处理,其方法与砖隔墙类似,如图 8-47 所示。通常沿墙身竖向和横向配以钢筋。

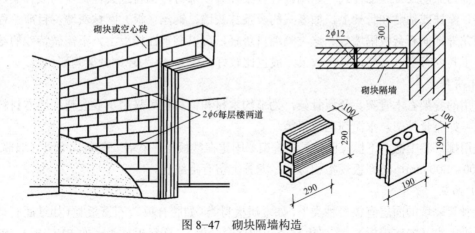

图 8-47 砌块隔墙构造

4)玻璃砖隔墙

玻璃砖隔墙是一种透光墙壁,具有强度高、绝热、绝缘、隔声、防水、耐火、美观、通透、整洁、光滑等特点,透明度可选择,光学畸变极小,膨胀系数小,内部质量好。特别适合高级建筑、体育馆等需要控制透光、眩光和太阳光的场所。

玻璃砖分为空心和实心两种,从外观和形状上分为方形、矩形和各种异形等。玻璃砖侧面有凹槽,采用水泥砂浆或结构胶拼砌,缝隙一般为 10 mm。砌筑曲面时,最小缝隙 3 mm,最大缝隙 16 mm。玻璃砖隔墙高度控制在 4.5 m 以下,长度也不宜过长。凹槽中可加横向及竖向钢筋或扁钢进行拉结,以提高墙身稳定性,其钢筋必须与隔墙周围的墙或柱、梁连接在一起,如图 8-48 所示。玻璃砖砌筑完成后,要进行勾缝处理。在勾缝内涂防水胶,以确保防水和勾缝均匀。勾缝完成后,将玻璃隔墙表面清理干净。

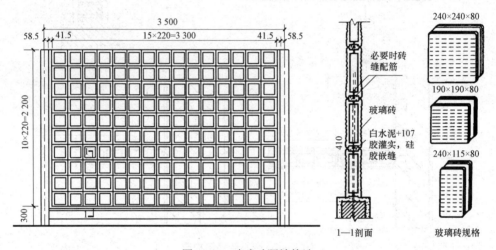

图 8-48　玻璃砖隔墙构造

2. 轻骨架隔墙

轻骨架隔墙由骨架和面层两部分组成,施工时应先立墙筋(骨架,又称龙骨)再做面层,因而又称为立筋式(或立柱式)隔墙。轻骨架隔墙以木材、钢材或其他材料构成骨架,把面层钉接、涂抹或粘贴在骨架上,如老式的板条抹灰墙、钢丝(板)网抹灰墙,目前工程常用的轻钢龙骨纸面石膏板隔墙等。这类隔墙自重轻,可以搁置在楼板上,不需做特殊的结构处理。由于其内有空气夹层,隔声效果一般也比较好。图 8-49 为轻钢骨架隔墙构造。

1)骨架

常用的骨架有木骨架、金属骨架,为节约木材和钢材也可采用工业废料和地方材料制成的骨架,如石膏骨架、水泥刨花骨架等。

先用螺钉将上槛、下槛(也称导向骨架)固定在楼板上,然后安装竖向龙骨(墙筋),间距为 400~600 mm,与面板规格相协调,龙骨上留有走线孔。

2)面层

轻骨架隔墙的面层有很多种类型,如木质板材类(如胶合板)、石膏板类(如纸面石膏板)、无机纤维板类(如矿棉板)、金属板材类(如铝合金板)、塑料板材类(如 PVC 板)、玻璃板材类(如彩绘玻璃)等,多为难燃或不燃材料。

一般胶合板、硬质纤维板等以木材为原料的板材多用木骨架,石膏面板多用石膏或轻钢骨架。隔墙的名称以面层材料而定,如轻钢纸面石膏板隔墙。

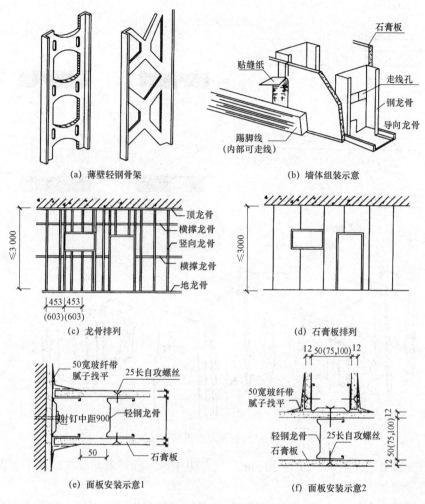

图 8-49 轻钢骨架隔墙构造

3) 构造做法

面板与骨架的关系常见有两种,一种是在骨架的两面或一面,用压条压缝或不用压条压缝即贴面式;另一种是将面板置于骨架中间,四周用压条压住,称为镶板式,如图 8-50 所示。

面板在骨架上的固定方法常用的有钉、粘、卡 3 种,如图 8-51 所示。采用轻钢骨架时,往往用骨架上的舌片或特制的夹具将面板卡到轻钢骨架上。这种做法简便、迅速,有利于隔墙的组装和拆卸。

3. 板材隔墙

板材隔墙是指采用轻质条板用粘结剂拼合在一起形成的隔墙,又称条板式隔墙。其所用板材是用轻质材料制成的各种预制薄型板材,如石膏条板、石膏珍珠岩板、蒸压加气混凝土条板、碳化石灰板及各种复合板材等。其单板高度相当于房间净高,面积较大,施工中直接拼装且不依赖骨架,因此具有自重轻、安装方便、工厂化程度高、施工速度快等特点。

板材墙体厚度应满足建筑防火、隔声、隔热等功能要求。单层板材墙体用作分户墙时厚度不宜小于 120 mm;用作户内分隔墙时,厚度不小于 80 mm。由条板组成的双层条板墙体用于分户墙或隔声要求较高的隔墙时,单块条板的厚度不宜小于 60 mm。确定条板长度时,

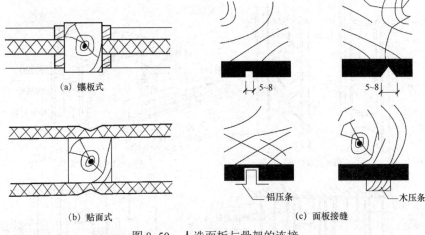

图 8-50 人造面板与骨架的连接

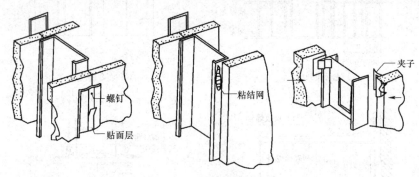

图 8-51 固定面板的方法

应考虑留出技术处理空间，一般为 20 mm，当有防水、防潮要求需要在墙体下部设垫层时，可按实际需要增加。

条板安装示意图如图 8-52 所示。固定安装条板时，在板的下面用木楔将条板楔紧，然后用细石混凝土堵严，板缝用各种粘结砂浆或粘结剂进行粘结，并用胶泥刮缝，平整后，再在表面进行装修。在抗震设防 6～8 度的地区，条板上端应加 L 形或 U 形钢板卡与结构预埋件焊接固定，或用弹性胶连接密实。对隔声要求较高的墙体，在条板之间及条板与梁、板、墙、柱相结合的部位应设置泡沫密封胶、橡胶垫等材料的密封隔声层。

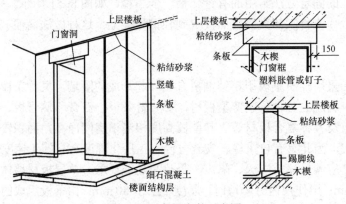

图 8-52 条板安装示意图

板材隔墙常见类型有以下4种。

1）轻质条板隔墙

常用的轻质条板有玻纤增强水泥条板、钢丝增强水泥条板、增强石膏空心条板、轻骨料混凝土条板等。增强石膏空心条板不应用于长期处于潮湿环境或接触水的房间，如卫生间、厨房等。轻骨料混凝土条板用在卫生间或厨房时，墙面须作防水处理。轻质条板墙体的限制高度为：60 mm 厚度时为 3.0 m，80 mm 厚度时为 4.0 m，120 mm 厚度时为 5.0 m。轻质条板隔墙构造如图 8-53 所示。

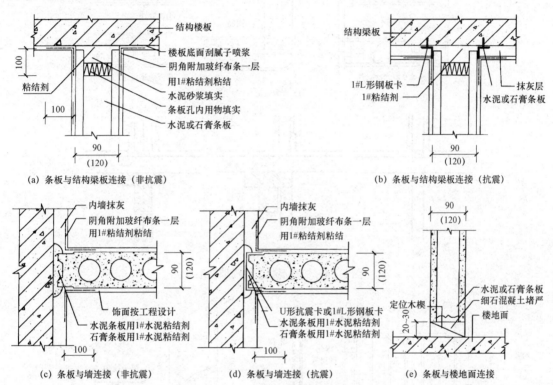

图 8-53　轻质条板隔墙构造

2）加气混凝土条板隔墙

加气混凝土条板自重较轻，可锯、可刨、可钉，施工简单，防火性能好，应用较为广泛，但不宜用于高温、高湿或有化学有害气体的建筑中。加气混凝土条板规格长为 2 700～3 000 mm，用于内墙板的板材宽度通常为 500 mm、600 mm，厚度为 75 mm、100 mm、120 mm等，高度按设计要求进行切割。加气混凝土板隔墙构造如图 8-54 所示。

3）碳化石灰板隔墙

碳化石灰板材料来源广泛，生产工艺简易，成本低廉，轻质、隔声效果好。其一般规格为长 2 700～3 000 mm，宽 500～800 mm，厚 80～120 mm。碳化石灰板隔墙可做成单层或双层。60 mm 宽空气间层的双层板，平均隔声能力可为 48.3 dB，适用于隔声要求高的房间。其构造如图 8-55 所示。

4）复合板隔墙

复合板材是由面层材料与夹芯材料组合而成的多层板材，其面层有泰柏板、铝板、树脂

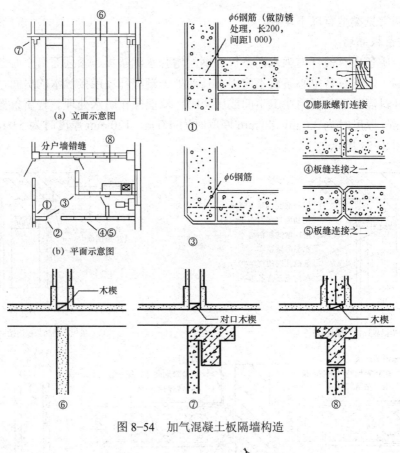

图 8-54 加气混凝土板隔墙构造

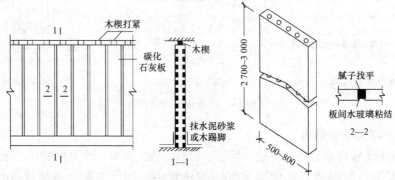

图 8-55 碳化石灰板隔墙构造

板、硬质纤维板、压型钢板等，夹芯材料可用岩棉、矿棉、木质纤维、泡沫塑料和蜂窝状材料等。复合板隔墙充分利用材料的性能，大多具有强度高、耐火性、防水性、隔声性好的优点，且安装、拆卸方便，有利于建筑工业化。常用的复合板隔墙有泰柏板隔墙、金属面夹芯板隔墙等。

泰柏板重量轻，强度高，防火、隔声、防腐能力强，板内可放置设备管道和电器设备。泰柏板隔墙须用配套的连接件在现场安装固定，隔墙的拼缝处、阴阳角和门窗洞口等位置，须用专用的钢丝网片补强。其构造如图 8-56 所示。

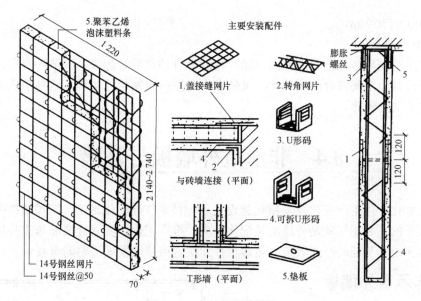

图 8-56 泰柏板隔墙构造

金属面夹芯板上下两层为金属薄板，芯材为具有一定刚度的保温材料，如岩棉、硬质泡沫塑料等，是具有承载能力的结构板材，也称为"三明治"板。根据面材和芯材的不同，板的长度一般在 12 000 mm 以内，宽度为 800 mm、1 000 mm，厚度在 30～250 mm 之间。金属面夹芯板具有强度高、保温、隔热、隔声、装饰性能好等优点，既可用于内隔墙，也可用于外墙板、屋面板、吊顶板等，但泡沫塑料夹芯的金属复合板不能用于防火要求高的建筑。

8.3.2 隔断

隔断是分隔室内空间的装修构件，其作用在于变化空间或遮挡视线。隔断的形式很多，常见的有屏风式、移动式、镂空式、帷幕式和家具式等。

1）屏风式隔断

屏风式隔断通常不到顶，空间通透性强，隔断与顶棚间保持一定距离，起到分隔空间和遮挡视线的作用，常用于办公室、餐厅、展览馆及门诊部的诊室等，厕所、淋浴间等也常采用这种形式。屏风式隔断有固定式和活动式等形式，隔断高度一般为 1 050～1 800 mm。

2）移动式隔断

移动式隔断可以随意闭合或打开，使相邻的空间随之独立或合成一个空间。这种隔断使用灵活，在关闭时也能起到限定空间、隔声和遮挡视线的作用。种类有拼装式、滑动式、折叠式、悬吊式、卷帘式和起落式等，多用于餐馆、宾馆活动室及会堂。

3）镂空式隔断

镂空式隔断是公共建筑门厅、客厅等处分隔空间常用的一种形式。有竹制、木制、混凝土预制构件等，形式多样。隔断与地面、顶棚的固定方式也因材料不同而变化，可用钉、焊等方式连接。

4）帷幕式隔断

帷幕式隔断使用面积小，能满足遮挡视线的功能，使用方便，便于更新，一般多用于住宅、旅馆和医院。帷幕式隔断的材料大体有两类，一类是使用棉、丝、麻织品或人造革等制成的软质帷幕隔断；另一类是用竹片、金属片等条状硬质材料制成的隔断。帷幕下部距楼地面一般为 100~150 mm。

5）家具式隔断

家具式隔断是巧妙地把分隔空间与储存物品两种功能结合起来，既节约费用，又节省使用面积；既提高了空间组合的灵活性，又使家具与室内空间相互协调。这种形式多用于室内设计及办公室的分隔等。

8.4 非承重外墙板与幕墙

建筑工业化、住宅产业化及城镇化建设要求积极推广装配化施工。围护结构中，考核建筑工业化水平的关键指标就是外墙的装配化程度。推广应用装配式轻质非承重外墙板符合国家绿色建筑和建筑节能的产业政策，是建筑行业实现可持续发展战略的重要内容。

8.4.1 非承重外墙板

非承重外墙板是指悬挂于框架或排架柱间，并由框架或排架承受其荷载，作为外墙而使用的板材。其在多层、高层民用建筑和工业建筑中应用较多。

1. 非承重外墙板类型

按所使用的材料，非承重外墙板可分为单一材料墙板和复合材料墙板，如图 8-57 所示。单一材料墙板用轻质保温材料制作，如加气混凝土、陶粒混凝土等。复合材料墙板通常至少由三层组成，即内、外壁和夹层，外壁选用耐久性和防水性均较好的材料，如钢丝网水泥、轻骨料混凝土等；内壁应选用防火性能好，又便于装修的材料，如石膏板、阻燃塑料板、金属板等；夹层宜选用容积密度小，保温、隔热性能好，价廉的材料，如玻璃棉、膨胀珍珠岩、膨胀蛭石、加气混凝土、泡沫混凝土、泡沫塑料等。

2. 非承重外墙板布置方式

外墙板可以布置在框架外侧，或框架之间，或安装在附加墙架上，如图 8-58 所示。外墙板安装在框架外侧时，对房屋的保温有利；外墙板安装在框架之间时，框架暴露在外，在构造上需作保温处理，防止外露的框架柱和楼板成为"冷桥"；轻型墙板通常需安装在附加墙架上，以使外墙具有足够的刚度，保证其在风荷载和地震作用下不会变形。

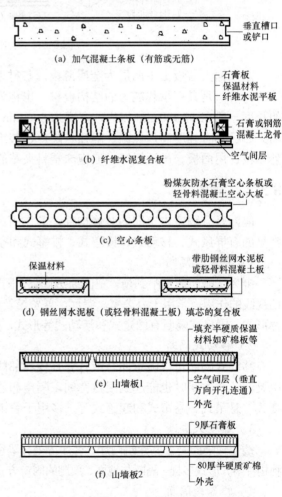

图 8-57 外墙板类型

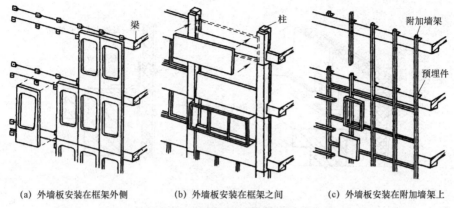

图 8-58 非承重外墙板布置方式

3. 外墙板与框架的连接

外墙板可以采用上挂或下承两种方式支承于框架柱、梁或楼板上。图 8-59 为各种外墙板与框架的连接构造。根据不同的板材类型和板材的布置方式，可采取焊接法、螺栓连接法、插筋锚固法等将外墙板固定在框架上。无论采用何种方法，均应注意以下 3 个构造要点。

（1）外墙板与框架连接应安全可靠。
（2）不要出现"冷桥"现象，防止产生结露。
（3）构造简单，施工方便。

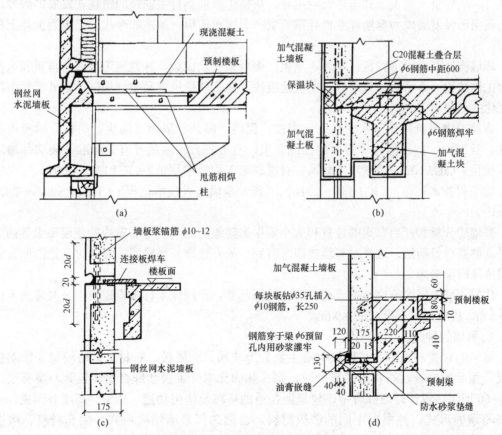

图 8-59 外墙板与框架的连接构造

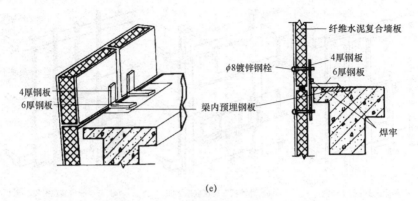

(e)

图 8-59 外墙板与框架的连接构造（续）

8.4.2 幕墙

幕墙是以板材形式悬挂于主体结构上的外墙，犹如悬挂的帷幕而得名。

幕墙源于现代建筑理论中自由立面的构想，最早诞生于 20 世纪 20 年代，在"二战"后被广泛应用，至今已有百年的历史。我国幕墙行业的发展，最早起步于 1978—1981 年。40 多年来，伴随着我国国民经济的持续快速发展和城市化进程的加快，我国幕墙行业实现了从无到有、从外资一统天下到国内企业主导、从模仿引进到自主创新的跨越式发展，到 21 世纪初我国已经发展成为幕墙行业世界第一生产大国和使用大国，如今我国已成为世界上幕墙强国。

幕墙构造具有以下特征：幕墙不承重，但要承受风荷载，并通过连接件将自重和风荷载传给主体结构；幕墙装饰效果好，安装速度快，施工质量也容易得到保证，是外墙轻型化、装配化的理想形式。

幕墙应满足抗风压、水密性、气密性、保温、隔热、隔声、防火、防雷、耐撞击和透光性、反射性、抗紫外线等方面的性能要求，且应符合国家现行有关标准《玻璃幕墙工程技术规范》（JGJ 102—2003）、《金属与石材幕墙工程技术规范》（JGJ 133—2001）、《人造板材幕墙工程技术规范》（JGJ 336—2016）、《建筑幕墙防火技术规程》（T/CECS 806—2021）等规定。

幕墙的分格和开启窗扇的位置和大小要根据建筑的立面造型和室内的使用要求等确定。同时立面要尽量简洁，这样对幕墙排雨水有利。如有建筑外景照明，设计时应把照明设施与建筑幕墙同步考虑。

建筑幕墙设置的临空防护设施高度由地面起算，不应低于标准规定值，公共建筑不应低于 0.8 m，居住建筑不应低于 0.9 m。

1. 幕墙的种类

幕墙的种类有很多，按面板材质主要分为玻璃、金属板、石材、人造板材（如陶板、瓷板、微晶玻璃板、石材蜂窝复合板、高压热固化木纤维板和纤维水泥板等）等幕墙，如图 8-60 所示。设计时应综合考虑建筑所在地的环境及使用功能、体型、高度等因素，合理选择幕墙的形式。并根据不同的面板材料，合理选择幕墙结构形式、配套材料、构造方式等。

(a) 北京长城饭店
（中国第一座玻璃幕墙建筑）

(b) 哈尔滨大剧院
（金属幕墙+玻璃幕墙）

(c) 新保利大厦
（玻璃幕墙+石材幕墙）

(d) 新清华学堂
（陶板幕墙+玻璃幕墙）

(e) 北京会议中心
（瓷板幕墙）

(f) 国家气象局影视大楼
（高压热固化木纤维板幕墙）

图 8-60　各类幕墙外观

1）玻璃幕墙

玻璃幕墙最大的特点是将建筑美学、建筑功能、建筑节能和建筑结构等因素有机地统一起来，使建筑从不同角度呈现出不同的色调，随阳光、月色、灯光的变化给人以动态的美。世界各地主要城市均有宏伟华丽的玻璃幕墙建筑，其中很多建筑的玻璃幕墙是由中国的幕墙公司承建的，如迪拜哈利法塔、上海中心大厦、大兴国际机场、天津 117 大厦、莫斯科联邦大厦等。

玻璃幕墙根据其承重方式不同可分为框支承玻璃幕墙、全玻幕墙和点支承玻璃幕墙。框支承玻璃幕墙造价低，使用最为广泛，如图 8-61 所示。全玻幕墙通透、轻盈，常用于大型公共建筑，如图 8-62 所示。点支承玻璃幕墙不仅通透，而且展现了精美的结构，发展十分迅速，如图 8-63 所示。

(a) 明框式　　　　　(b) 半隐框式　　　　　(c) 隐框式

图 8-61　框支承玻璃幕墙

图 8-62　全玻幕墙

图 8-63　点支承玻璃幕墙

（1）框支承玻璃幕墙。

框支承玻璃幕墙是指玻璃面板周边由金属框架支承的玻璃幕墙。按其构造方式可分为以下3种。

① 明框玻璃幕墙，即金属框架的构件显露于面板外表面的框支承玻璃幕墙，如图8-64（a）所示。

② 隐框玻璃幕墙，即金属框架的构件完全不显露于面板外表面的框支承玻璃幕墙，如图8-64（b）所示。

③ 半隐框玻璃幕墙，即金属框架的竖向或横向构件显露于面板外表面的框支承玻璃幕墙，如图6-64（c）、（d）所示。

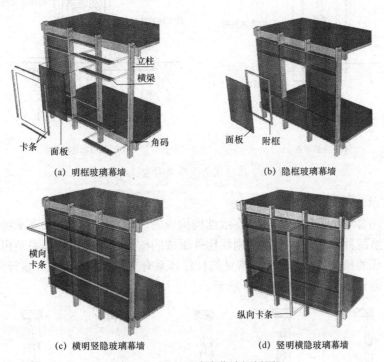

图8-64　框支承玻璃幕墙解析图

明框幕墙玻璃的安装类似窗玻璃的安装，将玻璃嵌入金属框内，因而将金属框暴露。隐框幕墙需制作玻璃板块，将玻璃和铝合金附框用结构胶粘结，最后采用压块或挂钩的方式与立柱、横梁连接。半隐框幕墙通常是在隐框幕墙的基础上，加上竖向或横向的装饰线条。明框、隐框和半隐框玻璃幕墙可以形成不同的立面效果，可根据建筑设计的总体考虑进行选择。

框支承玻璃幕墙选用的单片玻璃厚度不应小于6 mm，宜选用钢化玻璃。在人员流动密度大、青少年或幼儿活动的公共场所及使用中容易受到冲击的部位，应采用安全玻璃。

（2）全玻幕墙。

全玻幕墙是由玻璃肋和玻璃面板构成的玻璃幕墙，玻璃本身既是饰面构件，又是承受自身重量及风荷载的承重构件，如图8-62、图8-65所示。肋玻璃垂直于面玻璃设置，以加强面玻璃的刚度。肋玻璃与面玻璃可采用结构胶粘结，也可以通过不锈钢爪件驳接。面玻璃的厚度不宜小于 10 mm；肋玻璃厚度不应小于 12 mm；截面高度不应小于 100 mm。

全玻幕墙的玻璃固定有两种方式：下部支承式和上部悬挂式。当幕墙的高度不太大（一般不超过 4.5 m）时，可以用下部支承的非悬挂系统；当高度更大时，为避免面玻璃和肋玻璃在自重作用下因变形而失去稳定，需采用悬挂的支撑系统，这种系统有专门的吊挂机构在上部抓住玻璃，以保证玻璃的稳定，吊挂式全玻幕墙构造节点示意图如图 8-65 所示。

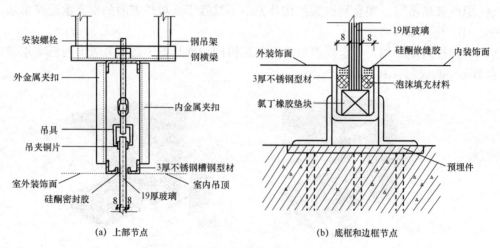

图 8-65　吊挂式全玻幕墙构造节点示意图

（3）点支承玻璃幕墙。

点支承玻璃幕墙是由玻璃面板、支承结构构成的玻璃幕墙。其中，支承结构可分为杆件体系和索杆体系两种。杆件体系是由刚性构件组成的结构体系；索杆体系是由拉索、拉杆和刚性构件等组成的预拉力结构体系。常见的杆件体系有立柱式和桁架式，索杆体系有拉索式、拉杆式和自平衡索桁架式，如图 8-66 所示。

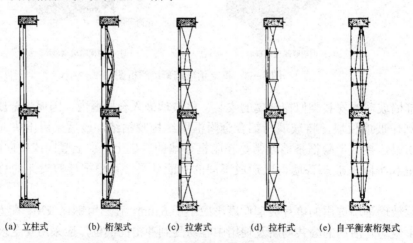

图 8-66　点支承玻璃幕墙 5 种支承结构示意

连接玻璃面板与支承结构的支承装置由爪件、连接件及转接件组成。爪件根据固定点数可分为四点式、三点式、两点式和单点式，常采用不锈钢制作。爪件通过转接件与支承结构连接，转接件一端与支承结构焊接或内螺纹套接，另一端通过内螺纹与爪件套接。连接件以螺栓方式固定玻璃面板，并通过螺栓与爪件连接。

点支承玻璃幕墙的玻璃面板必须采用钢化玻璃，玻璃面板形状通常为矩形，采用四点支承，根据情况也可采用六点支承，对于三角形玻璃面板可采用三点支承。

2）石材幕墙

石材幕墙一般采用框支承结构，根据石材面板连接方式的不同，可分为钢销式、槽式和背栓式等，如图8-67所示。

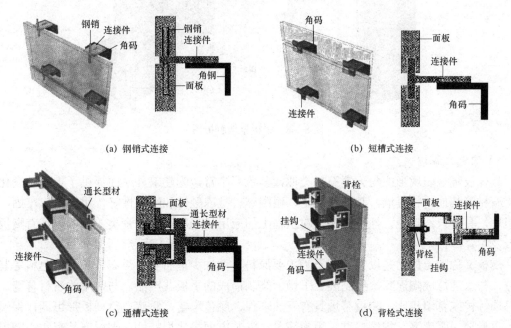

图8-67 石材幕墙解析图

钢销式连接需在石材的上下两边或四边开设销孔，石材通过钢销及连接板与幕墙骨架连接，适用的幕墙高度不宜大于20 m，石板面积不宜大于1 m²。

槽式连接需在石材的上下两边或四边开设槽口，与钢销式相比，其适应性更强。根据槽口的大小，槽式连接又可分为短槽式和通槽式两种。短槽式连接的槽口较小，通过连接片与幕墙骨架连接，对施工安装的要求较高；通槽式槽口为两边或四边通长，通过通长铝合金型材与幕墙骨架连接，主要用于单元式幕墙。

背栓式连接与钢销式及槽式连接不同，其将连接石材面板的部位放在面板背部，改善了面板的受力。通常先在石材背面钻孔，插入不锈钢背栓，并扩胀使之与石板紧密连接，然后通过连接件与幕墙骨架连接。

3）铝板幕墙

铝板幕墙的构造组成与隐框式玻璃幕墙类似，采用框支承受力方式，也需要制作铝板板块。铝板板块通过铝角与幕墙骨架连接，如图8-68所示。

铝板板块由加劲肋和面板组成。板块的制作需要在铝板背面设置边肋和中肋等加劲肋。在制作板块时，铝板应四周折边以便与加劲肋连接。加劲肋常采用铝合金型材，以槽形或角形型材为主。面板与加劲肋之间常用的连接方法有铆接、电栓焊接、螺栓连接及化学粘结等。

为了方便板块与骨架体系的连接，需在板块的周边设置铝角，其一端常通过铆接方式固定在板块上，另一端采用自攻螺钉固定在骨架上。

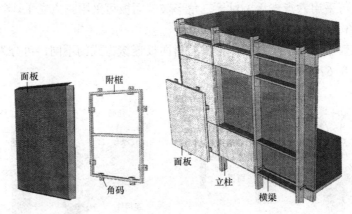

图 8-68 铝板幕墙解析图

4）陶瓷板幕墙

陶瓷板幕墙表现形式与天然石材类似，其色彩丰富，为建筑外立面提供了丰富的变化。相比石材等其他材料幕墙，其性能稳定，耐酸碱、抗冻融性和耐候性好，耐冲击、牢固，防火阻燃，具有自洁功能，性价比高，在工程上的应用日趋广泛。陶瓷类的幕墙产品有陶板、瓷板及陶瓷薄板。

陶板又称陶土板，是以天然陶土为主要原料，添加少量石英、浮石、长石及色料等其他成分，与水混炼成陶泥状，经制胚、干燥、烧制而成的平板式产品。与常用的石材幕墙、铝板幕墙等传统幕墙相比，陶板幕墙具有天然环保、颜色丰富、质感自然、板形可调、保温节能、重量轻、强度高、规格精准，更换简单、安装方便等典型特性。陶板产品有实心陶板和空心陶板之分。实心陶板也称单层陶板，厚度小于 18 mm；空心陶板也称双层中空式陶板，厚度不小于 18 mm。实际应用的陶板基本均为空心陶板。陶板产品形式有陶板、异型陶板、陶土百叶（也称陶棍）3 类。

瓷板是由黏土、石英砂等材料经由研磨、混合、干压、施釉、烧结等过程生产而成，其突出优点是原材料来源丰富，吸水率极低（吸水率平均值 $\varepsilon \leqslant 0.5\%$），成分均匀、色差小、弯曲强度高、成本低、耐候性好，表面可以进行人工处理而达到理想的装饰效果。

陶瓷薄板是由黏土和其他无机非金属材料经挤压成型、高温烧成等生产工艺制成的厚度不大于 6 mm、面积不小于 1.62 m²、最小单边长度不小于 800 mm 的板状陶瓷制品。相对于石材幕墙，薄板不仅质量更轻、安装便捷，大大提高了施工效率，而且在材料成本上也有着明显的优势。

陶瓷板幕墙干挂做法一般有边槽式、背槽式、背栓式等，如图 8-69 所示。陶瓷薄板幕墙构造一般类似于玻璃幕墙构造，有明框、隐框等做法。

2. 幕墙的防雷和防火安全措施

幕墙自身应形成防雷体系，并与主体建筑的防雷装置可靠连接。

幕墙与主体建筑的楼板、内隔墙交接处的空隙，必须采用岩棉、矿棉、玻璃棉等难燃材料填缝，并采用厚度在 1.5 mm 以上的镀锌耐热钢板（不能用铝板）封口。接缝处与螺丝口应

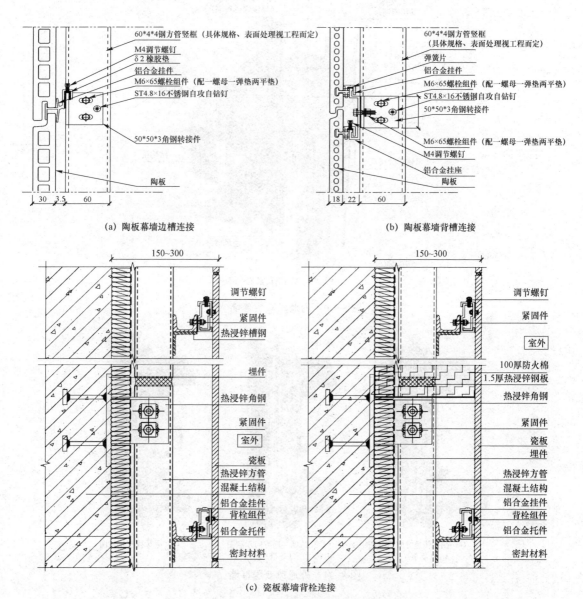

图 8-69 陶瓷板幕墙干挂做法

另用防火密封胶封堵。幕墙在窗间墙、窗槛墙处的填充材料应采用不燃材料,除非外墙面采用耐火极限不小于 1.0 h 的不燃烧体时,填充材料才可改为难燃。如果幕墙不设窗间墙和窗槛墙,则必须在每层楼板外沿设置高度不小于 0.80 m 的不燃烧实体墙裙,其耐火极限应不小于 1.0 h。

3. 幕墙的透气和通风功能控制

为了保证幕墙的安全性和密闭性,幕墙的开窗面积较少,而且规定采用上悬窗,并应设有限位滑撑构件。新型可"呼吸"的双层玻璃幕墙可较好地解决幕墙的通风及热工性能,如图 8-70、图 8-71 所示。

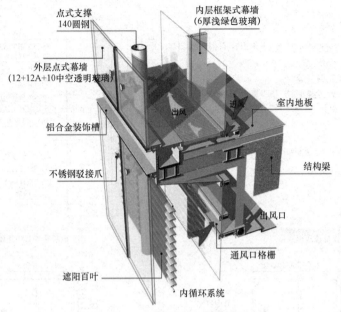

图 8-70 内通风双层幕墙

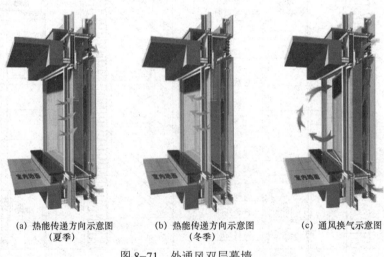

(a) 热能传递方向示意图
(夏季)

(b) 热能传递方向示意图
(冬季)

(c) 通风换气示意图

图 8-71 外通风双层幕墙

8.5 墙面装修构造

墙面装修是建筑装修中的重要内容,对提高建筑的艺术效果、美化建筑环境起着重要作用,同时兼有保护墙体、改善墙体功能的作用。如外墙装修可防止墙体结构遭受风雨的直接袭击,提高墙体防潮、抗风化的能力,增强其坚固性和耐久性,同时可改善外墙热工性能;内墙装修可增加室内光线反射、提高照明度,吸声处理可改善室内音质效果。

不同的建筑风格对墙面的材质和色彩有不同的要求。根据是否对墙面进行再装修,可以将墙面分为清水墙面和混水墙面。清水墙面是反映墙体材料自身特质、不需要另外进行装修处理的墙面；混水墙面是采用不同于墙身基层的材料和色彩进行装修处理的墙面。砌筑墙材料可以通过不同的砌筑方式形成特有的清水墙面效果。而有的墙体材料因为自身无法完全解决保温、隔热、防水等方面的要求，必须通过墙面装修来完善墙体所需的建筑功能，如砌块墙宜做外饰面，也可采用带饰面的砌块，以提高墙体的防渗能力，改善墙体的热工性能。

墙体表面的饰面装修因其位置不同有外墙面装修和内墙面装修两大类型。又因饰面材料和做法不同，墙面装修可分为抹灰类、贴面类、涂料类、裱糊类、铺钉类等，如表 8-11 所示。

表 8-11　饰面装修分类

类别	室外装修	室内装修
抹灰类	水泥砂浆、混合砂浆、聚合物水泥砂浆、拉毛、水刷石、干粘石、斩假石、假面砖、喷涂、滚涂等	纸筋灰、麻刀灰粉面、石膏粉面、膨胀珍珠岩灰浆、混合砂浆、拉毛、拉条等
贴面类	外墙面砖、马赛克、玻璃马赛克、人造水磨石板、天然花岗石板等	釉面砖、人造石板、天然石板等
涂料类	石灰浆、水泥浆、溶剂型涂料、乳液涂料、彩色胶砂涂料、彩色弹涂等	大白浆、石灰浆、油漆、乳胶漆、水溶性涂料、弹涂等
裱糊类		塑料墙纸、金属面墙纸、木纹壁纸、玻璃纤维布、纺织面墙纸及锦缎等
铺钉类	各种金属饰面板、木丝水泥板、玻璃	各种木夹板、木纤维板、石膏板及各种装饰面板等

思政映射与融入点

1. 从故宫的高墙到江南的白墙，介绍我国不同地域传统建筑墙体的审美价值，提升学生文化自信，引导学生在建筑设计中尊重区域及民族特色；

2. 在讲授传统经典墙体构造做法的同时，讲解新材料、新构造、新工艺在现代工程中的应用，引导学生理解墙体选材及构造对于建筑节能及可持续发展的重要意义，激发学生的探究热情，能够将所学构造知识与设计有机融合；

3. 引入墙体构造设计，引导学生理论联系实际，培养学生思辨能力。

思考题

8-1　墙体在构造上应考虑哪些设计要求？为什么？

8-2　墙体承重结构的布置方案有哪些？各有何特点？分别适用于何种情况？

8-3　提高外墙保温能力的措施有哪些？

8-4　墙体隔热措施有哪些？

8-5　墙体隔声措施有哪些？

8-6　依其所处位置不同、受力不同、材料不同、构造不同、施工方法不同，墙体可分为哪几种类型？

8-7　常用砌体墙材料有哪些？常用空心砖有哪几种类型？标准砖自身尺度之间有何关系？

8-8　砖墙砌筑原则是什么？常见的砖墙组砌方式有哪些？

8-9　砌块墙的组砌要求有哪些？
8-10　简述墙脚水平防潮层的作用、设置位置、方式及特点。
8-11　在什么情况下设垂直防潮层？其构造做法如何？
8-12　勒脚作用是什么？其处理方法有哪几种？试说出各自的构造特点。
8-13　常见的过梁有几种？它们的适用范围和构造特点是什么？
8-14　窗台构造中应考虑哪些问题？构造做法有几种？
8-15　墙身加固措施有哪些？有何设计要求？
8-16　简述圈梁的概念、作用、设置要求、构造做法及其特点。
8-17　简述构造柱作用、设置要求及其构造做法。
8-18　常见的隔墙、隔断有哪些？试述各种隔墙的特点及其构造做法。
8-19　什么是幕墙？常用幕墙的类型有哪些，各有什么特点？
8-20　什么是玻璃幕墙？玻璃幕墙如何分类？其构造组成如何？
8-21　墙面装修有何作用？各举一例说明墙面装修的分类。

第 9 章 楼地层及阳台、雨篷

请按表 9-1 的教学要求,学习本章的相关教学内容。

表 9-1 教学内容和教学要求表

教学内容	教学要求	教学内容	教学要求
9.1 概述	了解	9.4.1 楼地层的防水构造	重点掌握
9.1.1 楼地层的构造组成		9.4.2 楼地层的隔声构造	
9.1.2 楼板层的设计要求		9.5 楼地层面层装修构造	了解
9.1.3 楼板的类型		9.5.1 地面设计要求	
9.2 钢筋混凝土楼板	掌握	9.5.2 地面类型	
9.2.1 现浇整体式钢筋混凝土楼板		9.5.3 地面构造	
9.2.2 预制装配式钢筋混凝土楼板		9.5.4 顶棚构造	
9.2.3 装配整体式钢筋混凝土楼板		9.6 阳台、雨篷基本构造	
9.3 地坪层的基本构造		9.6.1 阳台	
9.4 楼地层防水、隔声构造	重点掌握	9.6.2 雨篷	

9.1 概　　述

9.1.1 楼地层的构造组成

楼地层包括楼板层和地坪层,是水平方向分隔房屋空间的承重构件。楼板层分隔上下楼层空间,地坪层分隔大地与底层空间。

为了满足楼板、地面的使用功能,建筑的楼地层通常由以下几部分组成,如图 9-1 所示。

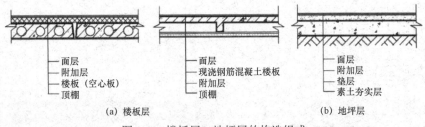

图 9-1 楼板层、地坪层的构造组成

1. 楼板层的构造组成

1）面层

面层又称楼面或地面，起着保护楼板、承受并传递荷载的作用，同时对室内有很重要的清洁及装饰作用。

2）结构层

结构层一般包括梁和板。主要功能是承受楼板层上的全部静、活荷载，并将这些荷载传给墙或柱，同时还对墙身起水平支撑的作用，增强房屋刚度和整体性。

3）附加层

附加层又称功能层，根据楼板层的具体要求而设置，主要作用是隔声、隔热、保温、防水、防潮、防腐蚀、防静电等。根据实际需要，附加层有时和面层合二为一，有时又和吊顶合为一体。

4）顶棚层

顶棚层位于楼板层最下层，主要作用是保护楼板、安装灯具、遮挡各种水平管线，改善使用功能、美化室内空间。

2. 地坪层的构造组成

地坪层由面层、附加层、结构层、垫层 [有时结构层与垫层合二为一，如图 9-1（b）所示]、素土夯实层五部分组成。

9.1.2 楼板层的设计要求

楼板层的设计应满足建筑的使用、结构、施工及经济等多方面的要求。

1. 楼板应具有足够的承载力和刚度

楼板具有足够的承载力和刚度才能保证楼板的安全和正常使用。足够的承载力是指楼板能够承受使用荷载和自重。使用荷载因房间的使用性质不同而各异；自重是指楼板层材料的自重。足够的刚度即是指楼板的变形应在允许的范围内，其是用相对挠度来衡量的。

2. 满足隔声、防火、防水、防潮等方面的要求

为了防止噪声通过楼板传到上下相邻的房间，影响其使用，楼板层应具有一定的隔声能力。不同使用性质的房间对隔声的要求不同，但均应满足各类建筑房间的允许噪声级和撞击声隔声量。

楼板层应根据建筑的等级、对防火的要求进行设计。建筑的耐火等级对构件的耐火极限和燃烧性能有一定的要求。

对有水侵袭的房间如厕浴间等，楼板层须具有防水、防潮能力，以免有水渗漏，影响建筑的正常使用。

楼板层还应满足一定的热工要求。对于有一定温、湿度要求的房间，常在楼板层中设置保温层，使楼面的温度与室内温度一致，减少通过楼板的冷热损失。

3. 满足建筑经济的要求

在一般情况下，多层房屋楼板的造价占房屋土建造价的 20%～30%。因此，应注意结合建筑的质量标准、使用要求及施工技术条件，选择经济合理的结构形式和构造方案，尽量减少材料的消耗和楼板层的自重，并为工业化创造条件，以加快建设速度。

9.1.3 楼板的类型

根据材质不同，楼板可分为木楼板、钢筋混凝土楼板、压型钢板组合楼板（如图 9-2 所示）等。

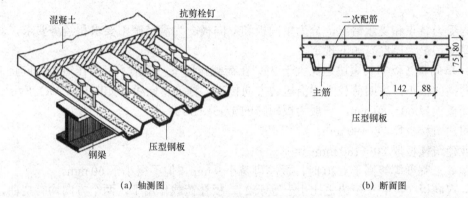

图 9-2 压型钢板组合楼板

1. 木楼板

木楼板自重轻，保温、隔热性能好，舒适、有弹性，但耐火性和耐久性均较差，且造价偏高，为节约木材和满足防火要求，目前较少采用。

2. 钢筋混凝土楼板

钢筋混凝土楼板具有强度高，刚度大，耐火性、耐久性和可塑性好的优点，便于工业化生产，应用最广泛。按其施工方法不同，可分为现浇式、装配式和装配整体式 3 种。

3. 压型钢板组合楼板

压型钢板组合楼板是用钢梁和截面为凹凸形的压型钢板与现浇钢筋混凝土叠合形成的整体性很强的一种楼板。压型钢板既是上部混凝土的模板，又起结构作用，增加了楼板的侧向和竖向刚度，使结构的跨度加大、梁的数量减少、楼板自重减轻、施工进度加快，在高层建筑中得到了广泛的应用，如图 9-2 所示。

压型钢板组合楼板的钢筋混凝土、压型钢板和钢梁是由栓钉连接起来的。栓钉是组合楼板的剪力连接件，楼面的水平荷载通过其传递到梁、柱、框架，所以又称抗剪螺钉。其规格、数量是按楼板与钢梁连接处的剪力大小确定的，栓钉应与钢梁牢固焊接。

9.2 钢筋混凝土楼板

在各种类型的楼板中，钢筋混凝土楼板因具有强度高、不燃烧、耐久性好、可塑性好、较经济等优点，所以得到了广泛应用。钢筋混凝土楼板按其施工方法不同，可分为现浇整体式、预制装配式和装配整体式 3 种。

9.2.1 现浇整体式钢筋混凝土楼板

现浇钢筋混凝土楼板是指在施工现场按照支模、绑筋、浇筑混凝土、养护混凝土等工序而成型的楼板,其整体性能好,适合于整体性要求高、楼板上有管道穿过、水平构件尺寸不合模数的建筑。其缺点为湿作业量大、工序繁多、施工工期长等。

1)梁板式楼板

梁板式楼板由板、次梁和主梁组成。当房间的尺寸较大时,为使楼板受力和传力较为合理,常在楼板下设梁以增加板的支点,从而减小板的跨度,这种楼板称为梁板式楼板,梁又有主梁、次梁之分。

根据受力特点和支承情况,分为单向板和双向板。为满足施工要求和经济要求,对楼板的最小厚度和最大厚度有如下规定。

(1)单向板(板的长短边之比大于 2)。在荷载作用下,板基本上只在短边方向挠曲,在长边方向挠曲很小,表明荷载主要沿短边方向传递,称为单向板,如图 9-3(a)所示。

屋面板板厚 60~80 mm,一般为板短跨的 1/35~1/30;

民用建筑楼板厚 70~90 mm;

工业建筑楼板厚 80~180 mm;

当混凝土强度等级高于 C20 时,板厚可减小 9 mm,但不得小于 60 mm。

(2)双向板(板的长短边之比小于等于 2)。板在荷载作用下,两个方向均有挠曲,表明板在两个方向都传递荷载,称为双向板。双向板的受力和传力更加合理,构件的材料更能充分发挥作用,如图 9-3(b)所示。板厚为 80~160 mm,一般为板短跨的 1/40~1/35。

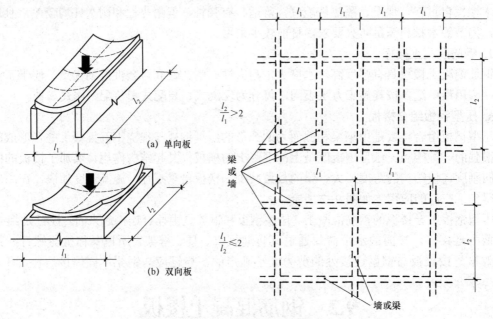

图 9-3 单向板与双向板

图 9-4 为单向板肋梁楼板,板由次梁支承,次梁的荷载传给主梁。在进行肋梁楼板的布置时应遵循以下 3 个原则。

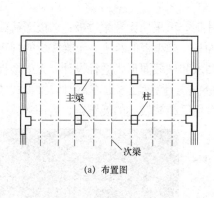
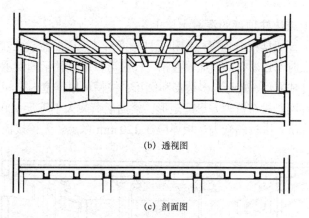

图 9-4 单向板肋梁楼板

（1）承重构件（如柱、梁、墙等）应有规律地布置，宜做到上下对齐，以利于结构传力，受力合理。

（2）板上不宜布置较大的集中荷载，自重较大的隔墙和设备宜布置在梁上，梁应避免支承在门窗洞口上。

（3）满足经济要求。主梁的经济跨度为 5～8 m，次梁的经济跨度为 4～6 m。主梁高为主梁跨度的 1/15～1/9；主梁宽为高的 1/3～1/2；次梁高为次梁跨度的 1/18～1/12，宽度为梁高的 1/3～1/2。

板的跨度为主梁或次梁的间距，其经济跨度为 1.7～3.6 m，不宜大于 4 m。双向板短边的跨度宜小于 4 m；双向板大小不宜超过 5 m×5 m，板厚的确定同板式楼板。

2）井式楼板

当肋梁楼板两个方向的梁不分主次、高度相等、同位相交、呈井字形时，则称为井式楼板，如图 9-5 所示。因此，井式楼板实际是肋梁楼板的一种特例。井式楼板的板为双向板，所以井式楼板也是双向板肋梁楼板。

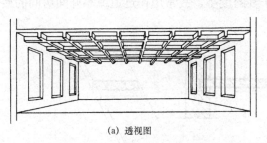

图 9-5 井式楼板

井式楼板宜用于正方形平面，长短边之比不大于 1.5 的矩形平面也可采用。梁与楼板平面的边线可正交也可斜交。此种楼板的梁板布置图案美观，有装饰效果，并且由于两个方向的梁互相支撑，为构建较大的建筑空间创造了条件。所以，一些大空间采用了井式楼板，其跨度可达 20～30 m，梁的间距一般为 3 m 左右。

3）无梁楼板

无梁楼板是指等厚的平板直接支承在柱上且不设梁，如图 9-6 所示，楼板的四周支承在墙上或边柱顶部的混凝土梁上。

无梁楼板分为有柱帽和无柱帽两种，当楼面荷载比较小时，可采用无柱帽楼板；当楼面荷载较大时，必须在柱顶加设柱帽，柱帽可以增大柱子的支承面积、减小板的跨度。无梁楼板的柱可设计成方形、矩形、多边形和圆形；柱帽可根据室内空间要求和柱截面形式进行设计。无梁楼板的柱网一般布置为方形或矩形。楼面活荷载大于等于 $500\ kN/m^2$，跨度在 6 m 左右时较梁板式楼板经济，因板跨较大，板厚应在 120 mm 以上。无梁楼板多用于荷载较大的展览馆、仓库等。

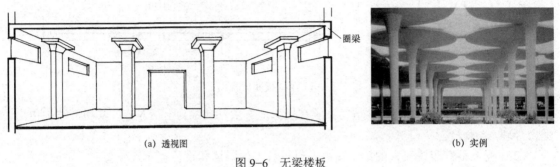

(a) 透视图　　　　　　　　　　　　　　　　(b) 实例

图 9-6　无梁楼板

9.2.2　预制装配式钢筋混凝土楼板

预制装配式钢筋混凝土楼板是指在构件预制加工厂或施工现场外预先制作，然后运到工地现场进行安装的钢筋混凝土楼板。这种板大大提高了机械化施工水平，可使工期大为缩短。预制板的长度一般与房屋的开间或进深一致，为 $3M$ 的倍数；板的宽度一般为 $1M$ 的倍数。板的截面尺寸须经结构计算确定。

1）预制装配式钢筋混凝土楼板构件的类型

预制装配式钢筋混凝土楼板常用类型有实心平板、槽形板、空心板 3 种。

（1）实心平板。

实心平板规格较小，跨度一般在 2.4 m 以内，板厚为跨度的 1/30，一般为 50～80 mm，板宽为 600～900 mm。预制实心平板由于其跨度小，故常用作过道或小开间房间的楼板，也可用作管道盖板等，如图 9-7 所示。

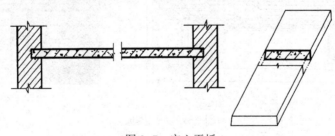

图 9-7　实心平板

（2）槽形板。

槽形板是一种肋板结合的预制构件，即在实心板的两侧设有纵肋，构成 ⊓ 形截面。板跨为 3～7.2 m，板宽为 600～1 200 mm，板厚为 25～30 mm，肋高为 120～300 mm。

为了提高板的刚度并便于搁置，板的两端设置横肋，当板跨达到 6 m 时，要在板的中部每隔 500～700 mm 设置横肋一道。

槽形板减轻了板的自重，具有省材料、便于在板上开洞等优点，但保温、隔声效果差。

搁置时有两种方法，即正置（肋向下）和倒置（肋向上），如图9-8所示。正置的缺点为板底不平，多做吊顶；倒置虽然板底平整，但需另做面板，有时为了满足楼板的隔声、保温要求，会在槽内填充轻质多孔材料。

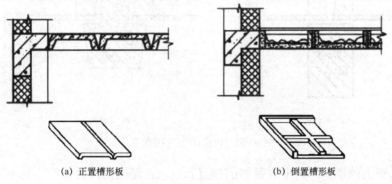

图9-8　槽形板搁置方法

（3）空心板。

空心板根据板内抽孔方式的不同，分为方孔板、椭圆孔板、圆孔板，目前多采用圆孔板。空心板上下板面平整，每条肋具有工字形截面，对受弯有利，且隔声效果优于槽形板，因此是目前应用广泛的一种形式，如图9-9所示。

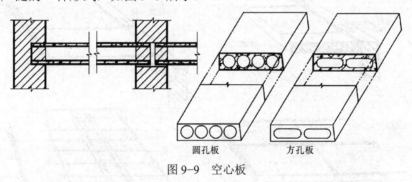

图9-9　空心板

空心板上部主要由混凝土承受压力，下部由钢筋承担拉力，中轴附近混凝土内力作用较少，如将其挖去，截面就成为工字形或T形，若干个这样的截面就组合成单孔板或多孔板的形式。

目前我国预应力空心板的跨度可达到6 m、6.6 m、7.2 m等，板的厚度为板跨的1/25～1/20。空心板安装前，应在板端的圆孔内填塞C15混凝土短圆柱（即堵头）以避免板端被压坏。

2）板的结构布置方式

板的结构布置方式应根据房间的平面尺寸及房间的使用要求进行结构布置，大多以房间短边为跨进行，狭长空间最好沿横向铺板。应避免出现三面支承的情况，即板的纵长边不得伸入墙内，否则，在荷载作用下，板会发生纵向裂缝，还会使墙体因受局部承压影响而削弱墙体的承载能力。可采用墙承重系统和框架承重系统。在实际工程中，宜优先布置宽度较大的板型，板的规格、类型越少越好。

当预制板直接搁置在墙上时称为板式结构布置；当预制板搁置在梁上时称为梁板式结构布置。当采用梁板式结构布置时，板在梁上的搁置方式有两种，一种是板直接搁置在梁顶面上，如图 9-10（a）所示；另一种是板搁置在花篮梁两侧的挑耳上，此时板上皮与梁上皮平齐，如图 9-10（b）所示。如果图 9-10（a）和图 9-10（b）中梁高一致，那么后者比前者增加了室内净高，但需注意两者的板跨不同。

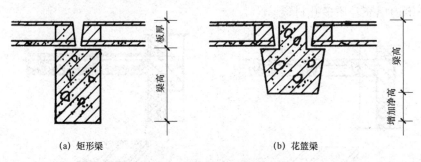

图 9-10　板在梁上的搁置方式

板在墙、梁上的搁置一定要有足够的搁置长度，在墙上的搁置长度不得小于 90 mm，在梁上的搁置长度不得小于 80 mm，在钢梁上的搁置长度亦应大于 50 mm。同时，必须在墙、梁上铺水泥砂浆以便找平（俗称坐浆），坐浆厚 20 mm 左右。此外为了增加房屋的整体性刚度，对楼板与墙体之间及楼板与楼板之间常用钢筋予以锚固，锚固筋又称拉结筋。图 9-11 中的锚固筋配置可供参考。

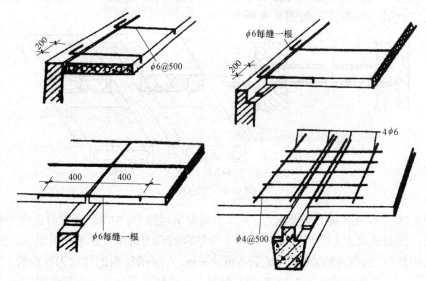

图 9-11　锚固筋的配置

3）板缝处理

在排板过程中，当板的横向尺寸（板宽方向）与房间平面尺寸出现差额（此差额称为板缝差）时，可采用以下方法解决：ⓐ 当板缝差小于 60 mm 时，可调节板缝使其小于等于 30mm，灌 C20 细石混凝土；ⓑ 当板缝差在 60～120 mm 之间时，可沿墙边挑两皮砖解决，如图 9-12（a）所示；ⓒ 当板缝差超过 120 mm 且在 200 mm 以内时，或因竖向管道沿墙边通过时，则应在墙边局部设现浇钢筋混凝土板带，如图 9-12（b）所示；ⓓ 当缝隙大于 200 mm 时，应重新调整板的规格。

板缝的形式有 V 形、U 形和凹槽形，其中凹槽缝对楼板的受力较好。板缝宽度小于 30 mm 时，采用细石混凝土灌实；当板缝大于 50 mm 时，需要在缝中加钢筋网片，再灌实细石混凝土，如图 9-13 所示。

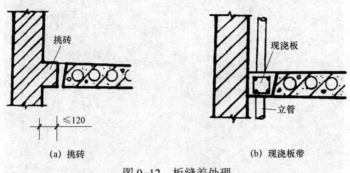

图 9-12　板缝差处理

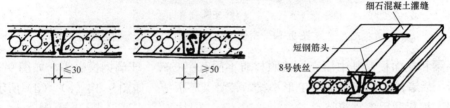

图 9-13　板间侧缝处理

9.2.3　装配整体式钢筋混凝土楼板

装配整体式钢筋混凝土楼板是指预制楼板中部分构件，然后在现场安装，再以整体浇筑的办法连接而成的楼板，兼有现浇和预制的双重优越性。

1）密肋填充块楼板

密肋填充块楼板的密肋分为现浇和预制两种，如图 9-14 所示。前者是指在填充块之间现

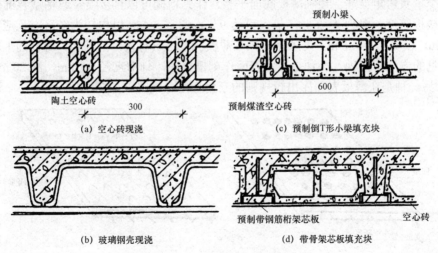

图 9-14　密肋填充块楼板

(e) 实例

图 9-14　密肋填充块楼板（续）

浇密肋小梁和楼面板，其中填充块按照材质不同有空心砖、玻璃钢模壳等，如图 9-14（a）、（b）所示；后者的密肋有预制倒 T 形小梁、带骨架芯板等，如图 9-14（c）、（d）所示，具有整体性强、模板利用率高等特点。

2）叠合楼板

预制薄板与现浇混凝土面层叠合而成的装配整体式楼板，又称叠合楼板。其中的预制薄板有普通钢筋混凝土薄板和预应力混凝土薄板两种。

叠合楼板中的预制混凝土薄板既是整个楼板结构中的一个组成部分，又可以作为永久模板而承受施工荷载；混凝土薄板中配置普通钢筋或刻痕高强钢丝作为预应力筋，此钢筋和预应力筋作为楼板的跨中受力钢筋，薄板上面的现浇混凝土叠合层中可以埋设管线，现浇层中只需配置少量负弯矩钢筋。预制薄板底面平整，作为顶棚可以直接喷浆或粘贴装饰壁纸。

叠合楼板跨度一般为 4~6 m，最大可达 9 m，通常 5.4 m 以内较为经济。预应力薄板厚 50~70 mm，板宽 1.1~1.8 m。为了保证预制薄板与叠合层有较好的连接，薄板的上表面需做处理，常见的方法有两种，一种是在上表面作刻槽处理，刻槽直径 50 mm，深 20 mm，间距 150 mm；另一种是在薄板表面露出较规则的三角形结合钢筋。如图 9-15 所示。

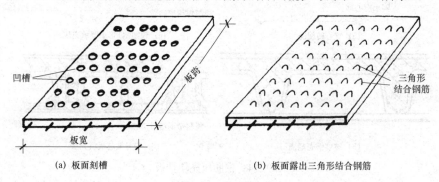

(a) 板面刻槽　　　　　　　　　　(b) 板面露出三角形结合钢筋

图 9-15　叠合楼板

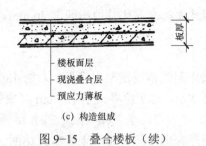

(c) 构造组成

图 9-15 叠合楼板（续）

9.3 地坪层的基本构造

地坪层是建筑底层房间与土层相接的结构构件，其作用是承受地坪上的荷载，并均匀地传给地基。地坪层的构造如图 9-16 所示。

（1）面层。面层也称地面，是人们直接接触的部位，也对室内起装饰作用。应具有坚固、耐磨、平整、光洁、不易起灰等特点。特殊功能的房间还要符合特殊的要求。

（2）附加层。附加层主要是为了满足有特殊使用要求而设置的某些层次，如防水层、保温层、结合层等。

（3）结构层。结构层是地坪层中承重和传力的部分，常与垫层结合使用，通常采用 80～90 mm 厚 C9 混凝土。

（4）垫层。垫层为结构层和地基之间的找平层或填充层，主要作用为加强地基、帮助结构层传递荷载。有时垫层也与结构层合二为一，地基条件较好且室内荷载不大的建筑，一般可不设垫层；地基条件较差、室内荷载较大且有保温等特

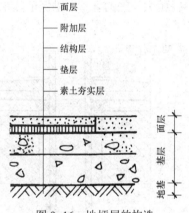

图 9-16 地坪层的构造

殊要求的一般都设置垫层。垫层通常就地取材，均需夯实，北方常用灰土或碎石，南方常用碎砖、碎石、三合土等。

（5）素土夯实层。素土夯实层是地坪的基层，材料为不含杂质的砂石黏土，通常是填 300 mm 的素土夯实成 200 mm 厚，使之均匀传力。

9.4 楼地层防水、隔声构造

9.4.1 楼地层的防水构造

对有水侵蚀的房间，如厕所、淋浴室、盥洗室等，室内积水情况多，容易发生渗漏现象，设计时需要对这些房间的楼地面、墙身采取有效的防水、防潮措施。

1. 楼地面排水

为了方便排水，楼地面要有一定的坡度，并设置地漏，排水坡度常采用 1%。为了防止

室内积水外溢，有水房间的楼地面标高常比其他房间低 20 mm。

2. 楼地面、墙身的防水

1）楼地面防水

有水侵蚀房间的楼板宜采用现浇钢筋混凝土楼板，对防水质量要求高的房间，可在楼板结构层与面层之间设置一道防水层，防水层多采用 1.5 mm 厚聚氨酯涂膜防水层（属于涂料防水），有的也采用卷材防水或防水砂浆防水（属于刚性防水）。有水房间的地面面层常采用大理石、花岗石、预制水磨石、陶瓷地砖等，也可采用水泥地面、聚氨酯彩色地面。为了防止水沿房间四周侵入墙身，应将防水层沿房间四周墙边卷起 250 mm，若采用聚氨酯彩色地面，则应将所有竖管和地面、墙的转角处刷 150 mm 高的聚氨酯。

2）穿楼板立管根部的防水处理

穿楼板立管的防水处理一般采取两种方法，一种是在管道穿过楼板的周围用干硬性细石混凝土填缝，如图 9-17（a）所示；另一种是当热水管、暖气管等穿过楼板时，为了防止由于温度变化，出现胀缩变形，致使管壁周围漏水，常在管道穿楼板的位置增设一个比管道直径稍大一些的套管，以保证热水管能够自由伸缩而不会导致混凝土开裂，如图 9-17（b）所示。

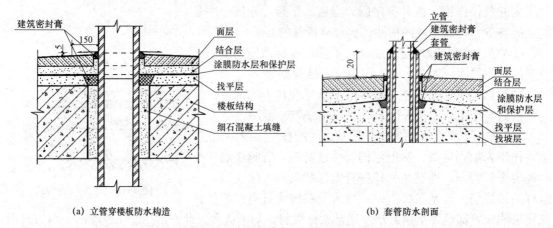

(a) 立管穿楼板防水构造　　　　　(b) 套管防水剖面

图 9-17　穿楼板立管根部的防水处理

在大面积涂刷防水材料之前，应对管根、阴阳角等细部节点处先做一布二油的防水附加层，根据管根尺寸、形状裁剪纤维布或无纺布并加长 200 mm，套在管根等细部，同时涂刷涂膜防水材料。管根、阴阳角等处平面防水附加层的宽度和上返高度均应大于等于 250 mm。

3）淋水墙面的处理

淋水墙面包括浴室、盥洗室等有水侵蚀的墙体。常在墙体结构层与面层之间做防水层，防水层多采用 1.5 mm 厚聚氨酯水泥基复合防水涂料防水层，有的也采用卷材防水或防水砂浆防水。淋浴区防水层的高度应大于等于 1 800 mm。

9.4.2　楼地层的隔声构造

噪声主要有两种传递途径，一种是空气传声，另一种是撞击传声。空气传声又有两种情况，一种是声音直接在空气中传递，称为直接传声；另一种是由于声波振动，经空气传至结构，引起结构的强迫振动，致使结构向其他空间辐射声能，称为振动传声。撞击传声是由固体载声而传播的声音，直接打击或冲撞建筑构件而产生的声音称为撞击声，这种声音最后都是以空气传声传入人耳。

空气传声的隔绝主要依靠墙体，而且构件材料密度越大，隔声效果越好；撞击传声的隔绝主要依靠楼板，但与隔绝空气传声相反，构件密度越大，重量越重，对撞击声的传递越快。

建筑中上层使用者的脚步声，挪动家具、撞击物体所产生的噪声对下层房间的干扰特别严重，要降低撞击声的声级，首先应对振源进行控制，然后是改善楼板层隔绝撞击声的性能，通常从以下3方面入手。

1. 对楼面进行处理

在楼面上铺设富有弹性的材料，如地毯、橡胶地毡、塑料地毡、软木板等，以降低楼板本身的振动，使撞击声能减弱。

2. 利用弹性垫层进行处理

在楼板的结构层与面层之间增设一道弹性垫层，如木丝板、矿棉毡等，以降低结构的振动。这样就可以使楼面和楼板完全隔开，使楼面形成浮筑层，这种楼板又成为浮筑板。构造处理时需特别注意楼板的面层与结构层之间（包括面层与墙面的交接处）要完全脱离，防止产生"声桥"，如图9-18所示。

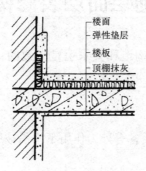

(a) 装饰楼面下增设弹性垫层

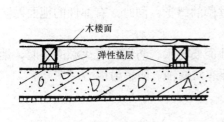

(b) 木地板龙骨下增设弹性垫层

图9-18 浮筑楼板

3. 楼板吊顶处理

楼板下做吊顶，主要是为了解决楼板层所产生的空气传声的问题。当楼板被撞击后会产生撞击声，可利用隔绝空气传声的措施来降低撞击声的声能。吊顶的隔声能力取决于其面密度，面密度越大，隔声能力越强。如图9-19所示。

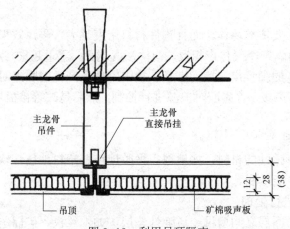

图 9-19 利用吊顶隔声

9.5 楼地层面层装修构造

楼板层的面层和地坪层的面层在构造和要求上是一致的,均属室内装修的范畴,两者统称为地面。

9.5.1 地面设计要求

(1) 具有足够的坚固性。在家具设备等外力作用下不易被磨损和破坏,且表面平整、光洁、易清洁、不易起灰。

(2) 保温性能好。要求地面材料的导热系数小,给人以温暖舒适的感觉,冬期时走在上面不致感到寒冷。

(3) 具有一定的弹性。当人们行走时不致有过硬的感觉,同时,有弹性的地面对防撞击声有利。

(4) 满足某些特殊要求。有水作用的房间,地面要防水、防潮;有火源的房间,地面要防火、耐燃;有酸、碱腐蚀和辐射的房间,地面要有防腐蚀、防辐射能力。

9.5.2 地面类型

按面层所用材料和施工方式不同,常见地面做法可分为以下 4 类。

(1) 整体地面。水泥砂浆地面、细石混凝土地面、现浇水磨石地面等。

(2) 镶铺类地面。陶瓷砖、人造石板、天然石板、预制水磨石、木地板等地面。

(3) 粘贴类地面。彩色石英塑料地板、难燃橡胶铺地砖、橡胶弹性地板、粘贴单层地毯等地面。

(4) 涂料类地面。包括各种高分子合成涂料所形成的地面,如彩色水泥自流平涂料地面、环氧地面漆自流平地面等。

9.5.3 地面构造

1. 整体地面

1）水泥砂浆地面

水泥砂浆地面构造简单、坚固耐用,防潮、防水,价格低廉;但导热系数大,气温低时走上去感觉寒冷,吸水性差,空气湿度大时易返潮,表面易起灰,不易清洁。

水泥砂浆地面通常有单层和双层两种做法。单层做法是只抹一层 20~25 mm 厚 1:2 或 1:2.5 水泥砂浆,抹平后待其终凝前,用铁板压光;双层做法是增加一层 9~20 mm 厚 1:3 水泥砂浆找平,表面再抹 5~10 mm 厚 1:2 或 1:2.5 水泥砂浆抹平压光。

2）细石混凝土地面

为了增强楼板层的整体性和防止楼面产生裂缝等,现在很多地方在做楼板面层时,采用 30~40 mm 厚细石混凝土层,表面撒 1:1 水泥砂子压实赶光。

3）水磨石地面

水磨石地面为分层构造,底层为 20 mm 厚 1:3 水泥砂浆找平;面层为 9 mm 厚 1:2.5 水泥石渣浆,石渣粒径为 3~20 mm,要用颜色美观的石子,中等硬度,易磨光;分格条一般高 10 mm,可以采用玻璃条、铜条、铝条等,用 1:1 水泥砂浆固定,如图 9-20 所示;将拌好的水泥石渣浆浇入,水泥石渣浆应比分格条高出 2 mm,浇水养护 6~7 天后,用磨石机磨光,最后打蜡保护。

使用分格条将现浇水磨石地面分格的优点在于:分大面为小块,以防面层开裂;局部损坏时,维修方便,不影响整体;可按设计图案分区,定制出不同颜色,增添美观。分格形状有正方形、矩形、多边形等,尺寸有 400~900 mm,视需要而定。

2. 镶铺类地面

镶铺类地面是利用各种预制块材、板材镶铺在基层上面的地面。

1）砖块地面

砖块地面有黏土砖地面、水泥砖地面、预制混凝土块地面等。这些砖块由于尺寸较大,可以直接铺在素土夯实的地基上,但为了铺砌方便和易于找平,常用砂作结合层,即铺设方式常为干铺。干铺是指在基层上铺一层 20~40 mm 厚砂子,将砖块等直接铺设在砂上,板块间用水泥砂浆或石灰砂浆填缝。

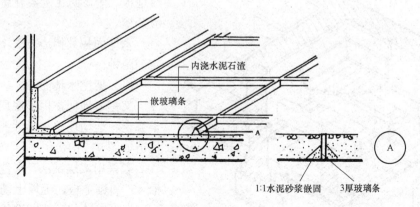

(a) 构造

图 9-20 水磨石地面

(b) 实例

图 9-20 水磨石地面（续）

2）陶瓷砖地面

陶瓷砖包括普通地砖、彩色釉面地砖、通体地砖、磨光（抛光）地砖、防滑地砖、钢化地砖等。地砖构造做法为在结构层找平的基础上，用 5~8 mm 厚 DTC 砂浆粘贴，用稀水泥浆（彩色水泥浆）擦缝。

3）天然石板地面

常用的天然石板为大理石和花岗石板，由于其质地坚硬，色泽丰富艳丽，属高档地面装饰材料，因此多用于高级宾馆、会堂、公共建筑的大厅、门厅等处。

做法是在基层上铺 20 mm 厚 1:3 干硬性水泥砂浆粘结层，再铺 10 mm 厚 DTC 砂浆粘结层，铺大理石或花岗石板。

4）木地面

木地面具有弹性好、导热系数小、不易起灰、易清洁等优点。木地面可采用单层地板或双层地板。按板材排列形式，有长条地板和拼花地板，长条地板左右板缝具有凹凸企口，用暗钉钉在基层木搁栅上，应顺房间采光方向铺设，走廊沿行走方向铺设；拼花地板是由长度只有 200 mm、250 mm、300 mm 的窄条硬木地板纵横穿插镶铺而成，又称席纹地板。为了防止木板开裂，木板底面应开槽。

木地面按其构造方法不同有架空、实铺两种。

（1）架空木地面。

架空木地面常用于底层地面，可用于舞台、运动场等有弹性要求的地面，构造如图 9-21 所示。

若采用双层铺法，则是在木搁栅上沿 45°斜铺毛板，毛板上铺非纸胎油毡一层，再在油毡上面铺设长条或席纹木地板。

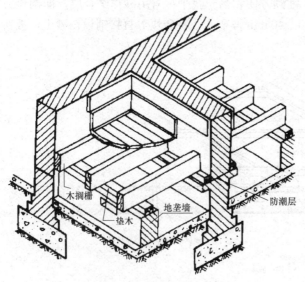

图 9-21 架空木地面构造

(2) 实铺木地面。

实铺木地面有单层木地板和双层木地板两种，做法如图9-22（a）、（b）所示。单层木地板是在找平层上固定木搁栅，然后在搁栅上钉长条木地板。双层木地板是先在搁栅上45°斜铺毛板，毛板上铺非纸胎油毡一层，再在油毡上面铺设长条或席纹木地板，为了防潮，要在结构层上刷冷底子油和热沥青一道，并在踢脚板上开设通风篦子，以保持地板干燥。搁栅间可填以松散材料，如经过防腐处理的木屑或者是经过干燥处理的木渣、矿渣等，能起到隔声的作用。

实铺木地面有时采用粘贴式做法，如图9-22（c）所示，将木地板直接粘贴在找平层上，粘结材料一般有沥青胶、膏状建筑胶粘剂等。

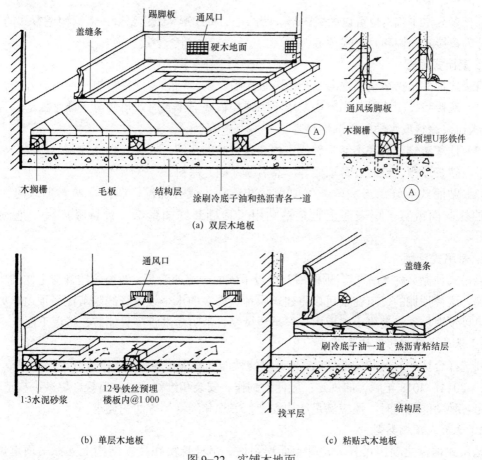

图9-22 实铺木地面

3. 粘贴类地面

粘贴类地面以粘贴卷材为主，常见的有塑料地毡、橡胶地毡、地毯等。其中地毯可以浮铺，也可以用胶粘剂粘贴或在四周用倒刺条挂住。

这类地面不但表面美观、干净、装饰效果好，而且具有良好的保温、消声性能，适用于公共和居住建筑。

构造做法为用胶粘剂直接粘铺在地面上。

4. 涂料类地面

涂料类地面是水泥砂浆或混凝土地面的表面处理形式，对于解决水泥地面易起灰和美观性的问题起了重要作用。常见的涂料包括水乳型、水溶型和溶剂型。

这些涂料与水泥表面的粘结力强，具有良好的耐磨、抗冲击、耐酸碱等性能，其中水乳型和溶剂型涂料还具有良好的防水性能。

9.5.4 顶棚构造

顶棚又称为天花板，是指楼板层的下面部分，属于室内装修的范围。顶棚表面要光洁、美观，且能起到反射光照的作用，以改善室内亮度；对于有特殊要求的房间，还要有防水、保温、隔声、隔热等功能。

顶棚多为水平式，也可以做成弧形、凹凸形、折线形、锯齿形等。依据构造方式的不同，可以分为直接式顶棚和悬吊式顶棚。

1. 直接式顶棚

直接式顶棚是指在钢筋混凝土楼板下直接喷、刷、粘贴装修材料的一种构造方法。

（1）直接喷、刷涂料。当室内要求不高或楼板底面平整时，可用腻子嵌平板缝，直接喷（刷）大白浆涂料或水性耐擦洗涂料等。

（2）抹灰装修。板底不够平整或室内要求较高的房间，则先在板底抹灰，如混合砂浆顶棚、水泥砂浆顶棚、粉刷石膏顶棚等，然后喷（刷）涂料。

（3）贴面式装修。当室内装修要求标准较高，或有保温、隔热、吸声要求时，可在板底的抹灰面或腻子层表面上直接粘贴用于顶棚装饰的壁纸、装饰吸声板、泡沫塑胶板等。

2. 悬吊式顶棚

悬吊式顶棚又称"吊顶"，顶棚离开楼板下表面一定的距离，通过悬挂物与主体结构联结在一起。这种顶棚的优点在于可以将建筑中种类繁多的水平设备管线隐蔽在吊顶内，如照明管线可以预埋在现浇混凝土楼板内，但是通风管、消防喷淋管等只能装在楼板下面。

1）悬吊式顶棚的设计要求

要选择合适的材料和构造做法，使其燃烧性能和耐火极限符合《建筑设计防火规范》（GB 50016—2014，2018年版）的规定；应便于制作、安装和维修，自重宜轻，以减少构造自重；在满足各种功能的同时，还应满足结构安全、美观和经济等方面的要求。

2）悬吊式顶棚类型

悬吊式顶棚主要由吊杆、龙骨和面层组成。吊杆悬吊在楼板结构上支撑吊顶重量；龙骨是用来固定面层并承受其重量的基层骨架，有主次龙骨之分，通常吊筋下固定的是主龙骨，次龙骨固定在主龙骨上，面层固定在次龙骨上。目前常用的吊顶类型有以下3种。

（1）集成吊顶。

集成吊顶是HUV金属方板（新工艺铝扣板）与电器的组合，分为扣板模块、取暖模块、照明模块、换气模块。集成吊顶款式多、颜色多、装饰性好、安装简单、布置灵活、维修简单、拆卸方便、易于清洁，已成为卫生间、厨房吊顶的主流，如图9-23所示。

图 9-23　集成吊顶案例

（2）石膏板吊顶。

石膏板是以熟石膏为原材料加入添加剂和纤维材料制成的板材。

石膏板吊顶具有防水、防火的特点，可以用于厨房及卫生间的吊顶；由于石膏板的重量较轻、厚度较薄，因此石膏板吊顶施工比较方便；石膏板吊顶外形美观，简单的装饰就可以产生华丽高档的效果，非常适合欧式装修，如图 9-24 所示。

（3）木吊顶。

木吊顶常用类型有生态木吊顶、桑拿板吊顶、实木吊顶、防腐木吊顶等 4 种，如图 9-25 所示。

① 生态木吊顶。生态木虽然是人造木，但其使用的原材料都是天然环保的材料，所以不具有任何的污染，是一种新型的环保型材料，用于家装是再合适不过了。此外，生态木吊顶还具有防潮、不变形及使用寿命长等优点。生态木可以应用于商场吊顶、酒店吊顶、会议室吊顶等。

② 桑拿板吊顶。桑拿板具有易于安装、拥有天然木材的清晰纹理、环保性好、不变形等优点，而且优质的进口桑拿板材经过防腐、防水处理后具有耐高温、易清洗的特点，另外视觉上也打破了传统的吊顶视觉感。桑拿板可用于卫生间、阳台的吊顶。

图 9-24　石膏板吊顶案例

③ 实木吊顶。实木吊顶要先采用无烙处理液进行操作，弥补了腹膜板易变色的缺陷，而

后滚涂的油漆含有活性化学分子，可促使材料表面形成一种保护层，并且活性化学分子稳定易回收，满足环保要求。实木吊顶可使用于起居室、书房、卧室等。

④ 防腐木吊顶。防腐木吊顶以防腐木材为主，自然、环保、安全；其次防腐木吊顶还具有防腐、防蛀、防白蚁侵袭的特点。多用于阳台、走廊等半开敞的环境。

(a) 生态木吊顶

(b) 桑拿板吊顶

(c) 实木吊顶

(d) 防腐木吊顶

图 9-25 木吊顶案例

9.6 阳台、雨篷基本构造

9.6.1 阳台

阳台是建筑特殊的组成部分，是室内外的过渡空间，同时对建筑外部造型也具有一定的作用。

1. 阳台的类型、组成和设计要求

1）阳台的类型

阳台按其与外墙面的关系分为挑阳台、凹阳台、半挑半凹阳台，如图 9-26 所示；按其在建筑中所处的位置可分为中间阳台和转角阳台；按阳台栏板上部的形式又可分为封闭式阳台和开敞式阳台；按施工形式可分为现浇式和预制装配式阳台；按悬臂结构的形式又可分为板悬臂式与梁悬臂式阳台等。当阳台宽度占有两个或两个以上开间时，则称为外廊。

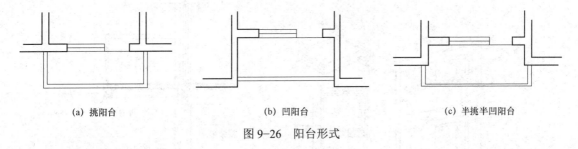

图 9-26　阳台形式

2）阳台的组成

阳台由承重结构（梁、板）和围护结构（栏杆或栏板）组成。

3）设计要求

（1）安全适用。悬挑阳台的挑出长度不宜过大，应保证在荷载作用下不发生倾覆现象，以 1.2～1.8 m 为宜。低层、多层住宅阳台栏杆净高不低于 1.05 m，中高层住宅阳台栏杆净高不低于 1.1 m，但都不大于 1.2 m。阳台栏杆形式应防坠落（垂直栏杆间净距不应大于 19 mm）、防攀爬（不设水平栏杆），以免造成恶果。放置花盆处，也应采取防坠落措施。

（2）坚固耐久。阳台所用材料和构造措施应经久耐用，承重结构宜采用钢筋混凝土，金属构件应做防锈处理，表面装修应注意色彩的耐久性和抗污染性。

（3）排水顺畅。为防止阳台上的雨水流入室内，设计时要求阳台地面标高低于室内地面标高 60 mm 左右，并将地面抹出 5‰ 的排水坡将水导入排水孔，使雨水能顺利排出。

（4）考虑地区气候特点，南方地区宜采用有助于空气流通的透空式栏杆，而北方寒冷地区和中高层住宅应采用实体栏杆，并满足立面美观的要求，为建筑形象增添风采。

2. 阳台结构布置

1）挑梁式

在墙承重结构体系中，在阳台两端设置挑梁，挑梁上搭板。此种方式构造简单、施工方便，阳台板与楼板规格一致，是较常采用的一种方式。在处理挑梁与板的关系上有以下 4 种方式。第一种是挑梁外露，阳台正立面上露出挑梁梁头，如图 9-27（a）所示；第二种是在挑梁梁头设置边梁，在阳台外侧边上加一边梁封住挑梁梁头，阳台底边平整，使阳台外形较简洁，如图 9-27（b）所示；第三种设置 L 形挑梁，梁上搁置卡口板，使阳台底面平整，外形简洁、轻巧、美观，但增加了构件类型，如图 9-27（c）所示；第四种是在框架结构中，主体结构的框架梁板出挑，阳台外侧为边梁，如图 9-27（d）所示。

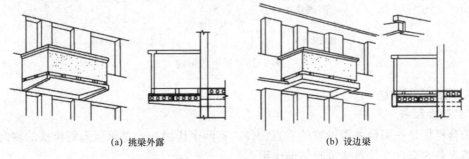

图 9-27　挑梁式阳台

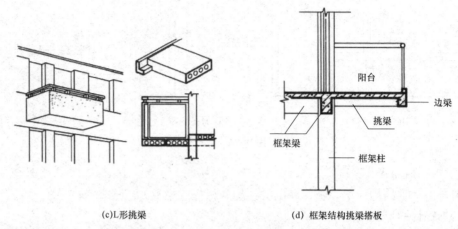

(c) L形挑梁　　　　　　　　(d) 框架结构挑梁搭板

图 9-27　挑梁式阳台（续）

2）挑板式

当楼板为现浇楼板时，可选择挑板式，悬挑长度一般为 1.2 m 左右。即从楼板外延挑出平板，板底平整美观而且阳台平面形式可做成半圆形、弧形、梯形、斜三角形等各种形状。挑板厚度不小于挑出长度的 1/12。如图 9-28 所示。

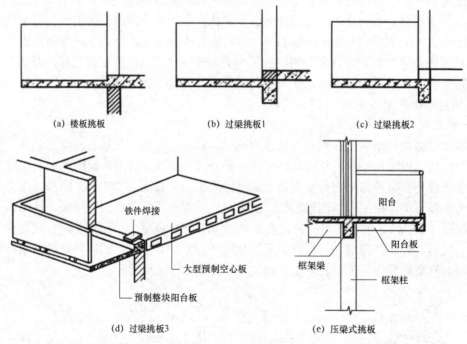

(a) 楼板挑板　　　(b) 过梁挑板1　　　(c) 过梁挑板2

(d) 过梁挑板3　　　　　　　(e) 压梁式挑板

图 9-28　挑板式阳台

3. 阳台细部构造

1）阳台栏杆

阳台栏杆是在阳台外围设置的垂直构件，有两个作用，一是承担人们倚扶的侧向推力，以保障人身安全，二是对建筑起装饰作用。

根据阳台栏杆使用材料的不同，分为金属栏杆、砖栏杆、钢筋混凝土栏杆、玻璃栏杆，还有不同材料组成的混合栏杆。金属栏杆，如采用钢栏杆则易锈蚀，如为其他合金，则造价较高；砖栏杆自重大，抗震性能差，且立面显得厚重；钢筋混凝土栏杆造型丰富，可虚可实，耐久、整体性好，自重较砖栏杆轻，常做成钢筋混凝土栏板，拼装方便。

按阳台栏杆透空的情况不同，有实心栏板、空花栏杆和部分透空的组合式栏杆。

栏杆类型的选择应结合立面造型的需要、使用的要求、地区气候特点、人的心理要求、材料的供应情况等多种因素。

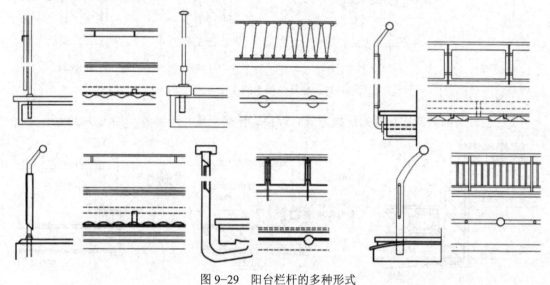

图 9-29　阳台栏杆的多种形式

2）栏杆扶手

扶手是栏杆、栏板顶面供人手扶的设施，有金属和钢筋混凝土两种。金属扶手一般为钢管与金属栏杆焊接；钢筋混凝土扶手用途广泛，形式多样，有不带花台、带花台、带花池等多种形式，如图 9-30 所示。

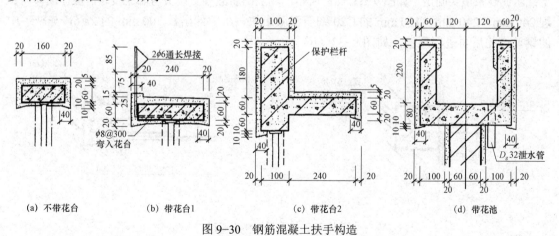

(a) 不带花台　　(b) 带花台1　　(c) 带花台2　　(d) 带花池

图 9-30　钢筋混凝土扶手构造

3）细部构造

阳台细部构造主要包括栏杆与扶手的连接、栏杆与面梁或阳台板的连接、扶手与墙体的连接等。

（1）栏杆与扶手的连接方式有焊接、现浇等，如图9-31所示。

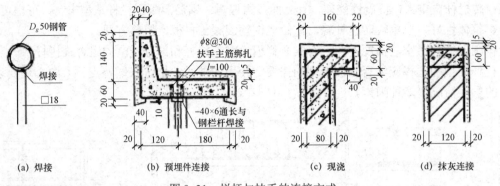

图9-31 栏杆与扶手的连接方式

（2）栏杆与面梁或阳台板的连接方式有焊接、榫接坐浆、现浇等，如图9-32所示。

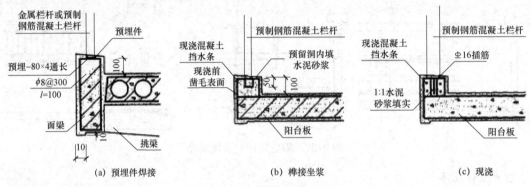

图9-32 栏杆与面梁或阳台板的连接方式

（3）预制件扶手与墙的连接，应将扶手或扶手中的钢筋伸入外墙的预留洞中，用细石混凝土或水泥砂浆填实固定，如图9-33（a）所示；现浇钢筋混凝土扶手与墙连接时，应在墙体内预埋240 mm×240 mm×120 mm的C20细石混凝土块，从中伸出长300 mm的2ϕ6，与扶手中的钢筋绑扎后再进行现浇，如图9-33（b）所示。

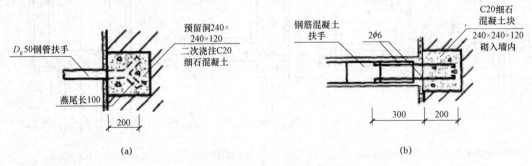

图9-33 扶手与墙体的连接

4）阳台隔板

阳台隔板用于连接双阳台，有砖砌隔板和钢筋混凝土隔板两种。砖砌隔板一般采用60 mm厚和120 mm厚，由于其荷载较大且整体性较差，所以现多采用钢筋混凝土隔板。钢筋混凝土隔板用 C20 细石混凝土预制 60 mm 厚，下部预埋铁件与阳台预埋铁件焊接，其余各边伸出 $\phi 6$ 钢筋与墙体、挑梁和阳台栏杆扶手相连，如图 9-34 所示。

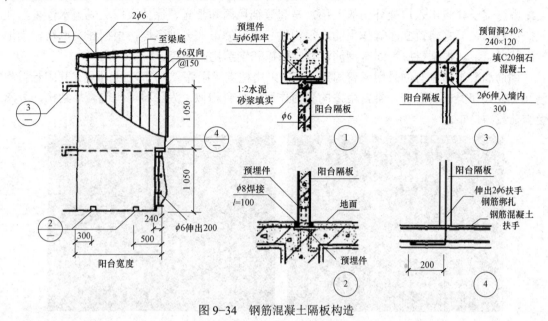

图 9-34　钢筋混凝土隔板构造

5) 阳台排水

由于阳台外露，室外雨水可能飘入，为了防止雨水从阳台泛入室内，阳台应做有组织排水。阳台排水有外排水和内排水两种，如图 9-35 所示。外排水适用于低层和多层建筑，即在阳台外侧设置泄水管将水排出；内排水适用于高层建筑和高标准建筑，即在阳台内侧设置排水立管和地漏，将雨水直接排入地下管网，保证建筑立面美观。

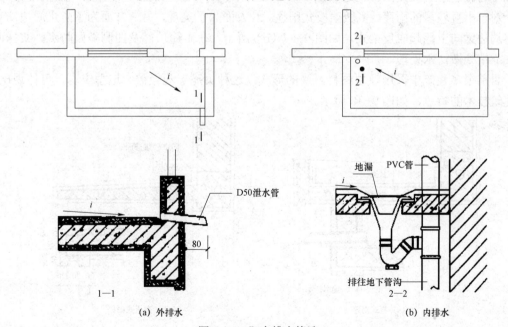

(a) 外排水　　(b) 内排水

图 9-35　阳台排水构造

9.6.2 雨篷

雨篷位于建筑出入口处外门的上部,是起遮挡风雨和阳光、保护大门免受雨水侵害、使入口更显眼、丰富建筑立面等作用的水平构件。雨篷的形式多种多样,根据建筑风格、当地气候状况而定。根据材质不同有钢筋混凝土雨篷和钢结构雨篷等。

钢筋混凝土雨篷有的采用悬臂雨篷,有的采用柱支撑雨篷,如图 9-35 所示。其中悬臂雨篷又有板式和梁板式之分,悬臂雨篷的受力作用与阳台相似,为悬臂结构或悬吊结构,只承受雪荷载与自重。

(a) 悬臂雨篷

(b) 柱支撑雨篷

图 9-36 雨篷支撑形式

板式雨篷的板常做成变截面的形式,采用无组织排水,在板底周边设滴水。过梁与板面不在同一标高上,梁面必须高出板面至少一砖,以防雨水渗入室内。板面需做防水处理,并在靠墙处做泛水。板式雨篷构造如图 9-37(a)所示。

对于出挑较多的雨篷,多做梁板式雨篷。一方面为了美观,另一方面为了防止周边滴水,常将周边梁向上翻起成反梁式,如图 9-37(b)所示。在雨篷顶部及四侧需做防水砂浆抹面,并在靠墙处做泛水处理。

目前很多建筑中采用轻型材料雨篷的形式,这种雨篷美观轻盈、造型丰富,可体现出现代建筑技术的特色,如图 9-38 所示。

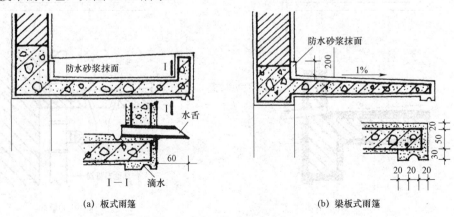

(a) 板式雨篷　　　　　　　　　　(b) 梁板式雨篷

图 9-37 悬臂雨篷构造

图 9-38　钢结构雨篷

思政映射与融入点

引入装配式建筑楼地层做法的实际工程案例，分析其最大的优势是绿色环保节能，施工过程更加简单，节省了大量的人力、物力，缩短了工期，并且减少了工地现场的噪声污染和粉尘污染。要想建成"强富美高"新中国，建筑业必须要考虑绿水青山就是金山银山。装配式建筑绿色环保，比传统的建筑更适合中国未来的发展。

思考题

9-1　简述楼板层和地坪层的构造组成。

9-2　楼板层的设计要求有哪些？

9-3　现浇整体式钢筋混凝土楼板有哪几种类型？预制装配式钢筋混凝土楼板有哪几种类型？

9-4　楼地层的防水、隔声构造有哪些？

9-5　按照面层材料和施工方式不同，地面分为哪几种类型？

9-6　顶棚有哪几种类型？各有什么构造要求？

9-7　阳台的结构布置有哪几种？

9-8　雨篷有哪几种类型？

第 10 章

屋　　顶

请按表 10-1 的教学要求，学习本章的相关教学内容。

表 10-1　教学内容和教学要求表

教学内容		教学要求	教学内容		教学要求
10.1	概述	掌握	10.2.3	涂膜防水层面	重点掌握
10.1.1	屋顶的设计要求		10.2.4	屋面接缝密封防水	
10.1.2	屋顶的类型		10.2.5	平屋顶的保温与隔热	
10.1.3	屋面防水的"导"与"堵"		10.3	坡屋顶构造	了解
10.1.4	屋顶排水设计		10.3.1	坡屋顶的承重结构	
10.2	平屋顶构造	重点掌握	10.3.2	坡屋顶的屋面构造	
10.2.1	刚性防水屋面		10.3.3	坡屋顶的保温与隔热	
10.2.2	卷材防水屋面				

10.1　概　　述

屋顶是建筑最上层的覆盖构件，主要有两个作用，一是承受作用于屋顶上的风荷载、雪荷载和屋顶自重等，起承重作用；二是抵抗自然界的风、雨、雪、太阳辐射热和冬季低温等的影响，起围护作用。

10.1.1　屋顶的设计要求

屋顶是建筑的重要组成部分之一，在设计时应满足使用功能、结构安全、建筑艺术等要求。

1. 使用功能要求

屋顶作为建筑上部的围护结构，主要应满足防水、排水，保温、隔热等要求。

1）防水、排水要求

屋顶应使用不透水的防水材料并采用合理的构造处理方式以达到防、排水目的。排水是采用一定的排水坡度将屋顶的雨水尽快排走；防水是采用防水材料形成一个封闭的防水覆盖层。屋顶防水、排水是一项综合性的技术问题，与建筑结构形式、防水材料、屋顶坡度、屋顶构造处理方式等有关，应将防水与排水相结合，综合各方面的因素加以考虑。

2）保温、隔热要求

屋顶保温是在屋顶的构造层次中采用保温材料作保温层，避免产生结露或内部受潮，使严寒、寒冷地区的房屋能够保持室内正常的温度；屋顶隔热是在屋顶的构造中采用相应的构造做法，使南方地区的房屋在炎热的夏季避免强烈的太阳辐射导致室内温度过高。

2. 结构安全要求

屋顶是建筑上部的承重结构，需要支承自重和作用在屋顶上的各种活荷载，同时还对房屋上部起水平支撑作用。因此要求屋顶结构应具有足够的强度、刚度和整体空间的稳定性。

3. 建筑艺术要求

屋顶是建筑外部形体的重要组成部分，屋顶的形式对建筑的特征有很大的影响。变化多样的屋顶外形、装修精美的屋顶细部是中国传统建筑的重要特征之一。在现代建筑中，如何处理好屋顶的形式和细部也是设计中不可忽视的重要方面。

10.1.2 屋顶的类型

1. 平屋顶

平屋顶通常是指排水坡度小于 5%的屋顶。民用建筑多采用与楼板层结构布置形式基本相同的平屋顶，平屋顶易于协调统一建筑与结构的关系，较为经济合理，并可供多种利用，如设屋顶花园、屋顶游泳池等，如图10-1所示，因而是广泛采用的一种屋顶形式。

(a) 屋顶花园1　　　　(b) 屋顶花园2　　　　(c) 屋顶游泳池

图 10-1　平屋顶的形式

平屋顶也应有一定的排水坡度，其排水坡度根据屋顶类型的不同有不同的取值，最常用的排水坡度为2%~3%。

2. 坡屋顶

坡屋顶通常是指屋面坡度大于10%的屋顶。坡屋顶是我国传统的屋顶形式，历史悠久，现代建筑因景观环境或建筑风格的要求也常采用坡屋顶。坡屋顶常见形式如图10-2所示。

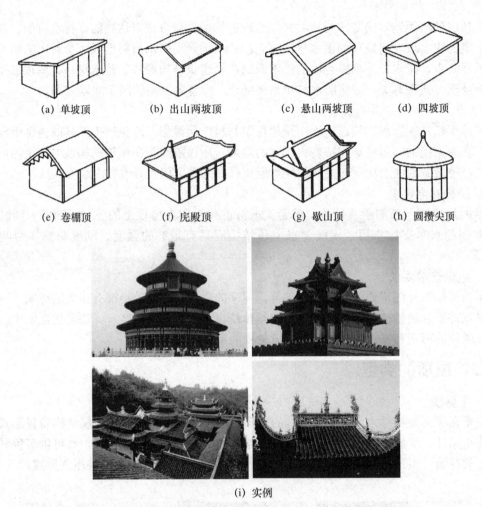

图 10-2 坡屋顶常见形式

3. 其他形式的屋顶

随着科学技术的发展，出现了许多新型的屋顶结构形式，如拱结构、薄壳结构、悬索结构、网架结构屋顶等。这类屋顶多用于较大跨度的公共建筑，如图 10-3 所示。

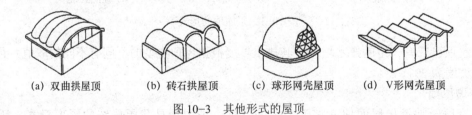

图 10-3 其他形式的屋顶

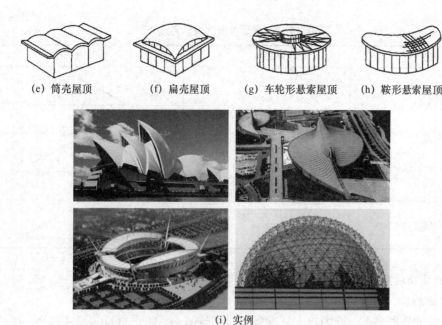

(e) 筒壳屋顶　　(f) 扁壳屋顶　　(g) 车轮形悬索屋顶　　(h) 鞍形悬索屋顶

(i) 实例

图 10-3　其他形式的屋顶（续）

10.1.3　屋面防水的"导"与"堵"

屋面防水可以从"导"与"堵"两方面概括。

导——按照防水盖料的不同要求，设置合理的排水坡度，使得降于屋面的雨水因势利导地排离屋面，以达到防水的目的。

堵——利用屋面防水盖料在上下左右的相互搭接，形成一个封闭的防水覆盖层，以达到防水的目的。

屋面防水构造设计"导"与"堵"相辅相成、相互关联。平屋顶以大面积的覆盖达到"堵"的要求，为了屋面雨水的迅速排除，还需要有一定的排水坡度，即采取以"堵"为主，以"导"为辅的处理方式；对于坡度较大的屋顶，屋面的排水坡度体现了"导"的概念，防水盖料之间的相互搭接体现了"堵"的概念，采取了以"导"为主，以"堵"为辅的处理方式。

10.1.4　屋顶排水设计

为了迅速排除屋顶雨水，保证水流畅通，首先要选择合理的屋顶坡度、恰当的排水方式，再进行周密的排水设计。

1. 屋顶坡度选择

1）屋顶坡度表示方法

常见屋顶坡度表示方法有斜率法、百分比法和角度法 3 种，见表 10-2。斜率法是用屋顶高度与坡面的水平投影长度之比表示；百分比法是用屋顶高度与坡面的水平投影长度的百分比表示；角度法是用坡面与水平面所构成的夹角表示。斜率法多用于坡屋顶，百分比法多用于平屋顶，角度法在实际工程中较少采用。

表 10-2 屋顶坡度的表示方法

名称	表示方法	图例
斜率法	H/L	
百分比法	H/L×100%	
角度法	arctanθ	

2）影响屋顶坡度的因素

（1）防水材料。

防水材料的性能越好，屋面排水坡度就可以适当减小；防水材料的尺寸越小，接缝越多，漏水的可能性越大，此时排水坡度应该适当增大，以便迅速排除雨水，减少渗漏的机会。卷材防水屋顶和混凝土防水屋顶的材料防水性能好，基本可以形成整体的防水层，因此其屋顶坡度可以适当减小。

（2）地区降雨量大小。

建筑所在地区降雨量越大，漏水的可能性就越大，屋面排水坡度应该适当增加。我国南方地区年降雨量和每小时最大降雨量都高于北方地区，因此即使采用同样的屋顶防水材料，一般南方地区的屋顶坡度都要大于北方地区。

对于一般民用建筑而言，屋顶坡度的确定主要受以上两个因素的影响。其次屋顶结构形式、建筑造型要求及经济条件等因素在一定程度上也制约了屋顶坡度的确定。因此，实际工程中屋顶坡度的确定应综合考虑以上因素。

3）屋顶坡度的形成方法

（1）材料找坡。

材料找坡是指屋面板水平搁置，利用轻质材料垫置坡度，故材料找坡又称垫置坡度。常用找坡材料有水泥粉煤灰页岩陶粒、水泥炉渣等，垫置时找坡材料最薄处以不小于 30 mm 厚为宜。此做法可获得平整的室内顶棚，室内空间完整，但找坡材料增加了屋顶荷载，且要多费材料和人工。当屋顶坡度不大或需设保温层时多采用这种做法，如图 10-4 所示。

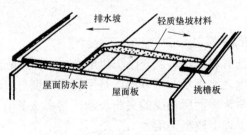

图 10-4 材料找坡

（2）结构找坡。

结构找坡是指将屋面板倾斜搁置在下部墙体或屋顶梁及屋架上的一种做法，结构找坡又称搁置坡度。这种做法不需在屋顶上另加找坡层，具有构造简单、施工方便、节省人工和材料、减轻屋顶自重的优点，但室内顶棚面倾斜，空间不够完整，如图10-5所示。因此结构找坡常用于设有吊顶棚或室内美观要求不高的建筑。

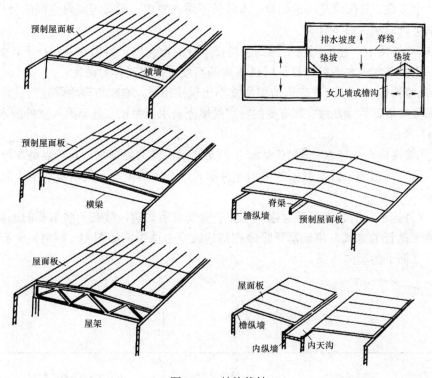

图10-5 结构找坡

2. 屋顶排水方式

1）无组织排水

无组织排水又称自由落水，是指屋面雨水直接从檐口滴落至地面的一种排水方式，如图10-6所示。自由落水构造简单、造价低廉，但自由下落的雨水会溅湿墙面。这种方法适用于低层建筑或檐高小于 10 m 的屋面，对于屋面汇水面积较大的多跨建筑或高层建筑都不应采用。

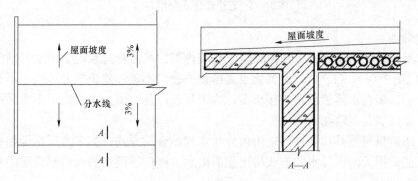

图10-6 无组织排水

2）有组织排水

在工程实践中，由于具体条件的不同，有多种有组织排水方案，现按外排水、内排水、内外排水 3 种情况归纳成几种不同的排水方案，如图 10-7 所示。

（1）外排水。

外排水是指屋面雨水通过檐沟、水落口和由设置于建筑外部的水落管直接排到室外地面上的一种排水方案。其优点是构造简单，水落管不进入室内，不影响室内空间的使用和美观。外排水方案可以归纳为以下 4 种。

① 挑檐沟外排水。屋面雨水汇集到悬挑在墙外的檐沟内，再由水落管排下，如图 10-7（a）所示。此种方案排水通畅，设计时挑檐沟的高度可视建筑体型而定。

② 女儿墙外排水。当由于建筑造型所需不出现挑檐时，通常将外墙升起封住屋面，高于屋面的这部分外墙称为女儿墙。此方案的特点是屋面雨水需穿过女儿墙流入室外的水落管，如图 10-7（b）所示。

③ 女儿墙挑檐沟外排水。图 10-7（c）为女儿墙挑檐沟外排水，其特点是在屋檐部位既有女儿墙，又有挑檐沟。蓄水屋面常采用这种形式，利用挑檐沟汇集从蓄水池中溢出的多余雨水。

④ 暗管外排水。明装水落管对建筑立面的美观有所影响，故在一些重要的公共建筑中，常采用暗装水落管的方式，将水落管隐藏在假柱或空心墙中，如图 10-7（d）所示。假柱可处理成建筑立面上的竖向线条。

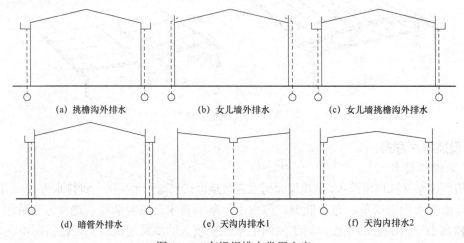

图 10-7　有组织排水常用方案

（2）内排水。

内排水是指屋面雨水通过天沟由设置于建筑内部的水落管排入地下雨水管网的一种排水方案，如图 10-7（e）、（f）所示。其优点是维修方便、不破坏建筑立面造型、不易受冬季室外低温的影响，但其水落管在室内接头多、构造复杂、易渗漏，主要用于不宜采用外排水的建筑屋面，如高层及多跨建筑等。

此外，还可以根据具体条件，采用内外排水相结合的方式。如多跨厂房因相邻两坡屋面相交，故只能采用天沟内排水的方式排出屋面雨水，而位于两端的天沟则宜采用外排水的方式将屋面雨水排出室外。

3. 排水方式的选择

屋面排水方式应根据建筑屋面形式、使用功能、质量等级和气候条件等因素确定。一般可遵循下述原则进行选择。

（1）中小型的低层建筑及檐高小于 10 m 的屋面，可采用无组织排水。

（2）积灰多的屋面应采用无组织排水。如铸工车间、炼钢车间这类工业厂房在生产过程中散发大量粉尘积于屋面，下雨时被冲进天沟易造成管道堵塞，故这类屋面不宜采用有组织排水。

（3）有腐蚀性介质的工业建筑也不宜采用有组织排水。如铜冶炼车间、某些化工厂房等，生产过程中散发的大量腐蚀性介质会使铸铁水落装置等遭受侵蚀，故这类厂房也不宜采用有组织排水。

（4）除严寒和寒冷地区外，多层建筑屋面宜采用有组织外排水。

（5）高层建筑屋面宜采用有组织内排水，以便于排水系统的安装维护和建筑外立面的美观。

（6）多跨及汇水面积较大的屋面宜采用天沟内排水，天沟找坡较长时，宜采用中间内排水和两端外排水。

（7）暴雨强度较大地区的大型屋面，宜采用虹吸式有组织排水系统。

（8）湿陷性黄土地区宜采用有阻止排水，并应将雨、雪水直接排至排水管网。

4. 屋顶排水组织设计

屋顶排水组织设计是指把屋顶划分成若干个排水区，将各区的雨水分别引向各雨水管，使排水线路短捷，各雨水管负荷均匀、排水顺畅，避免屋顶积水而引起渗漏。因此屋顶须有适当的排水坡度，设置必要的天沟、水落管和雨水口，并合理地确定这些排水装置的规格、数量和位置，最后将其按比例标绘在屋顶平面图上，这一系列的工作就是屋顶排水组织设计。一般按以下 4 个步骤进行。

1）划分排水区域及排水坡度

在屋面排水组织设计时，首先应根据屋面形式、屋面面积、屋面高低层的设置等情况，将屋面划分成若干排水区域，根据排水区域确定屋面排水线路，排水线路的设置应在确保屋面排水通畅的前提下，做到长度合理。

划分排水区域的目的在于合理地布置水落管，一般按每一根水落管负担 200 m² 屋顶面积的雨水考虑。屋顶面积按照水平投影面积计算。

2）确定排水坡面的数目及排水坡度

一般情况下，临街建筑或平屋顶屋面宽度小于 12 m 时，可采用单坡排水；宽度大于 12 m 时，为了不使水流的路线过长，宜采用双坡排水。坡屋顶则应结合建筑造型要求选择单坡、双坡或四坡排水。

对于普通的平屋面，采用结构找坡时其排水坡度通常不应小于 3%，而采用材料找坡时其坡度则宜为 2%。对于其他类型的屋面则根据类别确定合理的排水坡度，如蓄水隔热屋面的排水坡度不宜大于 0.5%，架空隔热屋面的排水坡度不宜大于 5%。

3）确定天沟断面大小和天沟纵坡的坡度值

天沟即屋面上的排水沟，位于檐口部位时又称檐沟。设置天沟的目的是汇集屋面雨水，并将屋面雨水有组织地迅速排除，故其断面大小应恰当，沟底沿长度方向应设纵向排水坡，简称天沟纵坡。天沟纵坡的坡度通常为 0.5%～1%。平屋顶多采用钢筋混凝土天沟，坡屋顶除了采用钢筋混凝土天沟外有时也采用镀锌铁皮天沟。天沟的净断面尺寸应根据降雨量和汇水面积的大小来确定。一般建筑屋顶的天沟净宽不应小于 200 mm，天沟上口至分水线的距离不应小于 120 mm。如图 10-8 所示，平屋顶挑檐沟外排水的剖面和平面图中表明了天沟的断面尺寸和纵坡坡度。

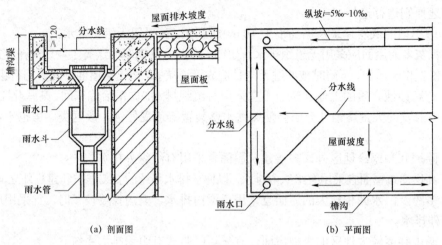

图 10-8 平屋顶挑檐沟外排水

4）确定雨水管的间距和直径

雨水管根据材料分为铸铁、塑料、镀锌铁皮、钢管等多种，根据建筑的耐久等级进行选择。目前多采用塑料雨水管，其管径有 75 mm、100 mm、125 mm、150 mm、200 mm 等规格，具体管径大小需经过计算确定。一般民用建筑常用 75～100 mm 的雨水管，面积小于 25 m² 的露台和阳台可选用直径 50 mm 的雨水管。雨水管的数量与雨水口相等，雨水管的最大间距应同时予以控制。雨水管的间距过大，会导致沟内排水路线过长，大雨时雨水易溢向屋面引起渗漏或从檐沟外侧涌出，因而一般情况下雨水口间距为 18 m，不宜超过 24 m，每个汇水面积内，排水立管不宜少于 2 根。

综合考虑上述各因素，即可绘制屋顶平面图。如图 10-9 所示，女儿墙近檐处垫坡排水的平面、剖面图中表明了雨水管的布置。

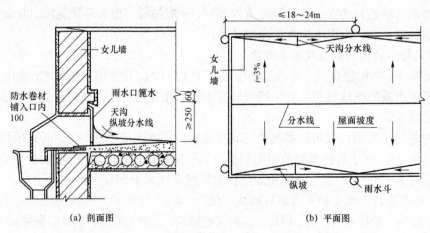

图 10-9 女儿墙近檐处垫坡排水的雨水管布置

10.2 平屋顶构造

平屋顶屋面按照防水材料的不同可分为刚性防水屋面、卷材防水屋面、涂膜防水屋面等。

10.2.1 刚性防水屋面

刚性防水屋面的防水层采用防水砂浆抹面或密实混凝土浇筑而成的刚性防水材料，具有施工方便、节约材料、造价经济、维修方便等优点，缺点是对温度变化和结构变形较为敏感，施工技术要求较高，较易产生裂缝而渗漏水，必须采取防止裂缝的构造措施。

1. 刚性防水屋面的防水材料

刚性防水屋面的水泥砂浆和混凝土在施工时，如果用水量超过水泥水凝过程所需的用水量，多余的水在混凝土硬化过程中，会逐渐蒸发形成许多孔隙和互相连贯的毛细管网，另外过多的水分在砂石骨料表面会形成一层游离的水，相互之间也会形成毛细通道。这些毛细通道都会使砂浆或混凝土收水干缩时表面开裂，形成屋顶的渗水通道。因此普通水泥砂浆和混凝土不能直接作为刚性屋顶防水层的防水材料，须采用防水措施，如掺加防水剂、掺加膨胀剂、提高密实性、控制水灰比等。

2. 防止防水层裂缝的构造措施

刚性防水屋面最严重的问题是防水层在施工完成后出现裂缝而漏水，产生裂缝最常见的原因是屋面层受室内外、早晚、冬夏包括太阳辐射所产生的温差影响而发生胀缩、移位、起挠和变形。

刚性防水屋面一般由结构层、找平层、隔离层、防水层组成。可以采取以下 3 种措施防止防水层产生裂缝。

1）配筋

防水层常采用不低于 C20 的防水细石混凝土整体现浇，其厚度不小于 40 mm，并应配置 $\phi 4 \sim \phi 6.5$、间距为 100～200 mm 的双向钢筋网片以提高其抗裂和抵抗变形的能力。由于裂缝易在面层出现，故钢筋宜置于中层偏上，使上面有 15 mm 厚的保护层。

2）设置隔离层

隔离层又称为浮筑层，作用是减少结构变形对防水层的不利影响。结构层在荷载作用下会产生挠曲变形，在温度变化作用下会产生胀缩变形。由于结构层较防水层厚，刚度相应也较大，当结构产生上述变形时容易将刚度较小的防水层拉裂。因此要在结构层上做找平层，其上设隔离层将结构层与防水层脱开。隔离层通常采用铺纸筋灰、低标号砂浆抹面或在薄砂层上干铺一层油毡等做法。

3）设置分格缝

分格缝又称分仓缝，实质上是在屋面防水层上设置的变形缝。

（1）分格缝的作用。

① 大面积的整体现浇混凝土防水层受气温影响产生的温度变形较大，容易导致混凝土开裂，设置一定数量的分格缝将单块混凝土防水层的面积减小，从而减少其伸缩变形，可有效防止和限制裂缝的产生。

② 在荷载作用下屋顶板会产生挠曲变形，使支承端翘起，进而引起混凝土防水层开裂，如在这些部位预留分格缝就可有效避免防水层开裂。

③ 刚性防水层与女儿墙的变形不一致，所以刚性防水层不能紧贴在女儿墙上，它们之间应做柔性封缝处理，以防止女儿墙或刚性防水层开裂引起渗漏。

(2) 分格缝的位置。

屋面分格缝应设置在温度变形允许范围内和结构变形敏感部位。结构变形敏感部位主要是指装配式屋面板的支承端、屋面转折处、现浇屋面板与预制屋面板的交接处、刚性防水层与竖直墙的交接处。分格缝的纵横间距不宜大于 6 m，在横墙承重的民用建筑中，进深在 10 m 以下者可在屋脊设分格缝，进深大于 10 m 者，最好在坡中某一板缝上再设一条纵向分隔缝，如图 10-10 所示；横向分格缝每开间设一道，并与装配式屋顶板的板缝对齐；沿女儿墙四周的刚性防水层与女儿墙之间也应设分格缝，其他突出屋顶的结构物四周都应设置分格缝。

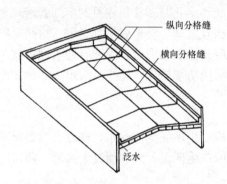

图 10-10 分格缝设置位置

(3) 分格缝的构造要点。

① 防水层内的钢筋在分格缝处应断开。

② 分格缝的宽度宜做 20 mm 左右，缝内不可用砂浆填实，一般用油膏嵌缝，厚度 20～30 mm。

③ 为了不使油膏下落，缝内用弹性材料沥青麻丝或干细砂等填底。

④ 刚性防水层与山墙、女儿墙、变形缝、伸出屋面的管道等交接部位，留 30 mm 宽的凹槽，凹槽内填密封膏。

为了施工方便，近年来混凝土刚性屋面防水层施工中，常将大面积细石混凝土防水层一次性连续浇筑，然后用电锯切割分格缝，这种做法的分格缝缝宽只有 5～8 mm，此种缝称为半缝，缝的处理同上。

3. 刚性防水屋面节点构造

刚性防水屋面需要处理好泛水、檐口、雨水口等节点构造。

1) 泛水构造

泛水是指屋面防水层与垂直墙交接处的防水处理，突出于屋面之上的女儿墙、烟囱、楼梯间、变形缝、检修孔、立管等的壁面与屋顶的交接处均要做泛水。泛水应有足够高度，一般不小于 250 mm。为防止刚性防水层开裂，防水层与屋顶突出物（女儿墙、烟囱等）间须留分格缝，为使混凝土防水层在收缩和温度变形时不受女儿墙、烟囱等的影响，应在分格缝内嵌入油膏，缝外用附加卷材铺贴至泛水所需高度并做好压缝收头处理（泛水嵌入立墙上的凹槽内并用压条及水泥钉固定），防止雨水渗进缝内，如图10-11所示。

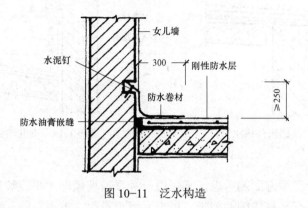

图10-11 泛水构造

2）檐口构造

刚性防水屋面檐口的形式一般有自由落水挑檐口、挑檐沟外排水檐口、女儿墙外排水檐口、坡檐口等。

（1）自由落水挑檐口。

当挑檐较短时，可将混凝土防水层直接悬挑出去形成挑檐口，如图10-12（a）所示。当所需挑檐较长时，为了保证悬挑结构的强度，应采用与屋顶圈梁连为一体的悬臂板形成挑檐口，如图10-12（b）所示，在挑檐板与屋顶板上做找平层和隔离层后浇筑混凝土防水层。无论采用哪种做法，都要注意檐口处要做好滴水。

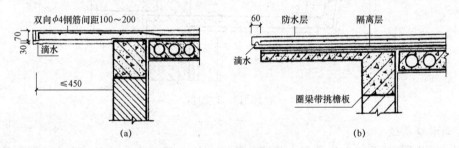

图10-12 自由落水挑檐口

（2）挑檐沟外排水檐口。

挑檐沟采用有组织排水方式时，常将檐部做成排水檐沟板的形式。檐沟板的断面为槽形，并与屋顶圈梁连成整体，如图10-13所示。沟内底部设纵向排水坡，防水层挑入沟内并做滴水，以防止爬水。

（3）女儿墙外排水檐口。

在跨度不大的平屋顶中，当采用女儿墙外排水时，常将倾斜的屋顶板与女儿墙间的夹角做成三角形断面天沟，如图10-14所示，防水层端部构造类同泛水构造，天沟内也需设纵向排水坡。

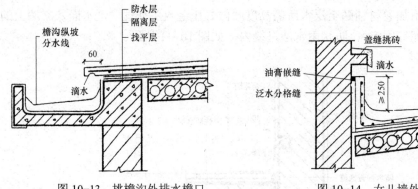

图 10-13 挑檐沟外排水檐口　　　　图 10-14 女儿墙外排水檐口

（4）坡檐口。

建筑设计中出于造型方面的考虑，常采用一种平顶坡檐即"平改坡"的处理形式，使较为呆板的平顶建筑具有某种传统的韵味，以丰富城市景观。坡檐口的厚度及配筋按结构设计确定，表面按建筑设计贴瓦或面砖，如图 10-15 所示。

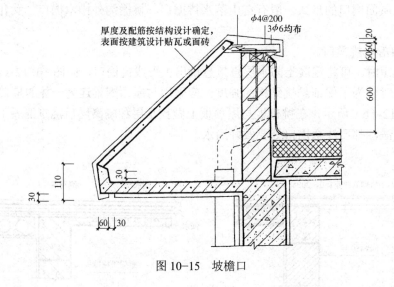

图 10-15 坡檐口

3）雨水口构造

雨水口是屋面雨水汇集并排至水落管的关键部位，要求排水通畅、防止渗漏和堵塞。刚性防水屋面的雨水口有直管式和弯管式两种做法，直管式一般用于挑檐沟外排水的雨水口，弯管式用于女儿墙外排水的雨水口。

（1）直管式雨水口。

为防止雨水从雨水口套管与沟底接缝处渗漏，应在雨水口周边加铺柔性防水层并铺至套管内壁，檐口处浇筑的混凝土防水层应覆盖于附加的柔性防水层之上，并在防水层与雨水口之间用油膏嵌实，如图 10-16 所示。

（2）弯管式雨水口。

弯管式雨水口一般用铸铁做成弯头。雨水口安装时，在雨水口处的屋面应加铺附加卷材与弯头搭接，其搭接长度不小于 100 mm，然后浇筑混凝土防水层，防水层与弯头交接处需用

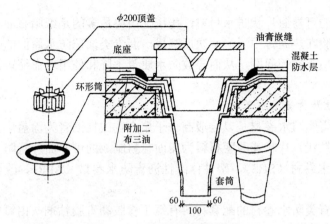

图 10-16 直管式雨水口构造

油膏嵌缝，如图 10-17 所示。

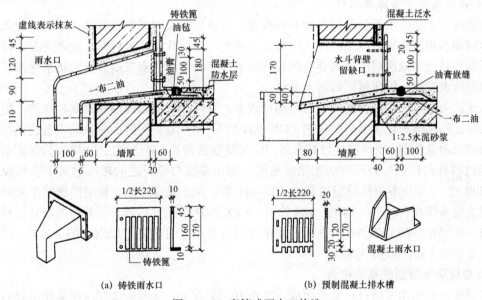

(a) 铸铁雨水口　　　　　　(b) 预制混凝土排水槽

图 10-17 弯管式雨水口构造

10.2.2 卷材防水屋面

卷材防水屋面是利用防水卷材与粘结剂结合，形成连续致密的构造层来防水的一种屋面。由于其防水层具有一定的延伸性和适应变形的能力，故也被称作柔性屋面。其优点是较能适应温度、振动、不均匀沉陷等因素的变化作用，整体性好，不易渗漏，但施工操作较为复杂、技术要求较高。

1. 卷材防水屋面的防水材料

卷材防水屋面所用卷材有沥青类防水卷材、高聚物改性沥青类防水卷材、合成高分子类防水卷材。

1）沥青类防水卷材

沥青类防水卷材是用原纸、纤维织物、纤维毡等胎体材料浸涂沥青，表面撒粉状、粒状或片状材料后制成的可卷曲片状防水材料,传统上用得最多的是纸胎石油沥青油毡。纸胎石油沥青油毡是将纸胎在热沥青中浸泡两次后制成。沥青类油毡防水屋面的防水层容易产生起鼓、沥青流淌、油毡开裂等问题,从而导致防水质量下降和使用寿命缩短,近年来在实际工程中已较少采用。

2)高聚物改性沥青类防水卷材

高聚物改性沥青类防水卷材是以合成高分子聚合物改性沥青为涂盖层,纤维织物或纤维毡为胎体,粉状、粒状、片状或薄膜材料为覆面材料制成的可卷曲片状防水材料,常用的有弹性体改性沥青防水卷材(SBS)、塑性体改性沥青防水卷材(APP)、改性沥青聚乙烯胎防水卷材(PEE)。

高聚物改性沥青类防水卷材的配套材料有氯丁橡胶沥青胶粘剂(由氯丁胶加入沥青及溶剂等配制而成,为黑色液体),橡胶沥青嵌缝膏,石片、各色保护涂料等保护层料,90#汽油,二甲苯(用于清洗受污染部位)。

3)合成高分子类防水卷材

合成高分子类防水卷材是以各种合成橡胶、合成树脂或两者的共混体为基料,加入适量的化学辅助剂和填充料,经不同的工序加工而成的可卷曲片状防水材料,或者将上述材料与合成纤维等复合形成两层以上可卷曲的片状防水材料。常用的合成高分子类防水卷材有三元乙丙橡胶防水卷材、氯化聚乙烯防水卷材。

三元乙丙橡胶防水卷材的配套材料品种较多,有用作基层处理剂的聚氨酯底胶,用于基层与卷材之间粘结的氯丁系列胶粘剂(CX-404胶),用作卷材接缝胶粘剂的丁基胶粘剂,用于表面的表面着色剂,用作接缝增补密封剂的聚氨酯密封膏。氯化聚乙烯-橡胶共混防水卷材的配套材料有用作基层处理剂的聚氨酯底胶,用于基层与卷材之间粘结的氯丁系列胶粘剂(CX-409胶),用作卷材接缝胶粘剂的CX-401胶,用于接缝密封、嵌缝的聚氨酯密封膏,用作保护层装饰涂料的LY-T102、104涂料。LYX-603氯化聚乙烯防水卷材的配套材料有用于卷材与基层粘结的LYX-603 3号胶,用于卷材与卷材之间粘结的LYX-603 2号胶,用于卷材表面着色的LYX-603 1号胶。

2. 卷材防水屋面的基本构造

卷材防水屋面由多层材料叠合而成,见表10-3。比如,基本构造层次按其作用分为结构层、找坡层、找平层、结合层、防水层、保护层和辅助构造层,如图10-18所示。

表10-3 屋面的基本构造层次

屋面类型	基本构造层次(自下而上)
卷材、涂膜屋面	结构层、找坡层、找平层、保温层、找平层、结合层、防水层、隔离层、保护层
	结构层、找坡层、找平层、防水层、保温层、保护层
	结构层、找坡层、找平层、保温层、找平层、防水层、保护层、种植隔热层
	结构层、找坡层、找平层、保温层、找平层、防水层、架空隔热层
	结构层、找坡层、找平层、保温层、找平层、防水层、隔离层、蓄水隔热层
瓦屋面	结构层、保温层、防水层或防水垫层、持钉层、顺水条、挂瓦条、块瓦
	结构层、保温层、防水层或防水垫层、持钉层、沥青瓦

1. 保护层：20厚憎水膨珠砂浆；
2. 防水层：0.7厚聚乙烯丙纶防水卷材用1.3厚配套粘结料粘贴；
0.7厚聚乙烯丙纶防水卷材用1.3厚配套粘结料粘贴；
3. 找平层：10～15厚DS砂浆找平层；
4. 找坡层：最薄50厚B型复合轻集料垫层找2%坡；
5. 保温层：d厚B1级挤塑聚苯板保温层（平层ZZ-3）；
d厚B1级硬泡聚氨酯板保温层（平层ZZ-4）；
6. 结构层：钢筋混凝土屋面板。

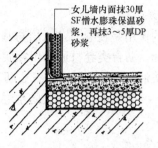

图 10-18 卷材防水屋面的基本构造

1）结构层

结构层通常为预制或现浇钢筋混凝土屋面板，须具有足够的强度和刚度。

2）找坡层

为确保防水性，减少雨水在屋顶的滞留时间，结构层水平搁置时可采用材料找坡，形成所需屋顶排水坡度。当采用材料找坡时，宜采用质量轻、吸水率低和有一定强度的材料，坡度宜为 2%。混凝土结构层宜采用结构找坡，坡度不应小于 3%。

3）找平层

卷材防水层要求铺贴在坚固而平整的基层上，以防止卷材凹陷或断裂，在松软材料及预制屋顶板上铺设卷材以前，须先做找平层，做法见表 10-4。为防止找平层变形开裂而使卷材防水层破坏，应在找平层中留设分格缝。

分格缝的宽度一般为 20 mm，纵横间距不大于 6 m，屋顶板为预制装配式时，分格缝应设在预制板的端缝处。分格缝上面应覆盖一层 200～300 mm 宽的附加卷材，用粘结剂单边点贴，使分格缝处的卷材有较大的伸缩余地，避免开裂。找平层分格缝构造如图 10-19 所示。保温层上的找平层应留设分隔缝，缝宽宜为 5～20 mm，纵横缝的间距不宜大于 6 m。

表 10-4 找平层厚度和技术要求

找平层分类	适用的基层	厚度/mm	技术要求
水泥砂浆	整体现浇混凝土板	15～20	1:2.5 水泥砂浆
	整体材料保温层	20～25	
细石混凝土	装配式混凝土板	30～35	C20 混凝土宜加钢筋网片
	板状材料保温板		C20 混凝土

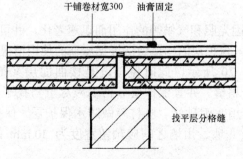

图 10-19 找平层分格缝构造

4）结合层

结合层的作用是使卷材防水层与基层粘结牢固。结合层所用材料应根据卷材防水层材料的不同来选择。沥青类卷材通常用冷底子油［一般的重量配合比为40%的石油沥青及60%的煤油（或轻柴油），或者30%的石油沥青及70%的汽油］作结合层，高分子卷材则多用配套基层处理剂，高聚物改性沥青类防水卷材用氯丁橡胶沥青胶粘剂加入工业汽油稀释并搅拌均匀后作结合层。

5）防水层

高聚物改性沥青类防水卷材应采用热熔法施工，即用火焰加热器将卷材均匀加热至表面光亮发黑，然后立即滚铺卷材使之平展并辊压牢实。合成高分子类防水卷材采用冷粘法施工。

铺贴防水卷材前，基层必须干净、干燥。干燥程度的简易检验方法，是将 1 m^2 卷材平坦地干铺在找平层上，静置 3~4 h 后掀开检查，找平层覆盖部位与卷材上未见水印即可铺设。大面积铺贴防水卷材前，要在女儿墙、水落口、管根、檐口、阴阳角等部位铺贴卷材附加层。

卷材铺贴方向应符合下列规定：

（1）屋面坡度小于3%时，卷材宜平行屋脊铺贴。

（2）屋面坡度在3%~15%时，卷材可平行或垂直屋脊铺贴。

（3）屋面坡度大于15%或屋面受震动时，沥青防水卷材应垂直屋脊铺贴，高聚物改性沥青类防水卷材和合成高分子类防水卷材可平行或垂直屋脊铺贴。

（4）上下层卷材不得相互垂直铺贴。

卷材的铺贴厚度应满足表 10-5 的要求。

表 10-5　卷材厚度选用表

屋面防水等级	设防道数	合成高分子类防水卷材	高聚物改性沥青类防水卷材
Ⅰ级	二道设防	≥1.2 mm	≥3 mm
Ⅱ级	一道设防	≥1.5 mm	≥4 mm

两幅卷材长边和短边的搭接宽度均不应小于 100 mm，采用双层卷材时，上下两层和相邻两幅卷材的接缝应错开 1/3~1/2 幅宽，且两层卷材不能相互垂直铺贴。

卷材接缝必须粘贴封严，接缝处应用材性相容的密封材料封严，宽度不应小于 10 mm。在立面与平面的转角处，卷材的接缝应留在平面上，距立面不应小于 600 mm。

6）保护层

保护层可使卷材不致因光照和气候等的作用而迅速老化，并可防止沥青类卷材的沥青过热流淌或受到暴雨的冲刷。保护层的构造做法根据屋顶的使用情况而定。混凝土面层不上人屋顶的构造做法如图 10-20 所示，此时屋顶既是楼面面层又是保护层。保护层应平整耐磨，每 2 m 左右设一分格缝，并且保护层分格缝应尽量与找平层分格缝错开，缝内用防水油膏嵌封。保护层也可用水泥砂浆、块材等做防水保护层，保护层与防水层之间应设置隔离层。刚性保护层与女儿墙、山墙之间应预留宽度为 30 mm 的缝隙，并用密封材料嵌填严密。

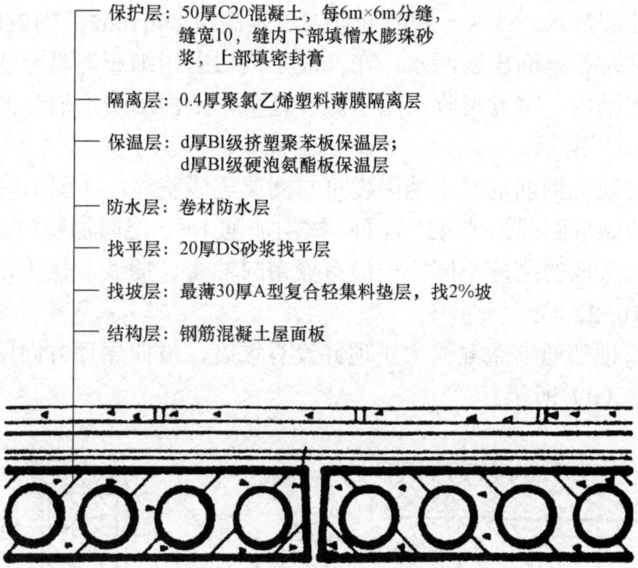

保护层：50厚C20混凝土，每6m×6m分缝，
缝宽10，缝内下部填憎水膨珠砂
浆，上部填密封膏
隔离层：0.4厚聚氯乙烯塑料薄膜隔离层
保温层：d厚Bl级挤塑聚苯板保温层；
d厚Bl级硬泡氨酯板保温层
防水层：卷材防水层
找平层：20厚DS砂浆找平层
找坡层：最薄30厚A型复合轻集料垫层，找2%坡
结构层：钢筋混凝土屋面板

图 10-20 混凝土面层不上人屋顶的防水保护层

7）辅助构造层

辅助构造层是为了满足房屋的使用要求，或提高屋顶的性能而补充设置的构造层，如为防止冬季室内过冷而设置的保温层，为防止室内过热而设置的隔热层，为防止潮气侵入屋顶保温层而设置的隔汽层等。

3. 卷材防水屋面细部构造

为保证卷材防水屋面的防水性能，对可能造成的防水薄弱环节，均要采取加强措施，主要包括屋顶上的泛水、檐口、雨水口、变形缝、屋顶检修孔、屋顶出入口等处的细部构造。

1）泛水构造

一般须用砂浆在转角处做弧形（R=50～100 mm）或 45° 斜面。防水卷材粘贴至垂直面一般为 250 mm 高，为了加强节点的防水作用，须加设卷材附加层。垂直面也应用水泥砂浆抹光，并设置结合层将卷材粘贴在垂直面上。为了防止卷材在垂直墙面上下滑动而渗水，必须做好泛水上口的卷材收头固定，可在垂直墙中预留凹槽或凿出通长凹槽，将卷材的收头压入槽内，用防水压条钉压后再用密封材料嵌填封严，外抹水泥砂浆保护，凹槽上部的墙体则用防水砂浆抹面。卷材防水屋面泛水构造如图 10-21 所示。

防水砂浆抹面
水泥钉
防水密封材料
60
250
卷材防水层
≥250
ϕ<250
附加卷材
C20细石混凝土填缝

图 10-21 卷材防水屋面泛水构造

2）檐口构造

檐口构造分为自由落水挑檐口、挑檐沟外排水檐口、女儿墙包檐檐口 3 种做法。

自由落水挑檐口采用与圈梁整浇的混凝土挑板，不宜直接采用屋顶楼板外悬挑，因其温度变形大，易使檐口抹灰砂浆开裂。自由落水挑檐

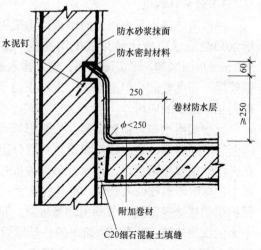

口的卷材收头极易开裂渗水，目前一般的处理方法是檐口 800 mm 范围内的卷材采取满贴法，为防止卷材收头处粘贴不牢而出现漏水，在混凝土檐口上用细石混凝土或水泥砂浆先做一凹槽，然后把卷材贴在槽内，将卷材收头用水泥钉钉牢，上面用防水油膏嵌填。自由落水挑檐口构造如图 10-22（a）所示。

挑檐沟外排水的现浇钢筋混凝土檐沟板可与圈梁连成整体，如图 10-22（c）所示，沟内转角部位的找平层应做成圆弧形或 45°斜面，檐沟加铺 1~2 层附加卷材。为了防止檐沟壁面上的卷材下滑，各地采取的措施不同，一般有嵌密封油膏、插铁卡住等，其中以嵌密封油膏者较为合理，如图 10-22（b）所示。

女儿墙包檐檐口顶部通常做混凝土压顶并设有坡度，坡向屋顶方向压顶的水泥砂浆抹面做滴水，如图 10-22（d）所示。

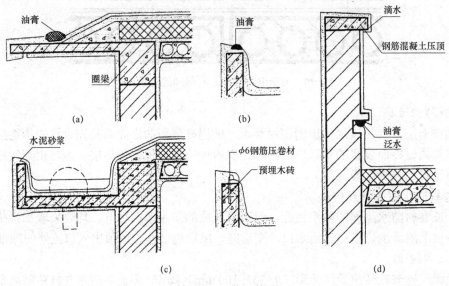

图 10-22　檐口构造

3）雨水口构造

挑檐沟外排水和内排水的雨水口均采用直管式雨水口，女儿墙外排水采用弯管式雨水口。雨水口处应尽可能比屋顶或檐沟面低一些，有垫坡层或保温层的屋顶，可在雨水口直径 500 mm 周围减薄，形成漏斗形，使之排水通畅，避免积水。雨水口的材质过去多为铸铁，管壁较厚，强度较高，但易锈蚀，近年来由于塑料雨水口质轻，不易锈蚀，且色彩丰富，因此得到越来越多的应用。

直管式雨水口有多种型号，应根据降雨量和汇水面积加以选择。民用建筑常用的雨水口由套管、环形筒、顶盖底座和顶盖几部分组成，如图 10-23（a）所示。套管呈漏斗形，安装在天沟底板或屋顶板上，用水泥砂浆埋嵌牢固，各层卷材（包括附加卷材）均粘贴在套管内壁上，再用环形筒嵌入套管，将卷材压紧，嵌入的深度至少为 100 mm。环形筒与底座及防水保护层的接缝等薄弱环节须用油膏嵌封。顶盖底座有格栅，作用是遮挡杂物。一般汇水面积不大的民用建筑，可选用较简单的铁丝罩雨水口。上人屋顶可选择铁箅雨水口，各层卷材（包括附加层）也要粘贴在雨水斗内壁上，上人屋顶的面层与铸铁箅之间要用油膏嵌封，如

图 10-23（b）所示。

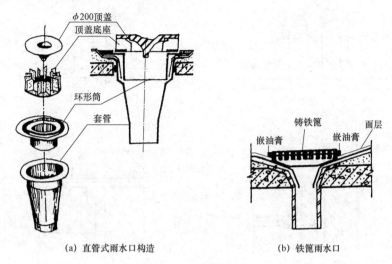

(a) 直管式雨水口构造　　(b) 铁箅雨水口

图 10-23　直管式雨水口

弯管式雨水口由弯曲套管和铁箅两部分组成，如图 10-24 所示。弯曲套管置于女儿墙预留孔洞中，屋顶防水层及泛水的各层卷材（包括附加卷材）应铺贴到套管内壁四周，铺入深度不少于 100 mm，套管口用铸铁箅遮盖，以防污物堵塞水口。

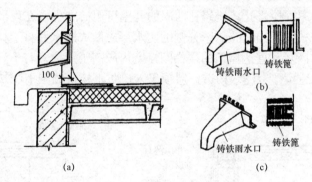

图 10-24　弯管式雨水口

4）屋面变形缝构造

屋面变形缝的构造处理原则：既不能影响屋面的变形，又要防止雨水从变形缝渗入室内。变形缝有等高屋面变形缝和高低屋面变形缝两种情况，这两种情况的变形缝处理方法不同。

等高屋面变形缝的做法是在缝两边的屋面板上砌筑矮墙，以挡住屋顶雨水。矮墙的高度不小于 250 mm。屋面卷材防水层与矮墙面的连接处理类同于泛水构造，缝内嵌填沥青麻丝。矮墙顶部可用镀锌铁皮盖缝，如图 10-25（a）所示，也可铺一层卷材后用混凝土盖板压顶，如图 10-25（b）所示。

高低屋面变形缝则是在低侧屋面板上砌筑矮墙。当变形缝宽度较小时，可用镀锌铁皮盖缝并固定在高侧墙上，如图 10-25（c）所示，也可以从高侧墙上悬挑钢筋混凝土板盖缝，如图 10-25（d）所示。

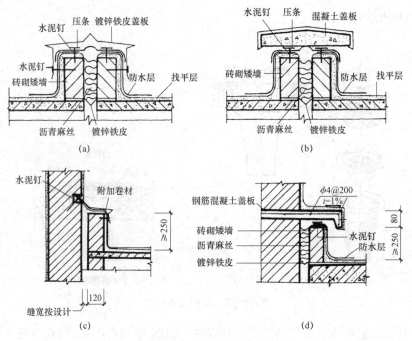

图 10-25 屋面变形缝

5) 屋顶检修孔、屋顶出入口构造

不上人屋顶须设屋顶检修孔。检修孔四周的孔壁可用砖立砌，在现浇屋顶板时可用混凝土上翻制成，其高度一般为 300 mm，壁外侧的防水层应做成泛水并将卷材用镀锌铁皮盖缝钉压牢固，如图 10-26 所示。直达屋顶的楼梯间，室内应高于屋顶，若不满足时应设门槛，屋顶与门槛交接处的构造可参考泛水构造，屋顶出入口防水构造如图 10-27 所示。

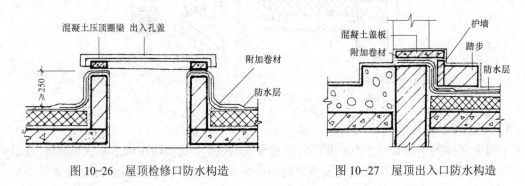

图 10-26 屋顶检修口防水构造　　　图 10-27 屋顶出入口防水构造

10.2.3　涂膜防水屋面

涂膜防水屋面又称涂料防水屋面，是指用可塑性和粘结力较强的防水涂料，直接涂刷在屋面基层上形成一层不透水薄膜层以达到防水目的。防水涂料有合成高分子防水涂料、高聚物改性沥青防水涂料、沥青基防水涂料三大类；按照硬化的不同又可以分为两大类，一类是用水或溶剂溶解后在基层上涂刷，通过水或溶剂蒸发而干燥硬化；另一类是通过材料的化学反应而硬化。涂料成膜后要加以保护，以防杂物碰坏。涂膜防水层具有防水性好、粘结力强、延伸性大、耐腐蚀、不易老化、无毒、施工方便、容易维修等优点，近年来应用较为广泛。

涂膜的基层为混凝土或水泥砂浆，基层应干燥平整，空鼓、缺陷、表面裂缝处应用聚合物砂浆修补，找平层上设分格缝，分格缝宽20 mm，其纵横间距不大于6 m，缝内嵌填油膏。

涂膜防水层施工时，首先将稀释防水涂料均匀涂布于找平层上作为底涂层，干燥后再刷2~3遍涂料。中间层为加胎体增强材料的涂层，要加铺玻璃纤维网格布，若采取二层胎体增强材料时，上下层不得互相垂直铺设，搭接缝应错开，其间距不应小于幅宽的1/3。一布二涂的厚度通常大于2 mm，二布三涂的厚度大于3 mm。在转角、雨水口周围、接缝等处要增加一层胎体增强材料。

不上人屋面的涂膜防水层保护层一般为细砂，为防止太阳辐射及色泽需要，可用加入银粉或颜料的着色保护涂料；上人屋面保护层选用细石混凝土时，应按刚性防水屋面做法设置分格缝，缝内用嵌缝油膏填密实。

前述隔离层、泛水等构造措施在涂膜防水屋面中仍然适用。

10.2.4 屋面接缝密封防水

在混凝土面层分格接缝处、块体面层分格接缝处、采光顶玻璃接缝处，应做好屋面接缝密封防水。屋面接缝按密封材料的使用方式分为位移接缝和非位移接缝。屋面接缝密封防水设计应保证密封部位不渗水，并应使接缝密封防水与主体防水层相匹配。接缝宽度应按屋面接缝位移量计算确定，密封材料的嵌填深度宜为接缝宽度的50%~70%，接缝处的密封材料底部应设置背衬材料（背衬材料应选择与密封材料不粘结或粘结力弱的材料），背衬材料宽度应大于接缝宽度20%，嵌入深度应为密封材料的设计厚度。屋面接缝密封防水技术还应符合表10-6要求。

表10-6 屋面接缝密封防水技术要求

接缝种类	密封部位	密封材料
位移接缝	混凝土面层分格接缝	改性石油沥青密封材料
	块体面层分格接缝	合成高分子密封材料
	采光顶玻璃接缝	硅酮耐候密封胶
	采光顶周边接缝	合成高分子密封材料
	采光顶隐框玻璃与金属框接缝	硅酮耐候密封胶
	采光顶明框单元板块间接缝	
非位移接缝	高聚物改性沥青卷材收头	改性石油沥青密封材料
	合成高分子卷材收头及接缝封边	合成高分子密封材料
	混凝土基层固定件周边接缝	改性石油沥青密封材料
	混凝土构件间接缝	合成高分子密封材料

10.2.5 平屋顶的保温与隔热

1. 平屋顶的保温

冬季室内采暖时，气温较室外高，热量会通过围护结构向外散失，为了防止室内热量散失过多、过快，须在围护结构中设置保温层，以提高屋顶的热阻，使室内有一个舒适的环境。保温层的材料和构造方案是根据使用要求、气候条件、屋顶结构形式、防水处理方法、材料种类、施工条件、经济指标等因素，经综合考虑后确定的。

1）屋顶的保温材料

保温材料应具有吸水率低、导热系数较小的特性，并要具有一定强度。屋顶保温材料一般为轻质多孔材料，分为松散料、现场浇筑的混合料和板块料三大类。

（1）松散料保温材料。

松散料保温材料一般有膨胀蛭石［粒径 3～15 mm，堆积密度应小于 300 kg/m³，导热系数应小于 0.14 W/(m·K)］、膨胀珍珠岩、矿棉、炉渣和矿渣（粒径为 5～40 mm）之类的工业废料等。松散料保温层可与找坡层结合处理。

（2）现场浇筑的混合料保温材料。

现场浇筑的混合料保温材料，一般为轻骨料如炉渣、矿渣、陶粒、蛭石、珍珠岩等与石灰或水泥胶结的轻质混凝土或泡沫混凝土。现场浇筑的混合料保温层可与找坡层结合处理。

（3）板块料保温材料。

板块料保温材料一般有聚苯乙烯泡沫塑料板、硬质聚氨酯泡沫塑料板、泡沫玻璃板、微孔混凝土板、加气混凝土板、泡沫混凝土板、植物纤维板、膨胀蛭石（珍珠岩）板等。其中最常用的是泡沫塑料板、加气混凝土板和泡沫混凝土板，植物纤维板只有在通风条件良好、不易腐烂的情况下才比较适宜采用。

2）屋顶保温层的设置

平屋顶因屋面坡度平缓，适合将保温层放在屋面结构层上（刚性防水屋面不适宜设保温层）。

（1）保温层设在防水层的上面。

保温层设在防水层的上面也称"倒铺法"。优点是防水层受到保温层的保护，不受阳光和室外气候及自然界其他因素的直接影响，耐久性增强，但对保温层则有一定的要求。首先，应选用吸湿性小和耐气候性强的材料，如聚苯乙烯泡沫塑料板、聚氨酯泡沫塑料板等，加气混凝土板和泡沫混凝土板因吸湿性强，不宜选用；另外，保温层需加强保护，应选择有一定荷载的大粒径石子或混凝土作保护层，保证保温层不因下雨而"漂浮"。

（2）保温层与结构层融为一体。

加气钢筋混凝土屋顶板，既能承载又能保温，构造简单，施工方便，造价较低，使保温与结构融为一体，但承载力小，耐久性差，可用于标准较低的不上人屋顶。

（3）保温层设在防水层的下面。

这是目前广泛采用的一种形式。屋顶的保温构造有多个构造层次，如图 10-28 所示，包括找平层、结合层和隔汽层。设置隔汽层的目的是防止室内水蒸气渗入保温层，使保温层受潮而降低保温效果。隔汽层的一般做法是在 20 mm 厚 1:3 水泥砂浆找平层上刷冷底子油两道作为结合层，结合层上做一毡二油或两道热沥青隔汽层。

2. 平屋顶的隔热

夏季南方炎热地区，在太阳辐射和室外气温的综合作用下，从屋顶传入室内大量热量，影响室内的温度环境。为创造舒适的室内生活和工作条件，应采取适当的构造措施解决屋顶的降温和隔热问题。

屋顶隔热降温主要是通过减少热量对屋顶表面的直接作用来实现。所采用的方法包括反射隔热降温屋顶、间层通风隔热降温屋顶、蓄水隔热降温屋顶、种植隔热降温屋顶等。

1）反射隔热降温屋顶

材料表面的颜色和光洁度对热辐射的反射作用，对平屋顶的隔热降温有一定的效果，图10-29（a）为不同材料对热辐射的反射程度。如屋顶采用淡色砾石铺面或用石灰水刷白对反射降温都有一定的效果。如果在通风屋顶中的基层加一层铝箔，则可利用其第二次反射作用，对屋顶的隔热效果进一步改善，图10-29（b）为铝箔的反射作用。

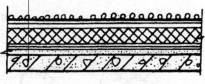

图10-28 屋顶保温构造

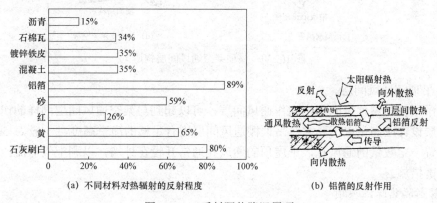

图10-29 反射隔热降温屋顶

2）间层通风隔热降温屋顶

间层通风隔热降温屋顶就是在屋顶设置架空通风间层，使其上层表面遮挡阳光辐射，同时利用风压和热压作用把间层中的热空气不断带走，使通过屋顶传入室内的热量减少，从而达到隔热降温的目的。通风间层的设置通常有两种方式，一种是在屋顶上做架空通风间层；另一种是利用吊顶棚内的空间做通风间层。

（1）架空通风间层。

架空通风间层设于屋顶防水层上，同时也起到了保护防水层的作用。架空通风间层一方面利用架空的面层遮挡直射阳光，另一方面使架空间层内被加热的空气与室外冷空气产生对流，将间层内的热量源源不断地排走，从而达到降低室内温度的目的。

架空通风间层通常用砖、瓦、混凝土等材料及制品制作架空构件，其基本构造如图10-30所示。架空通风间层设计应满足以下要求：架空间层应有适当的净高，一般以180~240 mm为宜；距女儿墙500 mm范围内不铺架空板；隔热板的支点可做成砖垄墙或砖墩，间距视隔热板的尺寸而定。

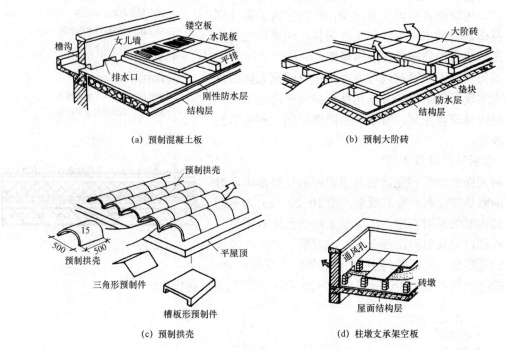

图 10-30　屋顶架空通风间层构造

（2）吊顶棚通风间层。

利用吊顶棚与屋顶之间的空间作通风间层，可以起到与架空通风间层同样的作用。吊顶棚通风间层设计应满足以下要求：吊顶棚通风间层应有足够的净空高度，一般为 500 mm 左右；需设置一定数量的通风孔，平屋顶的通风孔通常开设在外墙，以利空气对流；通风孔应考虑防飘雨措施。

3）蓄水隔热降温屋顶

蓄水隔热降温屋顶是利用平屋顶所蓄积的水层来达到屋顶隔热降温的目的。蓄水层的水面能反射阳光，减少阳光辐射对屋顶的热作用；而且蓄水层能吸收大量的热，使部分水由液体蒸发为气体，从而将热量散发到空气中，减少了屋顶吸收的热能，起到隔热降温的作用。若在蓄水层中养殖水生植物，利用植被吸收阳光进行光合作用和植物叶片遮蔽阳光的作用，其隔热降温的效果将会更加理想。同时水层长期淹没防水层，减少了由于气候条件变化引起的开裂，并防止了混凝土的碳化，使诸如沥青和嵌缝油膏之类的防水材料在水层的保护下推迟老化进程，延长使用年限。蓄水隔热降温屋顶构造与刚性防水屋面基本相同，主要区别是增加了一壁三孔，即蓄水分仓壁、溢水孔、泄水孔和过水孔，其基本构造如图 10-31 所示。

蓄水隔热屋顶构造应注意以下几点：合适的蓄水深度，一般为 150～200 mm；根据屋顶面积划分成若干蓄水区，每区的边长一般不大于 10 m；足够的泛水高度，至少高出水面 100 mm；合理设置溢水孔和泄水孔，并应与排水檐沟或水落管连通，以保证多雨季节不超过蓄水深度和检修屋面时能将蓄水排除；注意做好管道的防水处理。

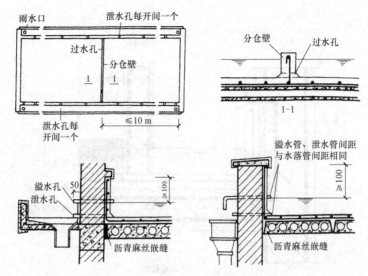

图 10-31 蓄水隔热降温屋顶构造

4）种植隔热降温屋顶

种植隔热降温屋顶是在平屋顶上种植植物，利用植物对阳光进行遮挡，并作用其蒸腾和光合作用吸收太阳辐射热，从而达到降温隔热的目的。

种植隔热降温屋顶根据栽培介质层构造方式的不同，可分为一般种植隔热降温屋顶和蓄水种植隔热降温屋顶两类。

（1）一般种植隔热降温屋顶。

一般种植隔热降温屋顶是在屋顶上用床埂分为若干的种植床，直接铺填种植介质，栽培各种植物。其基本构造如图 10-32 所示。

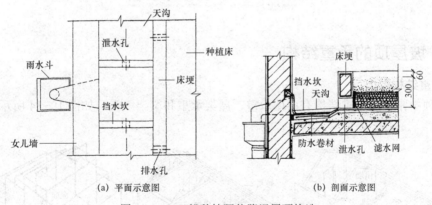

(a) 平面示意图　　(b) 剖面示意图

图 10-32　一般种植隔热降温屋顶构造

（2）蓄水种植隔热降温屋顶。

蓄水种植隔热降温屋顶是将一般种植屋顶与蓄水屋顶结合起来，从而形成一种新型的隔热降温屋顶，在屋顶上用床埂分为若干种植床，直接填种植介质，同时蓄水，栽培各种水中植物。其基本构造如图 10-33 所示。

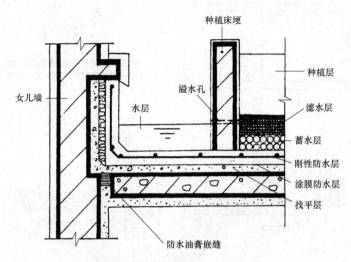

图 10-33 蓄水种植隔热降温屋顶构造

蓄水种植屋顶连通整个层面的蓄水层,弥补了一般种植屋顶隔热不完整、对人工补水依赖较多等缺点,又兼具蓄水屋顶和一般种植屋顶的优点,隔热效果更佳,但相对来说造价也较高。

种植屋顶不但在隔热降温的效果方面有优越性,而且在净化空气、美化环境、改善城市生态、提高建筑综合利用效益等方面都具有极为重要的作用,是具有一定发展前景的屋顶形式。

10.3 坡屋顶构造

10.3.1 坡屋顶的承重结构

1. 承重结构类型

坡屋顶中常用的承重结构有山墙承重、屋架承重和梁架承重,如图 10-34 所示。

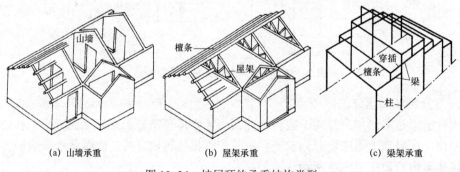

图 10-34 坡屋顶的承重结构类型

1)山墙承重

山墙指房屋两端的横墙,利用山墙砌成尖顶形状直接搁置檩条以承载屋顶重量,这种结构形式称为"山墙承重"或"硬山搁檩"。

这种结构形式的优点为做法简单、经济,适合于多数相同开间并列的房屋,如宿舍、办公室之类。

2)屋架承重

一般建筑常采用三角形屋架,用来架设檩条以支承屋面荷载,屋架一般搁置在房屋的纵向外墙或柱子上,使建筑有一较大的使用空间,多用于要求有较大空间的建筑,如食堂、教学楼等。

为了防止屋架倾斜并加强其稳定性,应在屋架之间设置剪刀撑,常采用截面约 50 mm×100 mm 的方木、角钢,并用螺栓将其固定在屋架上下弦或中柱上,如图 10-35 所示。

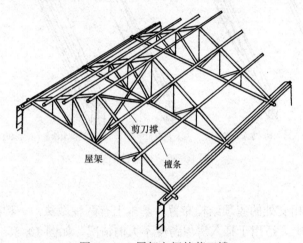

图 10-35 屋架之间的剪刀撑

3)梁架承重

以柱和梁形成梁架来支承檩条,每隔 2～3 根檩条设立一根柱子,梁、柱、檩条把整个房屋形成一个整体骨架,墙只起到围护和分隔作用,不承重,因此这种结构形式有"墙倒,屋不塌"之称。

2. 承重结构构件

1)屋架

屋架形式常为三角形,由上弦、下弦及腹杆组成,根据材料不同有木屋架、钢屋架及钢筋混凝土屋架等,如图 10-36 所示。木屋架一般用于跨度不超过 12 m 的建筑。将木屋架中受拉力的下弦及直腹杆用钢筋或型钢代替,这种屋架称为钢木屋架。钢木屋架一般用于跨度不超过 18 m 的建筑,当跨度更大时需采用预应力钢筋混凝土屋架或钢屋架。

2)檩条

檩条一般用圆木或方木,为了节约木材,也可采用钢筋混凝土或轻钢檩条,檩条的形式如图 10-37 所示。檩条材料一般与屋架所用材料相同,以使两者的耐久性接近。

采用木檩条时要注意搁置处的防腐处理,一般在端头涂以沥青;并在搁置处设有混凝土垫块,以便荷载的分布;预制钢筋混凝土檩条的截面,形状有矩形、L 形、T 形等;为了在檩条上钉屋面板,常在面上设置木条;采用的轻钢檩条多为冷轧薄壁型钢。

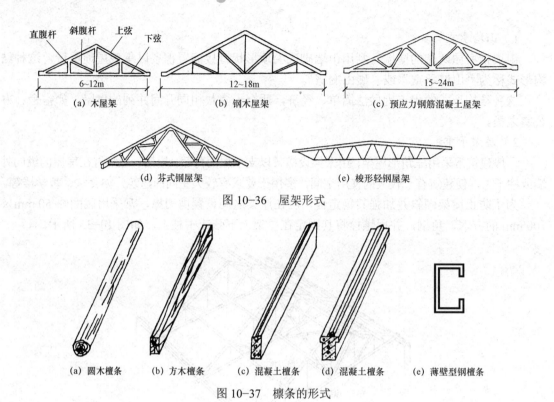

图 10-36 屋架形式

图 10-37 檩条的形式

3. 承重结构布置

房屋平面呈垂直相交处的屋顶结构布置，基本上有两种做法，一种是把插入屋顶的檩条搁在原来房屋的檩条上，适用于插入房屋跨度不大的情况，如图 10-38（a）所示；另一种做

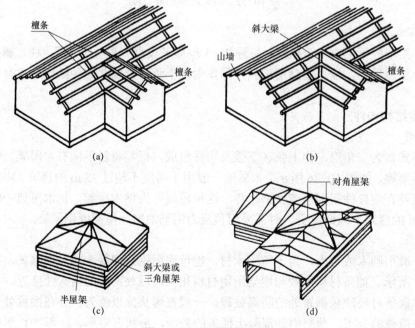

图 10-38 承重结构布置

法是用斜梁或半屋架,一端搁在转角的墙上,另一端,当中间有墙或柱作支点时可搁置在墙或柱上,无墙或柱可搁时,则支承在中间的屋架上,如图10-38(b)所示;其他转角与四坡顶端部的屋架布置,基本上也按照这些原则,如图10-38(c)、(d)所示。

10.3.2 坡屋顶的屋面构造

坡屋顶是在承重结构上设置保温、防水等构造层,一般是利用各种瓦材,如平瓦、波形瓦、小青瓦等作为屋面防水材料,近些年来还有不少采用金属瓦屋面、彩色压型钢板屋面等。

1. 平瓦屋面

1)平瓦屋面的基层构造

平瓦外形是根据排水要求而设计的,瓦的规格尺寸为(380～420)mm×(230～250)mm×(20～25)mm,如图10-39(a)所示,瓦下装有挂钩,可以挂在挂瓦条上,以防止下滑,中间突出物穿有小孔,风大的地区可以用铅丝扎在挂瓦条上。屋脊部位需专用的脊瓦盖缝,如图10-39(b)所示。

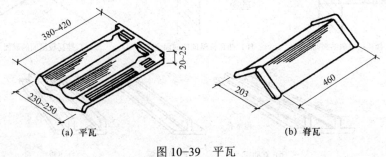

图10-39 平瓦

平瓦屋面根据基层的不同有冷摊瓦屋面、木望板瓦屋面和钢筋混凝土板瓦屋面3种做法。

(1)冷摊瓦屋面。

冷摊瓦屋面是平瓦屋面最简单的做法,即在檩条上钉椽条,然后在椽条上钉挂瓦条并直接挂瓦,如图10-40所示。挂瓦条的尺寸视椽子间距而定,椽子间距越大,挂瓦条的尺寸就越大。这种做法构造简单,但雨雪易从瓦缝中飘入室内,通常用于南方地区质量要求不高的建筑。

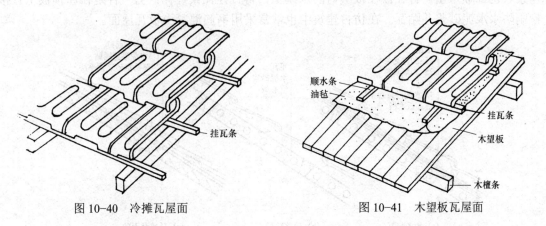

图10-40 冷摊瓦屋面　　　图10-41 木望板瓦屋面

(2)木望板瓦屋面。

木望板瓦屋面如图10-41所示,是在檩条上铺钉15～20mm厚的木望板(亦称屋面板),

木望板可采取密铺法或稀铺法（望板间留 20 mm 左右宽的缝），在木望板上铺设保温材料，再平行于屋脊方向铺卷材，然后设置截面 10 mm×30 mm、中距 500 mm 的顺水条，最后在顺水条上面设挂瓦条并挂瓦。木望板瓦屋顶的防水、保温隔热效果较好，但耗用木材多、造价高，多用于质量要求较高的建筑。

（3）钢筋混凝土挂瓦板平瓦屋面。

钢筋混凝土挂瓦板为预应力或非预应力混凝土构件，将檩条、望板、挂瓦条 3 个构件的功能结合为一体。其基本截面形式有单 T 形、双 T 形和 F 形，在肋根部留泄水孔，以便排除由瓦面渗漏下的雨水，如图 10-42 所示。挂瓦板与山墙或屋架的连接构造采用水泥砂浆坐浆和预埋钢筋套接。

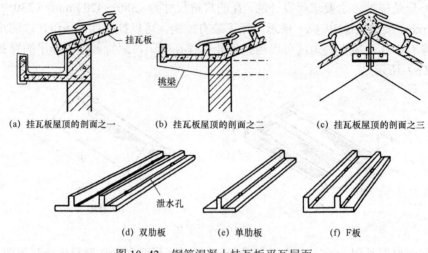

图 10-42　钢筋混凝土挂瓦板平瓦屋面

（4）钢筋混凝土板瓦屋面。

钢筋混凝土板瓦屋面如图 10-43 所示，其主要是满足防火或造型等的需要，在预制钢筋混凝土空心板或现浇平板上面盖瓦。盖瓦的方式有两种，一是在找平层上铺油毡一层，将压毡条（也称顺水条）钉在嵌在板缝内的木楔上，再钉挂瓦条挂瓦；另一种是在屋顶板上直接粉刷防水水泥砂浆并贴瓦。在仿古建筑中也常常采用钢筋混凝土板瓦屋面。

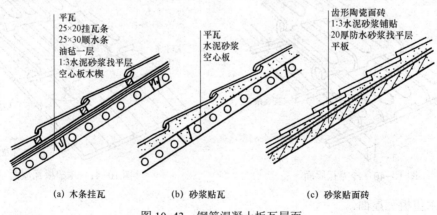

图 10-43　钢筋混凝土板瓦屋面

2）平瓦屋面的细部构造

平瓦屋面要满足防水的需要，应做好檐口、天沟、檐沟等部位的细部处理。

（1）檐口构造。

檐口根据所在位置不同，分为纵墙檐口和山墙檐口。

① 纵墙檐口。

纵墙檐口根据造型要求，一般做成挑檐或包檐。

a）挑檐。

挑檐是屋面出挑部分，对外墙起保护作用。一般南方雨水较多，出挑较大，北方雨水较少，出挑可以小一些。若出挑较小，可以用纵墙的砖做挑檐，如图10-44（a）所示，每两皮砖（高约120 mm）出挑60 mm，一般出挑长度不大于1/2墙厚。

出挑较大者可以采用木料挑檐，通常分为以下5种情况。ⓐ 用屋面板出挑檐口，由于屋面板较薄（一般为15～20 mm），出挑长度不宜大于300 mm，如图10-44（b）所示；ⓑ 若在横墙中砌入的挑檐木（或利用屋架托木）的端头与屋面板和封檐板结合，则挑檐可较硬朗，出挑长度可适当加大，挑檐木要注意防腐，压入墙内长度要大于出挑长度的两倍，如图10-44（c）所示；ⓒ 在檐墙外面的檐口下加一檩条，利用屋架下弦的托木或在横墙中加一挑檐木（或钢筋混凝土挑梁）作为檐檩的支托，檐檩与檐墙上的沿游木之间的距离要大于其他檩条之间的距离，如图10-44（d）所示；ⓓ 利用已有椽子出挑，出挑尺寸视椽子尺寸计算确定，如图10-44（e）所示；ⓔ 在采用檩条承重的屋顶檐边另加椽子挑出作为檐口的支托，出挑尺寸视椽子尺寸计算确定，如图10-44（f）所示。

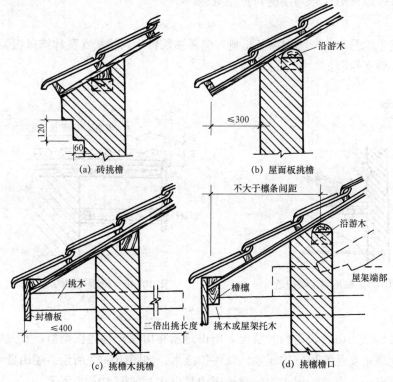

图10-44 平瓦屋顶挑檐构造

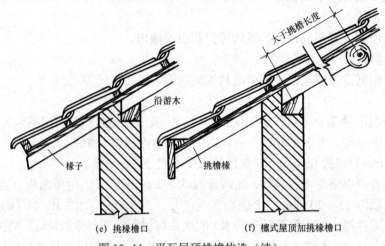

图 10-44 平瓦屋顶挑檐构造（续）

b）包檐。

女儿墙包檐构造如图 10-45 所示，在屋架与女儿墙相接处必须设天沟。天沟最好采用混凝土槽形天沟板，沟内铺油毡防水层，并将油毡一直铺到女儿墙上形成泛水。

② 山墙檐口。

山墙檐口按屋顶形式分为挑檐和封檐两种。

a）挑檐。

山墙挑檐也称悬山，一般用檩条出挑，檩条端部钉木封檐板（又称博风板），用水泥砂浆做出披水线，将瓦封固。如图 10-46 所示。

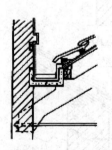

图 10-45 女儿墙包檐构造

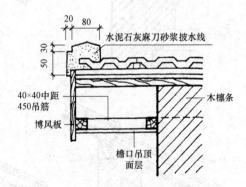

图 10-46 山墙挑檐构造

b）封檐。

山墙封檐包括出山、硬山两种情况。出山是指将山墙升起包住檐口，女儿墙与屋面交接处应作泛水处理，女儿墙顶应作压顶，以保护泛水。如图 10-47 所示；硬山做法为山墙与屋面平齐，或挑出一二皮砖，用水泥砂浆抹压边瓦出线，如图 10-48 所示。

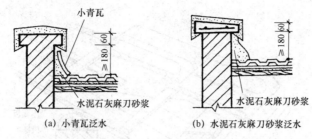

图 10-47 出山封檐构造

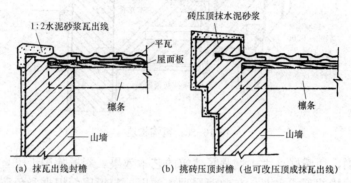

图 10-48 硬山封檐构造

（2）天沟构造。

在等高跨或高低跨相交处，常常出现天沟，而两个相互垂直的屋面相交处则形成斜沟。沟应有足够的断面积，上口宽度不宜小于 300～500 mm，一般用镀锌铁皮铺于木基层上，镀锌铁皮伸入瓦片下面至少 150 mm。高低跨和包檐天沟采用镀锌铁皮防水层时，应从天沟内延伸至立墙（女儿墙）上形成泛水，如图 10-49 所示。

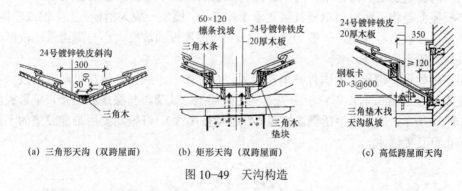

图 10-49 天沟构造

（3）檐沟构造。

瓦屋顶的排水设计原则与平屋顶基本相同，所不同的是挑檐有组织排水时的檐沟多采用轻质并耐水的材料，如镀锌铁皮等。排水檐沟可以利用封檐板作支承，平瓦在檐口应挑出封檐板 40～60 mm，防水卷材要绕过三角木搭入檐沟内，如图 10-50 所示。

2. 彩色压型钢板屋面

彩色压型钢板屋面简称彩板屋面，是近十多年来在大跨度建筑中广泛采用的高效能屋面，具有自重轻、强度高、安装方便等优点，另外彩板主要是采用螺栓连接，不受季节气候的影

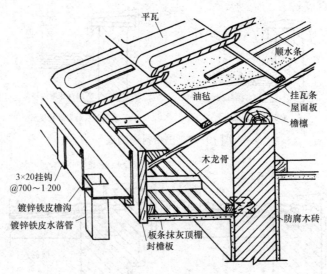

图 10-50　檐沟构造

响，彩板色彩绚丽、质感好，大大增强了建筑的艺术效果。彩板除用于平直坡面的屋顶外，还可根据造型与结构的形式需要，在曲面屋顶上使用。彩板屋面根据彩色压型钢板的功能、构造分为单层彩色压型钢板屋面和保温夹芯彩色压型钢板屋面。

1）单层彩色压型钢板屋面

单层彩色压型钢板（单彩板）只有一层薄钢板，用其作屋面时必须在室内一侧另设保温层。根据断面形式，单彩板分为波形板、梯形板、带肋梯形板。波形板和梯形板的力学性能不够理想。带肋梯形板在梯形板的上下翼和腹板上增加纵向凹凸槽以形成纵向肋，同时再增加横向肋，两者起加劲肋的作用，两个方向的加劲肋提高了彩板的强度和刚度。

单彩板屋面是将彩色压型钢板直接支承于檩条上，檩条一般为槽钢、工字钢或轻钢檩条。檩条间距视屋顶板型号而定，一般为 1.5～3.0 m。屋顶板的坡度大小与降雨量、板型、拼缝方式有关，一般不小于 3°。

采用各种螺钉、螺栓等紧固件把单彩板固定在檩条上，螺钉一般在单彩板的波峰上。当单彩板波高超过 35 mm 时，单彩板应先连接在铁架上，铁架再与檩条相连接，单彩板屋面构造如图 10-51 所示。应采用不锈钢连接螺钉（不易被腐蚀），钉帽均要用带橡胶垫的不锈钢垫圈，以防止钉孔处渗水。

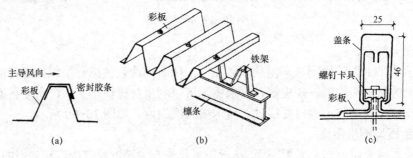

图 10-51　单彩板屋面构造

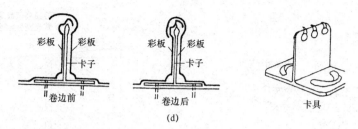

图 10-51 单彩板屋面构造（续）

2) 保温夹芯彩色压型钢板屋面

保温夹芯彩色压型钢板（保温夹芯彩板）是由两层彩色涂层钢板为表层，硬质阻燃自熄型聚氨脂泡沫（或聚苯乙烯泡沫等）为芯材，通过辊压、发泡成型后用高强度粘合剂粘和而成的一种组合材料，是具有保温、体轻、防水、装饰、承力等多种功能的高效结构材料，主要适用于公共建筑、工业厂房的屋顶。

保温夹芯彩板屋面坡度为 1/20～1/6，在腐蚀环境中屋面坡度应大于等于 1/12。在运输、吊装许可条件下，应采用较长尺寸的夹芯板，以减少接缝，防止渗漏和提高保温性能，但一般不宜大于 9m。对于檩条与保温夹芯彩板的连接，在一般情况下，应使每块板至少有 3 个支承檩条，以保证屋面板不发生翘曲。

板与板之间的连接采用拉铆钉，所用拉铆钉均用硅酮密封胶密封，并用金属或塑料压盖保护；夹芯板材与檩条的连接应采用带防水垫圈的镀锌螺栓，钻孔时应垂直地将屋面板与檩条一起钻透，固定螺栓时，应先垫好防水密封垫圈，并套上橡胶垫板和不锈钢压盖后用力拧紧。

（1）屋脊铺设。首先，沿屋脊线在相邻两檩条上铺托脊板，在托脊板上放置屋面板，将屋面板、托脊板、檩条用螺栓固定；其次，向两坡屋面板沿屋脊形成的凹型空间内填塞聚氨脂泡沫，再在两坡屋面板端头粘好聚乙烯泡沫堵头；最后再用拉铆钉将屋脊盖板、挡水板固定，并加通长胶带，如图 10-52（a）所示。

（2）檐口铺设。沿夹芯板端头，铺设封檐板并固定，构造如图 10-52（b）所示。屋面板与山墙相接处沿墙采用通长轻质聚氨酯泡沫或现浇聚氨酯发泡密封，屋面板外侧与山墙顶部用包角板统一封包，包角板顶部向屋面一侧设 2% 坡度，如图 10-52（c）所示。

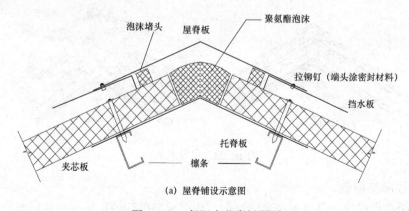

(a) 屋脊铺设示意图

图 10-52 保温夹芯彩板屋面

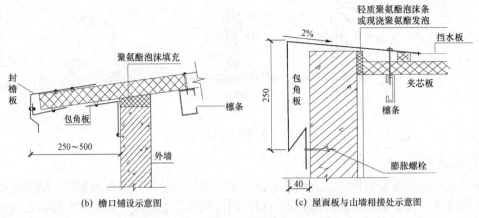

图 10-52 保温夹芯彩板屋面（续）

3. 金属瓦屋面

金属瓦屋面是用镀锌铁皮或铝合金瓦做防水层的一种屋面，金属瓦屋面自重轻、防水性能好、使用年限长，主要用于大跨度建筑的屋面。

金属瓦的厚度很薄（厚度在 1 mm 以内），铺设这样薄的瓦材必须用钉子固定在木望板上，木望板则支撑在檩条上，为防止雨水渗漏，瓦材下应干铺一层油毡。所有的金属瓦必须相互连通导电，并与避雷针或避雷带连接。

10.3.3 坡屋顶的保温与隔热

1. 坡屋顶保温构造

坡屋顶的保温层一般布置在顶棚层上面，若使用散料，则较为经济但不方便。近来多采用保温纤维板或纤维毯成品铺设在顶棚的上面。为了更好地利用上部空间，也有把保温层设置在斜屋顶的底层，通风口还是设在檐口及屋脊，如图 10-53 所示。隔汽层和保温层可共用通风口。保温材料可根据工程具体要求选用松散料或板块料。

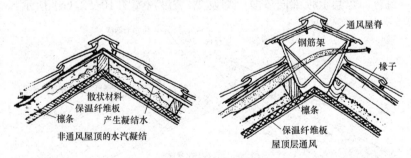

图 10-53 屋脊通风

2. 坡屋顶隔热构造

炎热地区在坡屋顶中设进气口和排气口，利用屋顶内外的热压差和迎风面的压力差，组织空气对流，形成屋顶内的自然通风，以减少由屋顶传入室内的辐射热，从而达到隔热降温的目的。进气口一般设在檐墙上、屋檐部位或室内顶棚上；出气口最好设在屋脊处，以增大高差，有利加速空气流通。

坡屋顶的通风孔常设在山墙上部，如图 10-54（c）所示；檐口外墙处，如图 10-54（f）所示；挑檐顶棚处，如图 10-54（a）所示。有的地方用空心屋顶板的孔洞作为通风散热的通道，其进风孔设在檐口处，屋脊处设通风桥，如图 10-54（b）所示。也可在屋顶设置双层屋顶板而形成通风隔热层，如图 10-54（d）所示，其中上层屋顶板用来铺设防水层，下层屋顶板则用作通风顶棚，通风层的四周仍需设通风孔。屋顶跨度较大时还可以在屋顶上开设天窗作为出气孔，以加强顶棚层内的通风，进气孔可根据具体情况设在顶棚或外墙上，如图 10-54（e）所示。

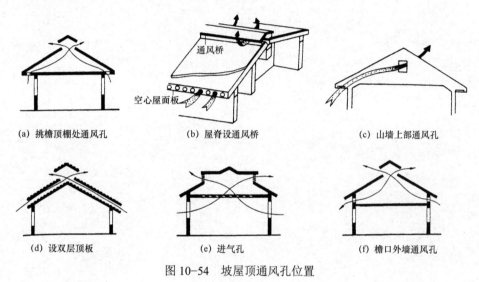

图 10-54　坡屋顶通风孔位置

思政映射与融入点

引入中国传统建筑的屋顶做法，分析传统建筑屋顶承重形式、材料组成。让学生通过古典建筑屋顶的学习，接受中国传统文化的熏陶，增强民族意识和民族自豪感，提高艺术涵养和人文底蕴。

引入新型屋面材料讲解。通过新型屋面材料的讲解，引导学生关注建筑领域前沿发展动态，更有效地将新型、高效、优质的建筑材料运用到构造设计当中，实现节能减排、绿色可持续发展的目标，为建筑节能做出贡献。

思考题

10-1　屋顶设计需要满足哪些要求？

10-2　屋顶都有哪些类型？平屋顶和坡屋顶的坡度界限是多少？

10-3　屋面防水主要从哪两个方面入手？

10-4　屋顶的排水方式有哪些，各有什么优缺点？

10—5 防水卷材施工时注意事项有哪些？

10—6 什么是涂膜防水屋面？具有什么优点？

10—7 平屋顶的保温材料有哪几种？隔热措施有哪些？

10—8 坡屋顶的承重结构有哪几种类型？坡屋顶平面呈垂直相交处的屋顶结构布置有哪些原则？

10—9 坡屋顶的构造都有哪些？

第 11 章 楼梯等垂直交通设施

请按表 11-1 的教学要求，学习本章的相关教学内容。

表 11-1 教学内容和教学要求表

教学内容	教学要求	教学内容	教学要求
11.1 楼梯概述	了解	11.3.1 楼梯的主要尺寸	重点掌握
11.1.1 楼梯的组成		11.3.2 楼梯的尺寸计算	
11.1.2 楼梯的形式		11.4 台阶与坡道	了解
11.1.3 楼梯的坡度		11.4.1 台阶	
11.2 钢筋混凝土楼梯的构造	掌握	11.4.2 坡道	
11.2.1 现浇整体式钢筋混凝土楼梯		11.5 电梯与自动扶梯	了解
11.2.2 预制装配式钢筋混凝土楼梯		11.5.1 电梯	
11.3 楼梯的设计	重点掌握	11.5.2 自动扶梯	

11.1 楼梯概述

在建筑中，为了解决垂直交通问题，一般常采用的设施有楼梯、电梯、自动扶梯、爬梯、台阶、坡道等。楼梯作为建筑垂直交通的主要设施，是房屋建筑构造的重要组成部分。因此楼梯的设置、构造和形式应满足防火安全、结构坚固、经济合理、造型美观的要求。电梯通常在高层建筑和有特殊需要的建筑中使用，自动扶梯则常用于人流较大的公共场所。有关规范规定建筑中设有电梯或自动扶梯的同时，也必须设置楼梯，以备在紧急情况下使用。

台阶和坡道是楼梯的特殊形式。在建筑入口处，因室内外地面高差而设置的踏步段称为台阶。为方便车辆、轮椅通行也可以增设坡道，如图 11-1 所示。

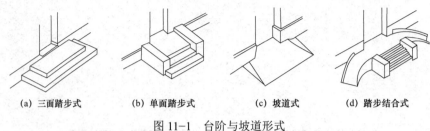

图 11-1 台阶与坡道形式

11.1.1 楼梯的组成

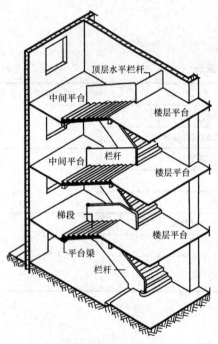

图 11-2 楼梯的组成

楼梯主要由楼梯梯段、楼梯平台及栏杆扶手 3 部分组成,如图 11-2 所示。

1. 楼梯梯段

楼梯梯段是由若干个踏步组成的,供建筑楼层之间上下行走的通道称为梯段。每个踏步一般由两个相互垂直的平面组成,供人们行走时脚踏的水平面称为踏面,与踏面垂直的平面称为踢面。踏面和踢面之间的尺寸关系决定了楼梯的坡度。

2. 楼梯平台

楼梯平台按所处位置分为楼层平台和中间平台。与楼层地面相连的称为楼层平台,其标高同楼层标高相一致,用以疏散到达各楼层的人流;介于两楼层之间的平台称为中间平台,其作用是使人们在行走时调整体力和改变行进方向。

3. 栏杆扶手

栏杆扶手是设置在楼梯梯段和楼梯平台边缘处的具有一定安全高度要求的围护构件。扶手附设于栏杆顶部,供依扶使用。扶手也可附设于墙上,称为靠墙扶手。

11.1.2 楼梯的形式

楼梯按行走方式可以分为直跑楼梯、双跑楼梯、三跑楼梯、弧形及螺旋形楼梯等多种形式,如图 11-3 所示。楼梯的形式与建筑设计的楼梯平面密切相关。当楼梯平面为矩形时,可以设计成双跑楼梯;当楼梯平面为方形时,可以设计成三跑楼梯;当楼梯平面比较宽敞,或平面为圆形、弧形时,可以设计成螺旋形楼梯。考虑到建筑中的功能需要、规范要求及室内装饰效果,还可以将楼梯设计成双分、双合、交叉跑等形式的楼梯。

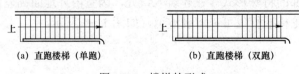

图 11-3 楼梯的形式

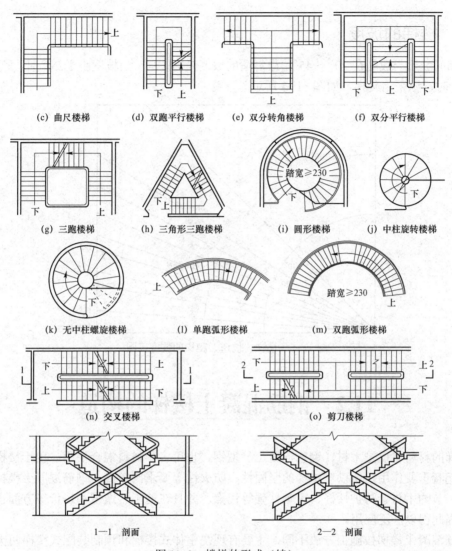

图 11-3 楼梯的形式（续）

楼梯间按其平面形式可以分为开敞式楼梯间、封闭式楼梯间及防烟楼梯间，如图 11-4 所示，实际设计时应根据有关规范要求选用。

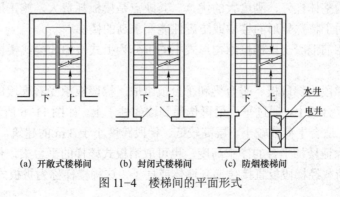

图 11-4 楼梯间的平面形式

11.1.3 楼梯的坡度

楼梯的坡度一般是在 20°～45°，最舒适的坡度是 26°34′。当坡度小于 20°时，采用坡道；大于 45°时，则采用爬梯，如图 11-5 所示。

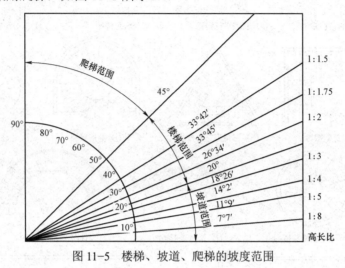

图 11-5　楼梯、坡道、爬梯的坡度范围

11.2　钢筋混凝土楼梯的构造

楼梯的材料可以是木材、钢筋混凝土、型钢，也可多种材料混合使用。由于楼梯在紧急疏散时起着重要作用，所以对楼梯的坚固性、防火性等要求比较高。钢筋混凝土楼梯具有坚固耐久、节约木材、防护性好、可塑性强等优点，并且在施工、造型和造价等方面也有较多优势，因此得以广泛应用。

钢筋混凝土楼梯按施工方法不同，主要有现浇整体式楼梯和预制装配式楼梯两类。

11.2.1　现浇整体式钢筋混凝土楼梯

现浇整体式钢筋混凝土楼梯是在配筋、支模后将楼梯梯段和平台等现浇在一起，因此具有可塑性强、结构整体性好、刚度大的优点。其缺点是模板耗费大，施工周期长，受季节温度影响大。通常用于特殊异形的楼梯或防震性能要求高的楼梯。

现浇整体式钢筋混凝土楼梯按结构形式不同可分为板式楼梯和梁式楼梯两种。

1. 板式楼梯

板式楼梯的梯段由梯段板、平台梁和平台板组成。梯段板承受着梯段的全部荷载，并将荷载传至两端的平台梁上，通过平台梁再传递到墙或柱子上，如图 11-6 所示。这种楼梯构造简单、施工方便，适合于荷载较小、层高较低、梯段跨度小于 3 m 的建筑，如住宅、宿舍等。

有时，为了保证楼梯平台的净空高度，也可取消板式楼梯的平台梁，使梯段板与平台板直接连为一跨，荷载经梯段板直接传递到墙体或柱子，这种楼梯称为折板式楼梯，如图 11-7 所示。

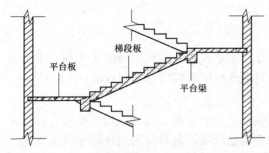
图 11-6 板式楼梯

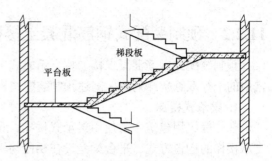
图 11-7 折板式楼梯

近年来，为了使楼梯造型新颖、空间感受开阔，出现了悬臂板式楼梯，即取消平台梁和中间平台的墙体或柱子，使楼梯完全靠上下梯段板和平台组成的空间板式结构与上下层楼板结构共同受力，如图 11-8 所示。

2. 梁式楼梯

梁式楼梯的梯段由踏步板和梯段斜梁（简称梯梁）组成。梯段的荷载由踏步板承担并传递给梯梁，梯梁再将荷载传递给平台梁，经平台梁传递到墙或柱子上。这种楼梯具有跨度大、承受荷载大、刚度大的优点，但是其施工速度较慢，适合于荷载较大、层高较高的建筑，如剧场、商场等公共建筑。

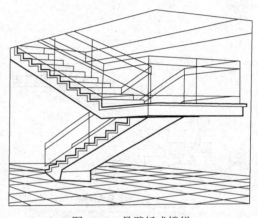
图 11-8 悬臂板式楼梯

梁式楼梯的梯梁位置比较灵活，一般放在踏步板的两侧，但是根据实际需要，梯梁在踏步板的竖向的相对位置有以下两种布置方式。

（1）梯梁在踏步板之下，踏步外露，称为明步，如图 11-9 所示。明步的做法使梯段下部形成梁的暗角，容易积灰。

（2）梯梁在踏步板之上，形成反梁，踏步包在里面，称为暗步，如图 11-10 所示。暗步的做法使梯段底部保持平整，弥补了明步的缺陷，但是由于梯梁宽度占据了梯段的位置，从而使梯段的净宽变小。

有时考虑楼梯对造型独特、轻巧的要求，梯梁也可以只放一根，通常有以下两种布置方式。

（1）踏步板的一端设梯梁，另一端搁置在墙上，以减少用料，但是施工比较复杂。

（2）踏步板的中部设梯梁，形成踏步板向两侧悬挑的受力形式，如图 11-11 所示。

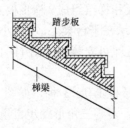
图 11-9 明步楼梯

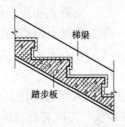
图 11-10 暗步楼梯

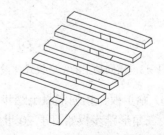
图 11-11 中间单梁的梁式楼梯示意图

11.2.2 预制装配式钢筋混凝土楼梯

预制装配式钢筋混凝土楼梯按支承方式主要分为梁承式、墙承式和悬挑式3种，本节以常用的平行双跑楼梯为例，阐述预制装配式钢筋混凝土楼梯的构造原理和做法。

1. 梁承式楼梯

在一般民用建筑中常使用梁承式楼梯。预制梁承式钢筋混凝土楼梯是指梯段用平台梁来支承楼梯的构造方式。平台梁是设在梯段与平台交接处的梁，是最常用的楼梯梯段的支座。梁承式楼梯预制构件分为梯段（板式或梁板式楼梯）、平台梁、平台板 3 部分，如图 11-12 所示。

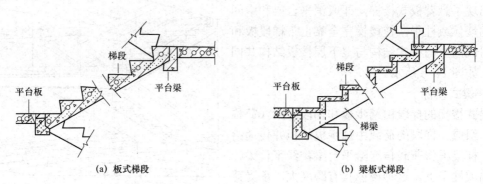

图 11-12 预制装配式梁承式楼梯

1）梯段

（1）板式梯段。

板式梯段为整块或数块带踏步条板，没有梯梁，梯段底面平整，结构厚度小，其上下端直接支承在平台梁上，如图 11-12（a）所示，使平台梁位置相应抬高，增大了平台下的净空高度，适用于住宅、宿舍等建筑。

板式梯段按构造方式不同，有实心和空心两种类型。实心梯段板自重较大，在吊装能力不足时，可沿宽度方向分块预制，安装时拼成整体。为减轻自重，也可将梯段板做成空心构件，有横向抽孔和纵向抽孔两种方式，其中横向抽孔较纵向抽孔合理易行，应用广泛，如图 11-13 所示。

（2）梁板式梯段。

梁板式梯段由踏步板和梯梁组成。踏步板支承在两侧梯梁上，梯梁两段支承在平台梁上，构件小型化，施工时不需大型起重设备即可安装，如图 11-12（b）所示。

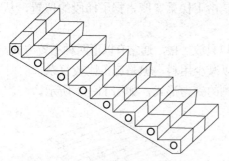

图 11-13 横向抽空的空心板式梯段板

① 踏步板。钢筋混凝土踏步板的断面形式有三角形、一字形和 L 形 3 种，如图 11-14 所示。三角形踏步板始见于 20 世纪 50 年代，其拼装后底面平整；实心三角形踏步自重较大，为减轻自重，可将踏步内抽孔，形成空心三角形踏步板。一字形踏步板只有踏板，没有踢板，制作简单、存放方便、外形轻巧，必要时可用砖补砌踢板；但其受力不太合理，仅用于简易

梯、室外梯等。L 形踏步板自重轻、用料省，但拼装后底面形成折板，容易积灰；其搁置方式有两种，一种是正置，即踢板朝上搁置，另一种是倒置，即踢板朝下搁置。

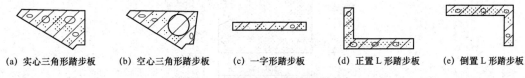

(a) 实心三角形踏步板　　(b) 空心三角形踏步板　　(c) 一字形踏步板　　(d) 正置 L 形踏步板　　(e) 倒置 L 形踏步板

图 11-14　预制踏步板的断面形式

② 梯梁。梯梁有矩形断面、L 形断面和锯齿形断面 3 种。矩形断面和 L 形断面梯梁主要用于搁置三角形踏步板。其中三角形踏步板配合矩形梯梁，拼装后形成明步楼梯，如图 11-15 (a) 所示；三角形踏步板配合 L 形梯梁，拼装后形成暗步楼梯，如图 11-15 (b) 所示。锯齿形断面梯梁主要用于搁置一字形、L 形踏步板，当采用一字形踏步板时，一般用侧砌墙作为踏步的踢面，如图 11-15 (c) 所示；采用 L 形踏步板时，要求梯梁锯齿的尺寸和踏步板相互配合协调，避免出现踏步架空、倾斜的现象，如图 11-15 (d) 所示。

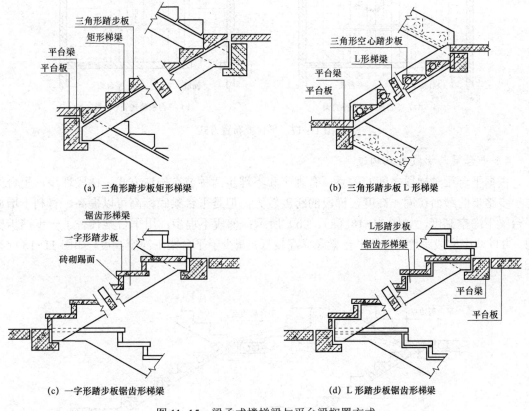

(a) 三角形踏步板矩形梯梁　　(b) 三角形踏步板 L 形梯梁

(c) 一字形踏步板锯齿形梯梁　　(d) L 形踏步板锯齿形梯梁

图 11-15　梁承式楼梯梁与平台梁搁置方式

2）平台梁

为了便于支承梯梁或梯段板，减少平台梁占用的结构空间，一般将平台梁做成 L 形断面，如图 11-16 所示，结构高度按 $L/(10\sim12)$ 估算（L 为平台梁跨度）。

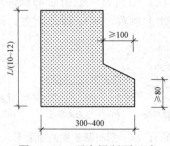

图 11-16 平台梁断面尺寸

3）平台板

平台板一般采用钢筋混凝土空心板，也可以使用槽板或平板。平台板一般平行于平台梁布置，当垂直于平台板布置时，常用小平板，如图 11-17 所示。

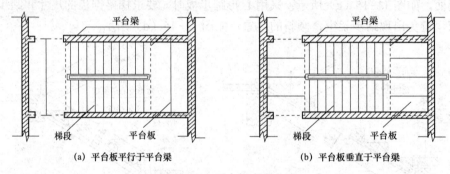

(a) 平台板平行于平台梁　　　　　　(b) 平台板垂直于平台梁

图 11-17 平台板布置方式

4）平台梁与梯段节点构造

根据平台梁与梯段之间的关系，有埋步和不埋步两种节点构造方式。梯段埋步，平台梁与一步踏步的踏面在同一高度，梯段的跨度较大，但是平台梁底标高可以提高，有利于增加平台梁下净空高度，如图 11-18（a）、（b）所示；梯段不埋步，用平台梁代替了一步踏步梯面，可以减少梯段跨度，但是平台梁底标高较低，减少了平台梁下净空高度，如图 11-18（c）、（d）所示。

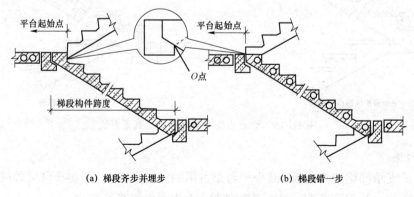

(a) 梯段齐步并埋步　　　　　　(b) 梯段错一步

图 11-18 平台梁与梯段节点构造

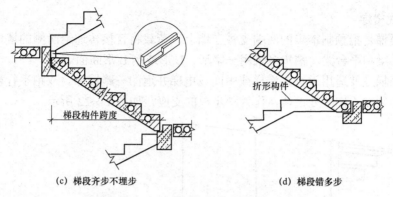

(c) 梯段齐步不埋步　　　　　　　(d) 梯段错多步

图 11-18　平台梁与梯段节点构造（续）

5) 构件连接

由于楼梯是主要交通部件，对其坚固耐久性要求较高，因此需要加强各构件之间的连接，以提高其整体性。

（1）踏步板与梯梁连接。

踏步板与梯梁的连接，一般是在梯梁上预埋钢筋，与踏步板支承段预留孔插接，同时踏步板下要用水泥砂浆坐浆，踏步板上插接处要用高强度水泥砂浆填实，如图 11-19 所示。

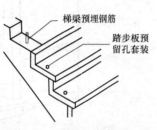

图 11-19　踏步板与梯梁连接

（2）梯梁或梯段板与平台梁连接。

梯梁或踏步板与平台梁的连接可采用插接或预埋铁件焊接，如图 11-20 所示。

（3）梯梁或梯段板与梯基连接。

在楼梯底层起步处，梯梁或梯段板下应作梯基，梯基常用砖或混凝土，也可用平台梁代替梯基，但需处理该平台梁无梯段处与地坪的关系，如图 11-21 所示。

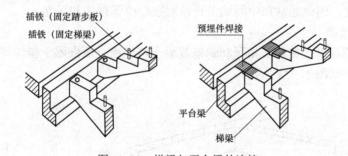

图 11-20　梯梁与平台梁的连接

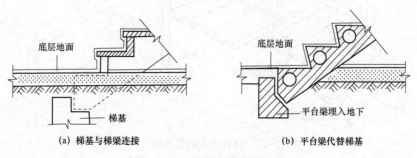

(a) 梯基与梯梁连接　　　　　　　(b) 平台梁代替梯基

图 11-21　梯梁与梯基的连接

2. 墙承式楼梯

墙承式楼梯是指预制踏步的两端支撑在墙上，荷载将直接传递给两侧的墙体。墙承式楼梯不需要设梯梁和平台梁，踏步多采用一字形、L形或倒L形断面。

墙承式楼梯主要适用于直跑楼梯或中间设电梯井道的三跑楼梯。双跑平行楼梯如果采用墙承式，则必须在原梯井处设墙，作为踏步板的支座，如图 11-22 所示。

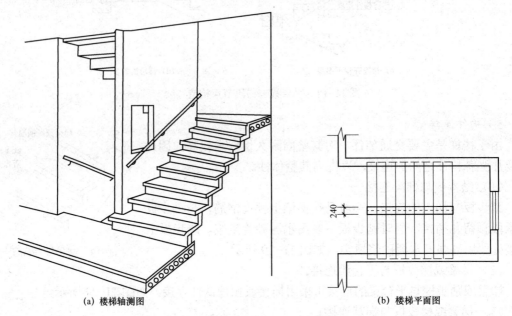

(a) 楼梯轴测图　　　　　　　　　　　　(b) 楼梯平面图

图 11-22　墙承式双跑平行楼梯

这种楼梯由于在梯段之间有墙，使得视线、光线受到阻挡，空间狭窄，对搬运家具及较多人流上下均不便，因此通常在中间墙上开设观察口改善视线和采光。

3. 墙悬臂式楼梯

墙悬臂式钢筋混凝土楼梯是指预制钢筋混凝土踏步板一端嵌固于楼梯间侧墙上，另一端悬挑的楼梯形式，如图 11-23 所示。

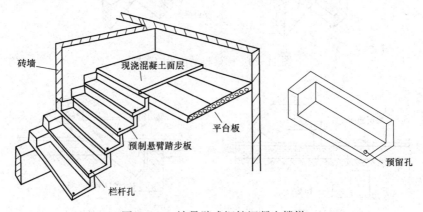

图 11-23　墙悬臂式钢筋混凝土楼梯

这种楼梯只有一种预制悬挑的踏步构件，无平台梁和梯梁，也无中间墙，楼梯间的空间轻巧空透，结构所占空间小，在住宅建筑中使用较多，但其楼梯间整体刚度较差，不能用于有抗震设防要求的地区。

墙悬臂式楼梯用于嵌固踏步板的墙体厚度不应小于 240 mm，踏步板悬挑长度一般不大于 1 500 mm，踏步板一般采用 L 形或倒 L 形带肋断面形式。

11.3 楼梯的设计

楼梯的设计必须符合有关规范的规定，例如与建筑的性质、等级、防火等有关的规范等。

11.3.1 楼梯的主要尺寸

1. 踏步尺寸

楼梯踏步由踏面和踢面组成，踏面的宽度即踏宽，踢面的高度即踏高，踏步的高宽比决定了楼梯的坡度。楼梯的坡度大小应适中，坡度过大，行走易疲劳；坡度过小，楼梯占用的面积增加，不经济。常用适宜的踏步尺寸见表 11-2。

表 11-2 常用适宜的踏步尺寸

名 称	住宅公共	学校、办公楼	剧院、会堂	老年住宅建筑	幼儿园
踏步最大高度 h/mm	175	150	175	150	130
踏步最小宽度 b/mm	260	260	280	300	260

一般情况下，踏步的高度在 140～175 mm 之间，踏步的宽度在 260～320 mm 之间。为了适应人们上下楼时的活动情况，踏面应该适当宽一些，在不改变梯段长度的情况下，可将踏步挑出 20～30 mm，形成突缘，也可将踢面做成倾斜，如图 11-24 所示，从而起到增加踏面的效果。

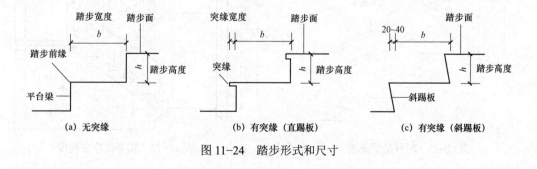

图 11-24 踏步形式和尺寸

2. 梯段尺寸

梯段尺寸主要指梯段宽度（梯宽）和梯段长度（梯长）。楼梯梯段净宽除应符合防火规范的规定外，供日常主要交通用的楼梯梯段净宽应根据建筑的使用特征，按每股人流 0.55+（0～0.15）mm 的宽度确定，并不应小于两股人流。同时还需满足各类建筑设计规范中对梯段宽度的限定，如住宅建筑不小于 1 100 mm，公共建筑不小于 1 300 mm 等。

梯长指的是梯段水平投影长度，即为踏面宽度的总和，因此梯长取决于踏步级数和踏宽，如果某梯段有 N 步台阶，踏宽为 b，那么该梯段的长度为 $b×(N–1)$，在一般情况下，每个梯段的踏步不应超过 18 级，也不应少于 3 级。

3. 平台宽度

平台包括中间平台和楼层平台，通常中间平台的宽度不应小于梯宽，楼层平台宽度一般比中间平台更宽一些，以利于人流分配。

4. 梯井宽度

梯井是指两梯段之间的空隙，一般是为楼梯施工方便而设置的，此空隙从底层到顶层贯通，其宽度以 60～200 mm 为宜。有儿童使用的楼梯，当梯井宽度大于 200 mm 时，必须采取安全措施，防止儿童坠落。

5. 栏杆扶手高度

栏杆扶手的高度是指从踏步前缘至扶手上表面的垂直高度。一般室内楼梯栏杆的扶手高度不宜小于 900 mm，在幼儿园建筑中，需在 500～600 mm 高度处增设一道扶手，如图 11-25 所示，以适应儿童的高度。当楼梯的宽度大于 1 650 mm 时，应增设靠墙扶手；当楼梯的宽度大于 2 200 mm 时，还应增设中间扶手。

6. 楼梯净空高度

楼梯的净空高度对楼梯的正常使用影响很大，不但关系到行走安全，而且在很多情况下涉及楼梯下面空间的利用和通行的可能性。楼梯的净空高度包括楼梯间的梯段净高和平台过道处的平台净高两部分，如图 11-26 所示。梯段净高宜大于 2 200 mm，平台净高应大于 2 000 mm，为使平台净高满足通行要求，一般采用以下 3 种处理方法。

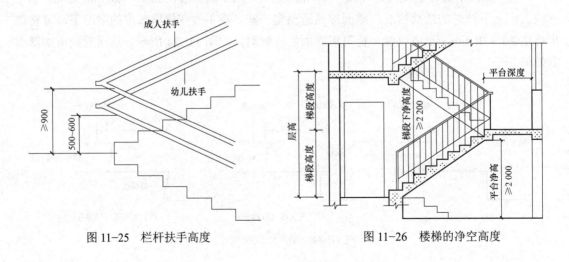

图 11-25 栏杆扶手高度　　　　图 11-26 楼梯的净空高度

1）降低平台下过道处的地坪标高

在室内外高差较大的前提下，将部分室外台阶移至室内，同时为防止雨水倒灌入室内，应使室内最低点的标高高出室外标高至少 0.1 m。这种处理方法可采用等跑梯段，使构件统一，如图 11-27 所示。

2）采用长短跑楼梯

改变两个梯段的踏步级数，采用不等级数，如图 11-28 所示，使起步第一跑楼梯变为长跑梯段，以提高中间平台标高。这种处理方法仅在楼梯间进深较大，底层平台宽度较富余时适用。

在实际工程中，经常综合以上两种方式，在降低平台下过道处地坪标高的同时采用长短跑楼梯，如图 11-29 所示，这种处理方法可兼有两种方式的优点，并减少其缺点。

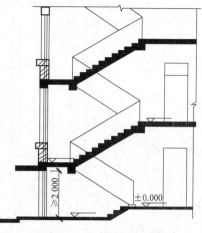

图 11-27 局部降低地坪

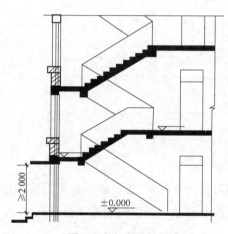

图 11-28 底层长短跑

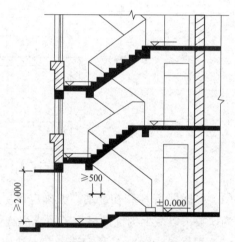

图 11-29 底层长短跑并局部降低地坪

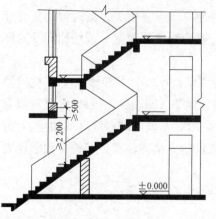

图 11-30 底层直跑

3）底层采用直跑楼梯

当底层层高较低时（不大于 3 m）可用直跑楼梯直接从室外上二层，如图 11-30 所示，二层以上可恢复两跑。设计时需注意入口雨篷底面与梯段间的净空高度，要保证其可行性。

11.3.2 楼梯的尺寸计算

在进行楼梯设计时，应对楼梯各细部尺寸进行详细的计算。以常用的平行双跑楼梯为例，楼梯尺寸的计算步骤如图 11-31 所示。

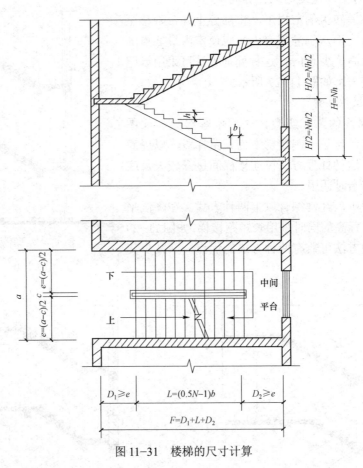

图 11-31 楼梯的尺寸计算

（1）根据层高 H 和初选踏高 h 确定每层踏步级数 N，$N=H/h$。设计时尽量采用等跑楼梯，N 宜为偶数，以减少构件规格。若所求出 N 为奇数或非整数，可以反过来调整踏高 h。

（2）根据踏步级数 N 和初选踏宽 b 决定梯长 L，$L=(0.5N-1)b$。

（3）确定是否设梯井。如楼梯间宽度较富余，可在两梯段之间设梯井。

（4）根据楼梯间开间净宽 a 和梯井净宽 c 确定梯段净宽 e，$e=(a-c)/2$。同时检验其通行能力是否满足紧急疏散时人流股数的要求，如不能满足，则应对梯井净宽 c 或楼梯间开间净宽 a 进行调整。

（5）根据初选楼层平台宽 D_1（$D_1 \geq e$）和中间平台宽 D_2（$D_2 \geq e$）及梯段长度 L 检验楼梯间进深长度 F，$F=D_1+L+D_2$。如不能满足，可对 L 值进行调整（即调整 b 值）。必要时则需调整 F 值。在 F 值一定的情况下，如尺寸有富裕，一般可加宽 b 值以减缓坡度或加宽 D_1 值以利于楼层平台分配人流。在装配式楼梯中，D_1 和 D_2 值的确定尚需注意使其符合预制板安放尺寸，并减少异形规格板数量。

11.4 台阶与坡道

11.4.1 台阶

1. 台阶的形式和基本要求

台阶分为室外台阶和室内台阶。室外台阶是在建筑出入口处解决室内外高差问题的交通联系构件；室内台阶用于联系室内和室内之间的高差，同时还起到丰富室内空间变化的作用。

为了使台阶满足交通和疏散的需要，台阶的设置应满足：室内台阶踏步级数不应少于两步，台阶踏步一般较平缓，以便于行走舒适，踏高 h 一般为 $100\sim150$ mm，踏宽 b 为 $300\sim400$ mm，踏步级数根据高差来确定；室外台阶在建筑出入口大门之间，应设一缓冲平台，作为室内外空间的过渡，平台深度不应小于 1 000 mm，平台宽度应大于所连通的门洞口宽度，一般每边至少宽出 500 mm。

2. 台阶的构造

台阶的构造分为实铺和架空两种，多数采用实铺的方法。实铺台阶的构造包括基层、垫层、面层。一般采用素土夯实做基层，然后按台阶形状尺寸做 C15 混凝土垫层、灰土垫层或砖垫层、石垫层，台阶面层可采用水泥砂浆、水磨石、缸砖、石材等。为防止台阶与建筑因沉降差别而出现裂缝，台阶与建筑主体之间应设沉降缝，并应在施工时间上滞后于主体建筑。在严寒地区，为保证台阶不受土壤冻胀的影响，应把台阶下部一定深度范围内的土换掉，改设砂土垫层，如图 11-32 所示。

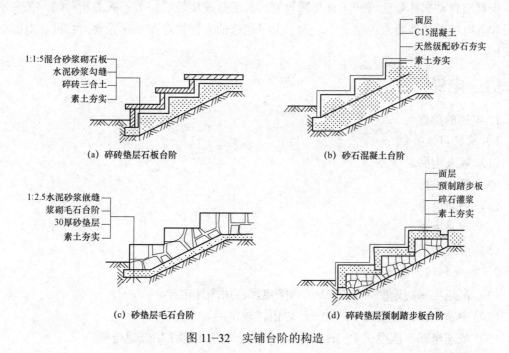

图 11-32 实铺台阶的构造

11.4.2 坡道

坡道是当建筑中两个空间有高差时，为满足车辆行驶、行人活动和无障碍设计要求而设置的垂直交通构件。坡道的坡度一般为 1:6～1:11。供残疾人使用的坡道不应大于 1:11，困难地段不应大于 1:8，同时每段坡道的最大高度为 750 mm，最大水平长度为 9 000 mm，并且坡道的宽度不应小于 900 mm，其中室外残疾人坡道宽度不应小于 1 500 mm。

坡道的构造和台阶基本相同，对防滑要求较高或坡度较大的坡道可设置防滑条或做成锯齿形，如图 11-33 所示。

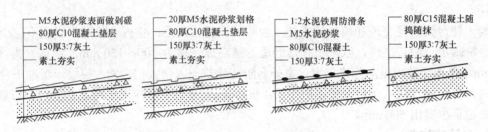

图 11-33 坡道构造

11.5 电梯与自动扶梯

电梯与自动扶梯是建筑的垂直交通设施，其运行速度较快，节省人力和时间。在多层、高层和具有特殊功能要求的建筑中，为了上下运行的方便快速和实际需要，常设有电梯或自动扶梯。

11.5.1 电梯

1. 电梯的类型

1）按使用性质分

（1）载人电梯。

（2）载货电梯。

（3）消防电梯。

（4）观光电梯。

（5）医院专用电梯。

2）按电梯运行速度分

（1）高速电梯：速度大于 2 m/s，消防电梯常用高速电梯。

（2）中速电梯：速度在 1.5～2 m/s 以内，较常用。

（3）低速电梯：速度在 1.5 m/s 以内，运送食物的电梯常用低速电梯。

2. 电梯的组成

电梯由电梯井道、电梯机房和井道机坑 3 部分组成。

1）电梯井道

电梯井道是电梯轿厢运行的通道，火灾事故中火焰及烟气容易从中蔓延，因此，井道壁应根据防火规定进行设计，多采用钢筋混凝土墙。

为了减轻电梯运行对建筑产生的振动和噪声，应采取适当的隔振及隔声措施。一般情况下，在机房机座下设置弹性隔振垫来达到隔振和隔声的目的，如图 11-34 所示。电梯运行速度超 1.5 m/s 较多者，除弹性隔振垫外，还应在机房与井道间设隔声层，高度一般为 1.5~1.8 m，如图 11-35 所示。

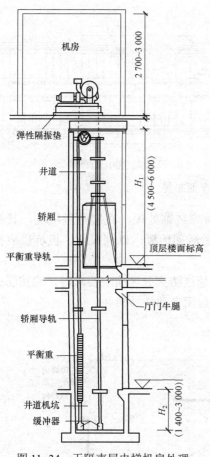

图 11-34 无隔声层电梯机房处理

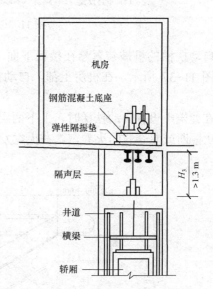

图 11-35 有隔声层电梯机房处理

2）电梯机房

电梯机房一般设在电梯井道的顶部，也有少数电梯把机房放在井道底层的侧面（如液压电梯）。机房和井道的平面相对位置应允许机房任意向一个或两个相邻方向伸出，并满足机房有关设备安装的尺寸安排及管理、维修等需要。

3）井道机坑

井道机坑在最底层平面标高下（1.4~3.0 m），作为轿厢下降时所需的缓冲器的安装空间，井道机坑须考虑防水处理，不得渗水，机坑底部应光滑平整。消防电梯的井道机坑还应有排水设施。

11.5.2 自动扶梯

自动扶梯是在人流集中的大型公共建筑中使用的、层间运输效率最高的载客设备。常用于商场、车站、码头、航空港等人流量大的场所。自动扶梯由电机驱动，踏步与扶手同步运行，一般自动扶梯可正、逆方向运行，停机时可当作临时楼梯使用。平面布置可单台设置或双台并列，如图11-36所示，双台并列时一般采取一上一下的方式，以求得垂直交通的连续性，但必须在二者之间留有足够的结构间距（大于等于380 mm），以保证装修的方便和使用者的安全。

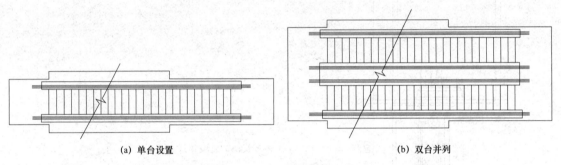

(a) 单台设置 　　　　　　　　　(b) 双台并列

图11-36　自动扶梯平面布置

自动扶梯的机械装置悬在楼板下面，楼层下做外装饰处理，底层则做机坑，其基本尺寸如图11-37所示。在机房上部，自动扶梯口应做活动地板，以利检修，机坑也应作防水处理。

在建筑中设置自动扶梯时，上下两层面积总和超过防火分区面积要求时，应按防火要求设防火隔断或复合式防火卷帘，在火灾发生时自动封闭自动扶梯梯井。

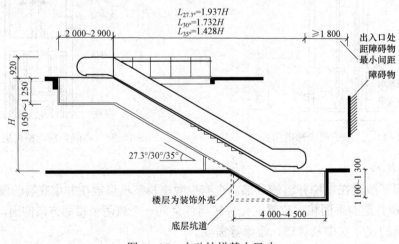

图11-37　自动扶梯基本尺寸

思政映射与融入点

1. 引入建筑楼梯事故，分析事故产生原因。培育学生爱岗敬业的职业道德和专业认同感；树立规范意识和安全意识；引导学生养成严肃认真的工作作风，避免工程质量事故出现。

2. 小组完成某建筑楼梯平面布局及构造设计，培育学生良好心理素质，组织协调与团队合作精神。

思考题

11-1 楼梯由哪几部分组成，各部分有什么功能？
11-2 常见的楼梯类型有哪些，如何选用？
11-3 楼梯间按平面形式分为哪几种类型，分别用在哪类建筑中？
11-4 现浇钢筋混凝土楼梯的结构形式有哪几种，各有何特点？
11-5 预制装配式楼梯按支承方式分为哪几种类型，各有何特点？
11-6 民用建筑中楼梯的踏步尺寸如何确定？
11-7 楼梯的梯宽和梯长如何确定？
11-8 楼梯的栏杆扶手高度如何确定？
11-9 楼梯的净空高度包括哪几部分，各有哪些要求？
11-10 为满足楼梯净高要求，一般采用哪些处理手法？
11-11 如何进行楼梯设计？
11-12 台阶与坡道的设计要求有哪些？
11-13 电梯由哪几部分组成，设计要求如何？
11-14 自动扶梯用在哪类建筑中，设计要求如何？

楼梯实训设计指导书

1. 楼梯设计的基本知识

1.1 楼梯设计方法

在房屋建筑学课程设计中，楼梯设计是有一定难度、不宜掌握的部分，也是容易出错的部分。现将楼梯设计的方法归纳概括为以下 9 个步骤。

（1）确定楼梯形式。根据建筑的类别和楼梯在平面中的位置，确定楼梯的形式。

（2）确定踏步尺寸。根据楼梯性质和用途，确定适宜的坡度，选择踏宽 b 和踏高 h。

（3）确定梯段宽度 E。根据通过的人数和楼梯间的尺寸确定楼梯间的梯段宽度 E。

（4）确定踏步级数 N。$N=H/h$（H 是层高；h 是踏高；N 是每层步数，应取整数），结合楼梯的形式，确定每个楼梯段的级数。

（5）确定梯段长度 L。由已确定的踏宽 b 和踏步级数 N 确定梯段长度，$L=(0.5N-1)\times b$。

（6）确定梯段净宽度 e。$e=(a-c)/2$，a 为开间净宽，c 为梯井净宽。供儿童使用的楼梯梯井宽度不应大于 110 mm，以利安全。

(7) 确定平台宽度。楼梯平台包括中间平台和楼层平台。中间平台宽度为 D_2（$D_2 \geq e$），楼层平台宽度为 D_1（$D_1 \geq e$）。

(8) 进行楼梯净空的验算。楼梯间底部有出入口或作储藏室等使用时需要进行验算。

(9) 绘制楼梯平面图和剖面图。

1.2 楼梯设计要求

楼梯设计应按建筑制图标准规定，绘制楼梯间平面图、剖面图和节点详图。要求字迹工整、布图匀称，所有线条、材料图例等均符合制图统一规定要求。

1）楼梯间底层、二层和顶层 3 个平面图（比例 1:50、1:100）

(1) 画出楼梯间墙、门窗、踏步、平台及栏杆扶手等，底层平面图还应绘出投影所见室外台阶或坡道、部分散水等。

(2) 外部标注两道尺寸。

开间方向的第一道尺寸为细部尺寸，包括梯段宽度、梯井宽度和墙内缘至轴线尺寸（门窗只按比例绘出，不标注尺寸）；第二道尺寸为轴线尺寸。

进深方向的第一道尺寸为细部尺寸，包括梯段长度［标注形式为（踏步级数-1）×踏宽=梯段长度］、平台深度和墙内缘至轴线尺寸；第二道尺寸为轴线尺寸，内部标注楼面和中间平台面标高、室内外地面标高，标注楼梯上下行指示线，并注明踏步级数和踏步尺寸，注写图名和比例，底层平面还应标注剖面符号。

2）楼梯间剖面图（比例 1:50、1:100）

(1) 画出楼梯、平台、栏杆扶手、室内外地坪、室外台阶或坡道、雨篷及剖切到或投影所见的门窗、梯间墙等（可不画出屋顶，画至顶层水平栏杆以上断开，断开处以折断线表示），剖切到的部分用材料图例表示。

(2) 外部标注两道尺寸。

水平方向的第一道尺寸为细部尺寸，包括梯段长度、平台深度和墙内缘至轴线尺寸；第二道尺寸为轴线尺寸。

垂直方向的第一道尺寸为细部尺寸，包括室内外地面高差和各梯段高度（标注形式为踏步级数×踏高=梯段高度）；第二道尺寸为层高，标注室内外地面标高、各楼面和中间平台面标高、底层中间平台的平台梁底面标高及栏杆扶手高度等尺寸，标注详图索引符号，注写图名和比例。

3）楼梯节点详图（2～4 个，比例自选）

要求表示清楚各个部位的细部构造，注明构造做法，标注有关尺寸。

2. 楼梯设计范例

2.1 例题

某学生宿舍楼，层高 3.3 m，楼梯间开间 4.0 m，开间墙厚 110 mm，进深 6.6 m。楼梯平台下做出入口，室内外高差 600 m。试设计一开敞式楼梯。

2.2 解答

(1) 确定楼梯形式。该楼梯为一双跑楼梯。

(2) 确定踏步尺寸。该建筑为一学生宿舍，楼梯通行人数较多，坡度应平缓些。初步确定 b=300 mm，h=150 mm。

（3）确定踏步级数 N。3 300/150=22 级。初步确定为等跑楼梯，每跑 11 级。

（4）确定梯段长度 L。楼梯梯段长度 L=300×(11-1)=3 000 mm

（5）确定梯段净宽度 e。取梯井净宽度 c=60 mm，e=(4 000-110×2-60)/2=1 850 mm＞550×2=1 100 mm（梯段宽度大于两股人流密度）。

（6）确定平台宽度 D_2。平台宽度大于等于梯段净宽度，取 D_2=1 850+150=2 000 mm。

（7）校核。

① 进深净尺寸为 6 600-110+110=6 600 mm。D_1=6 600-L-D_2=6 600-3 000-2 000=1 600 mm，此段尺寸可放在楼层处。

② 高度尺寸：150×11=1 650 mm。首层平台下净空高度等于平台标高减平台梁高，考虑平台梁高为 350 mm，1 650-350=1 300 mm＜2 000 mm，不满足净空 2 000 mm 的要求。

采取两种措施：

一是将首层楼梯做成不等跑，第 1 跑 13 级，第 2 跑 9 级；

二是利用室内外高差设 3 步 150 mm 的踏步，此时平台下净空高度为 150×13+150×3-350=2 050 mm＞2 000 mm，满足要求。

（8）进一步校核进深尺寸。D_1=6 600-L-D_2=6 600-(300×11)-2 000=1 000 mm，满足要求。

（9）绘图。

3. 楼梯设计任务书

3.1 楼梯间设计条件

某内廊式办公楼为三层，层高 3.60 m，室内外地面高差 0.45 m。该办公楼的次要楼梯为平行双跑楼梯，楼梯间的开间为 3.00 m，进深为 5.70 m，楼梯间底层中间平台下做通道，如图 11-38 所示。

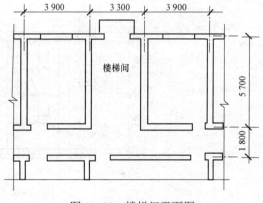

图 11-38 楼梯间平面图

3.2 设计内容及图纸要求

用 A2 图纸，按照建筑制图标准规定，绘制楼梯间平面图、剖面图和节点详图。

1）楼梯间底层、二层和顶层 3 个平面图（比例 1:50）

画出楼梯间墙、门窗、踏步、平台及栏杆扶手等，底层平面图还应画出投影所见的室外台阶或坡道、部分散水等。外部标注两道尺寸线。内部标注露面和中间平台标高、室内外地面标高，标注楼梯上下行指示线，并注明踏步级数和踏步尺寸。注写图名和比例，底层平面图还应标注剖切符号。参考图 11-39～图 11-41。

2）楼梯间剖面图（比例 1:30）

画出楼梯间梯段、平台、栏杆扶手、室内外地坪、室外台阶或坡道、雨篷及剖切或投影所见的门窗、楼梯间墙等。外部标注两道尺寸线。垂直方向包括细部尺寸，室内外地面高差和各种梯段高度，层高等。参考图 11-42。

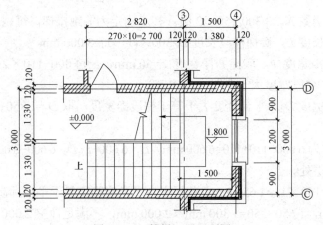

图 11-39 楼梯一层平面图

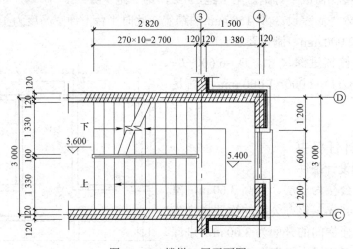

图 11-40 楼梯二层平面图

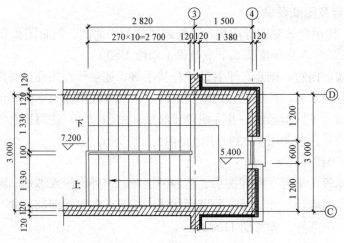

图 11-41 楼梯三层平面图

第 11 章 楼梯等垂直交通设施

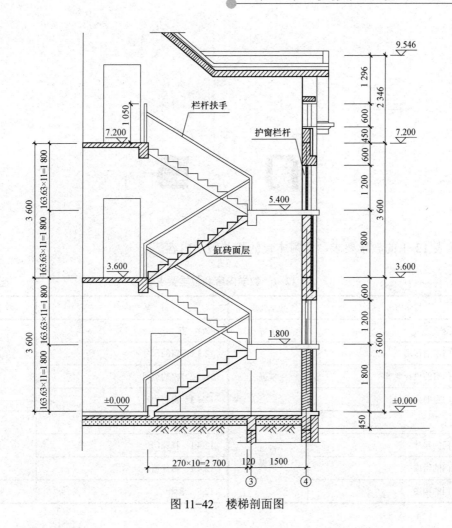

图 11-42 楼梯剖面图

第 12 章

门　窗

请按表 12-1 的教学要求，学习本章的相关教学内容。

表 12-1　教学内容和教学要求表

教学内容	教学要求	教学内容	教学要求
12.1　概述	了解	12.3　窗	重点掌握
12.1.1　门窗的作用	掌握	12.3.1　窗的尺寸	
12.1.2　门窗的设计要求		12.3.2　窗的组成	
12.1.3　门窗的分类		12.3.3　窗的构造	
12.2　门	重点掌握	12.4　特殊门窗	了解
12.2.1　门的尺寸		12.4.1　特殊门	
12.2.2　门的组成		12.4.2　特殊窗	
12.2.3　门的构造		12.5　遮阳	掌握

门和窗是建筑的重要组成部分。作为建筑的主要围护构件之一，门和窗应分别满足建筑的分隔、保温、隔声、采光、通风等功能要求。

12.1　概　　述

12.1.1　门窗的作用

建筑的门窗是建造在墙体上可启闭的建筑构件。门的主要作用是联系、分隔建筑空间，并兼有采光、通风的作用；窗的主要功能是采光、通风及观望。门窗均属围护构件，除应满足基本使用要求外，还应具有保温、隔热、隔声、防护及防火等功能。对于建筑外立面来说，如何选择门窗的形状、尺寸、排列组合方式及材料、分格和造型是非常重要的，示例如图 12-1 所示。

图 12-1　建筑门窗

12.1.2　门窗的设计要求

1. 交通安全方面的要求

建筑中的门主要供人出入、联系室内外，与交通安全密切相关，因此在设计中门的数量、位置、大小及开启方向应按照设计规范，并根据建筑的性质和人流量来确定，以便满足通行流畅、符合安全的要求。

2. 采光、通风方面的要求

从室内环境的舒适性及合理利用太阳能的角度来说，在设计中，首先要考虑自然采光的因素，根据不同建筑的采光要求，选择合适的窗户面积和形式。一般民用建筑的采光面积，除要求较高的陈列、展示空间外，可根据窗洞口与房间净面积之比来决定。居住建筑的窗户面积为地板面积的 1/10～1/8，在公共建筑中，如学校为 1/5，医院手术室为 1/3～1/2，其他辅助房间为 1/12。尤其是在医院中，足够的光照可以抑制细菌滋生，从而保证医院的卫生条件。

房间的通风和换气主要靠外窗。为使房间内形成合理的通风及气流，内门窗和外窗的相对位置很重要，要尽量选择易于形成穿堂风的位置，如图 12-2 所示。对于一些自然通风不好的特殊建筑，可以采用机械通风的手段来解决换气问题。

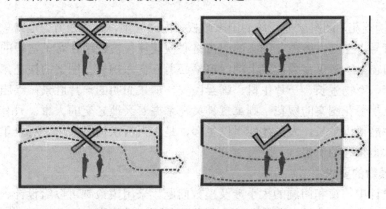

图 12-2　窗户相对位置对通风的影响

3. 围护作用方面的要求

门窗作为围护构件，必须要考虑防风沙、防水、防盗、保温、隔热和隔声等要求，以保证室内环境舒适，这就要求门窗的构造设计要根据不同地区的特点选择恰当的材料和构造形式。

门窗作为建筑围护结构中的重要组成部分，担任了节能的重要任务。门窗面积约占房屋建筑总面积的 1/7，而门窗耗能却占据了建筑耗能的 1/2 以上。因此，《绿色建筑评价标准》（GB/T 50378—2019）从节能、节地、节水、节材、保护环境和减少污染等角度制定了若干条款来提高节能效果，并且从保温、隔声、气密、遮阳、可回收利用、通风换气等性能方面详述了门窗的具体应用。

4. 立面美观方面的要求

门窗是建筑立面造型中的主要部分，应在满足交通、采光、通风等主要功能的前提下，适当考虑视觉美观和造价问题。同时在建筑造型中门窗也可以作为一种装饰语言来传达设计理念。

例如紫禁城内诸多主要宫殿的隔扇门窗，其格心部分皆是由菱花组成。菱花是由两根或三根木棂条相交并在相交处附加花瓣而形成的放射状图案，其中二棂相交者称"双交四椀菱花"，三棂相交者称"三交六椀菱花"，如图 12-3 所示。

(a) 双交四椀菱花　　　　　　　　　　(b) 三交六椀菱花

图 12-3　故宫门窗菱花图案

"三交六椀菱花"图案象征正统的国家政权，内涵天地，寓意四方，是寓意天地之交而生万物的一种符号。三交六椀菱花图案的门窗格心棂花往往被选用在帝王宫殿的门窗上或代表神权的寺庙门窗上。帝王宫殿建筑上的门窗格心上三交六椀菱花图案的棂花，象征着帝王面前是天地相交、万物生长、一片生机、国泰民安、前景光明的一片胜景；寺庙建筑上的门窗格心上三交六椀菱花图案的棂花，则寓意神灵在掌握着天地之交的大事，只有天地相交，大地上的一切才能得以生长，人类才能得以生存，是古人祈求神灵保佑，祈求年年风调雨顺、五谷丰登、六畜兴旺的愿望。

5. 门窗模数的要求

在建筑设计中门窗和门洞的大小涉及模数问题，采用模数制可以给设计、施工和构件生产带来方便。在我国，建筑设计和施工必须遵守《建筑模数协调标准》（GB 50002—2012）。目前，由于门窗的制作生产已基本标准化、规格化和商品化，各地均有一般的建筑门窗标准图和通用图集，设计时可供选用。

2020年，为了抗击新冠疫情，我国仅用10天时间就搭建起了一座装配式智慧建筑——火神山医院，这便是标准化、模数化的装配式建筑给我们带来的效率与速度。火神山医院门窗的基本模数为$3M$，即300 mm，其中大门采用$18M$，传递窗和观察窗分别采用$6M$和$9M$，如图12-4所示。

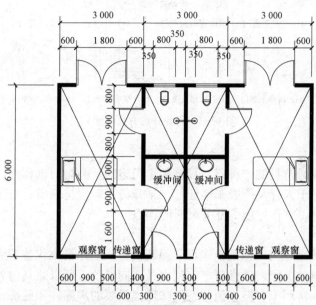

图12-4 火神山医院部分设计图

12.1.3 门窗的分类

1. 门的分类

门可以按其开启方式、材料及使用要求等进行以下分类。

1）按开启方式

门按开启方式分为平开门、弹簧门、推拉门、折叠门、转门，其他还有上翻门、升降门、卷帘门等。如图12-5所示。

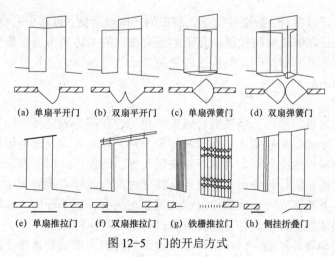

图12-5 门的开启方式

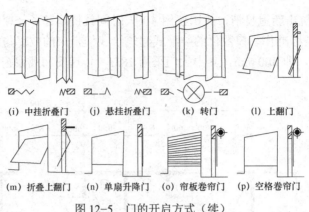

图 12-5 门的开启方式（续）

（1）平开门。

平开门是建筑中最常见的一种门，铰链装于门扇的一侧与门框相连，水平开启，门扇绕铰链轴转动，普遍用于人行及一般车辆通行。平开门有单扇与双扇、内开与外开之分。这种形式的门有构造简单、制作方便、开关灵活的优点。

（2）弹簧门。

弹簧门的形式同平开门，但由于采用了弹簧铰链或地弹簧来代替普通铰链，因此可借助弹簧的力量使门扇自动关闭，并且可单向或内外双向弹动，所以兼具内外平开门的特点。单面弹簧门多为单扇，常用于有温度调节及气味遮挡需要的房间，如厨房、厕所等；双面弹簧门适用于人流较多、对门有自动关闭要求的公共场所，如过厅、走廊等。弹簧门应在门扇上安装玻璃或者采用玻璃门扇，供出入的人们相互观察，以免碰撞。弹簧门虽使用方便，但存在关闭不严密、空间密闭性不好的缺点。

（3）推拉门。

推拉门是沿设置在门上部或下部的轨道左右滑移的门，通常有单扇和双扇两种。根据安装方法可分上挂式、下滑式及上挂和下滑相结合的 3 种形式。采用推拉门分隔内部空间既节省空间又轻便灵活，门洞尺寸也可以较大，但有关闭不严密、空间密闭性不好的缺点。

实际使用中有普通推拉门，也有电动及感应推拉门等。

（4）折叠门。

折叠门的门扇可以拼合、折叠并推移到洞口的一侧或两侧，可减少占据的房间使用面积。简单的折叠门可以只在侧边安装铰链，复杂的还要在门的上边和下边安装导轨及转动的五金配件。折叠门开启时可节省空间，但构造较复杂，一般可以作为公共空间（如餐厅包间、酒店客房）中的活动隔断。

（5）转门。

转门是由三或四扇门用同一竖轴组合成夹角相等、在两个固定弧形门套内旋转的门。旋转门是 20 世纪 90 年代以来建筑入口非常流行的一种装修形式，其改变了门的入口形式。由于转门开启方便、密封性能良好、可赋予建筑现代感，因此广泛用于有采暖或空调设备的宾馆、商厦、办公大楼和银行等场所。其优点是外观时尚，能够有效防止室内外空气对流；缺点是交通能力小，不能作为安全疏散门，因此需要在两旁设置平开门、弹簧门等组合使用。转门的旋转方向通常为逆时针，有普通转门和自动旋转门两种。

普通转门为手动旋转结构，门扇的惯性转速可通过阻力调节装置按需要进行调整，旋转门构造如图 12-6 所示。普通转门按材质分为铝合金、钢质、钢木结合 3 种类型。

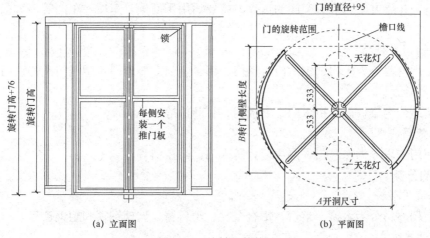

图 12-6 旋转门的构造

自动旋转门采用声波、微波或红外传感装置和电脑控制系统，传动机构做弧线旋转往复运动。自动旋转门按材质分有铝合金和钢质两种，活动扇部分为全玻璃结构。

（6）上翻门。

上翻门一般由门扇、平衡装置、导向装置 3 部分组成，如图 12-7 所示。平衡装置一般采用重锤或弹簧。这种门具有不占使用面积的优点，但是对五金零件、安装工艺的要求较高，常用于车库门。

（7）卷帘门。

卷帘门在门洞上部设置卷轴，利用卷轴将门帘上卷或放下来开关门洞口。其组成主要包括帘板、导轨及传动装置，如图 12-8 所示。帘板由条状金属帘板相互铰接组成。开启时，帘板沿着

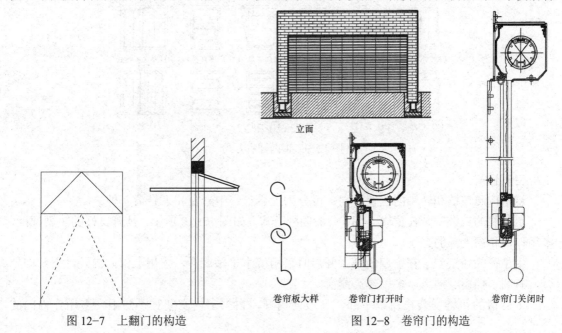

图 12-7 上翻门的构造　　　　图 12-8 卷帘门的构造

门洞两侧的导轨上升，卷入卷筒中。门洞的上部安设手动或者电动的传动装置。这种门具有防火、防盗、开启方便、节省空间的优点，主要适用于商场、车库、车间等需大门洞尺寸的场合。

2）按使用材料

门按使用材料分为木门、钢木门、钢门、铝合金门、玻璃门、塑钢门及铸铁门等。

3）按构造

门按构造分为镶板门、拼板门、夹板门、百叶门等。

4）按使用要求

门按使用要求分为保温门、隔声门、防火门、防盗门等。

2. 窗的分类

1）按使用材料

窗按使用材料分为木窗、钢窗、铝合金窗、塑料窗、玻璃钢窗和塑钢窗等。

2）按开启方式

窗按开启方式分为平开窗、固定窗、悬窗、立转窗、推拉窗、百叶窗和折叠窗等，如图12-9所示。

（1）平开窗。

平开窗安装在窗扇一侧与窗框相连，向外或向内水平开启。有单扇、双扇、多扇，向内开与向外开之分。其构造简单，开启灵活，制作、维修方便，便于安装，广泛应用于民用建筑。

（2）固定窗。

固定窗是指不能开启的窗。固定窗的玻璃直接嵌固在窗框上，仅供采光和眺望之用。固定窗的气密性好。

图12-9 窗的开启方式

（3）悬窗。

悬窗按照铰链和转轴的位置不同，可分为上悬窗、中悬窗和下悬窗3种。

上悬窗的铰链安装在窗扇上部，一般向外开启，如图12-10所示，具有良好的防雨性能，多用作门和窗上部的亮子。

中悬窗的铰链安装在窗扇中部，开启时窗扇绕水平轴旋转，窗扇上部向内开，下部向外开，有利于挡雨、通风，多用作高侧窗。

下悬窗的铰链安装在窗扇下部，一般向内开，占据室内空间且不防雨，多用作内门的亮子。

图 12-10　上悬窗示例

（4）立转窗。

立转窗的窗扇可以沿竖轴转动，其开启大小及方向可以随风向调整，利于将室外空气引导入室内。但其密闭性较差，不宜用于寒冷和多风沙的地区。

（5）推拉窗。

推拉窗分为垂直推拉窗和水平推拉窗两种。水平推拉窗需要在窗扇上、下设置轨槽，垂直推拉窗需要有滑轮和平衡措施。其开启时不占据室内外空间，窗扇受力状态较好，窗扇和玻璃可以比较大，但通风面积受到限制。铝合金和塑钢材料的窗多为这种形式。

（6）百叶窗。

百叶窗主要用于遮阳、防雨及通风，但采光较差。窗扇可用金属、木材、玻璃等制作，有固定式和活动式两种形式。

（7）折叠窗。

折叠窗的窗扇之间采用铰链连接，窗扇与门洞之间采用上下转轴连接，全开启时通风效果好，视野开阔。

12.2　门

12.2.1　门的尺寸

门的尺度应根据人员交通疏散、家具设备搬运、通风、采光、防火规范要求及建筑造型设计要求等综合考虑。应避免门扇面积过大导致门扇及五金连接件等易于变形而影响门的使用，例如对于人员密集的剧院、电影院、礼堂和体育馆等公共场所中观众厅的疏散门，其宽度一般按每百人 0.6～1.0 m 来计算。当使用人员较多时，出入口应分散布置。

一般情况下，门的设计尺寸可以参照表 12-2。

表 12-2　门的设计尺寸参考表

建筑类型	门的形式	门的宽度/mm	门的高度/mm
居住建筑	单扇门	800～1 000	2 000～2 200 有亮子时增加 300～500
	双扇门	1 200～1 400	
公共建筑	单扇门	950～1 000	2 100～2 300 有亮子时增加 500～700
	双扇门	1 400～1 800	

12.2.2　门的组成

门主要由门框、门扇和五金零件组成，如图 12-11 所示。

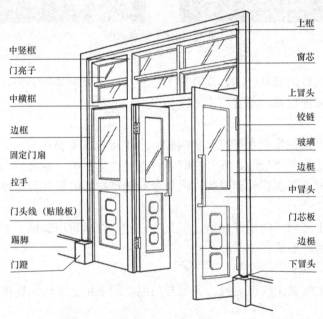

图 12-11　门的组成

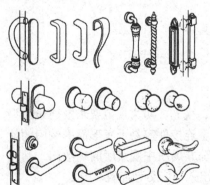

图 12-12　拉手和拉手门锁

门框，又称门樘，由上框、中框和边框等组成，多扇门还有中竖框。为了采光和通风，可在门的上部设腰窗（俗称上亮子），亮子可以是固定的，也可以平开或旋转开启，其构造同窗扇。门框与墙间的缝隙常用木条盖缝，称门头线（俗称贴脸板）。

门扇主要是由上冒头、中冒头、下冒头、边梃、门芯板、玻璃和五金零件组成。

门的五金零件主要有铰链、插销、门锁和拉手（如图 12-12 所示）、闭门器（如图 12-13 所示）、地弹簧等。在选型时，铰链需特别注意其强度，防止其变形影响门的使用；拉手样式需结合建筑装修设计进行选型，如图 12-14 所示。

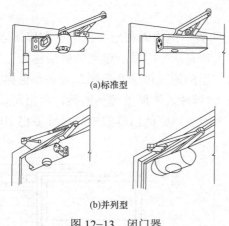

图 12-13 闭门器　　　　　　图 12-14 门的拉手与闭门器示例

随着建筑技术与材料的发展，门的形式呈现出多样化的趋势，其组成与构造也更加灵活多变、各具特色。

12.2.3 门的构造

1. 平开木门的构造

1）门框

（1）门框的断面尺寸。

门框的主要作用是固定门扇和腰窗，并与门洞固定联系。其断面形式、尺寸与门的类型、层数有关，要有利于门的安装并应具有一定的密闭性。平开木门门框的断面形式与尺寸如图 12-15 所示。为了便于门扇密闭，门框上要有铲口，根据门扇数量与开启方向，可以开设单铲口用于单层门，或开设双铲口用于双层门。铲口的宽度要比门扇厚度大 1~2 mm，铲口深度一般为 8~10 mm。

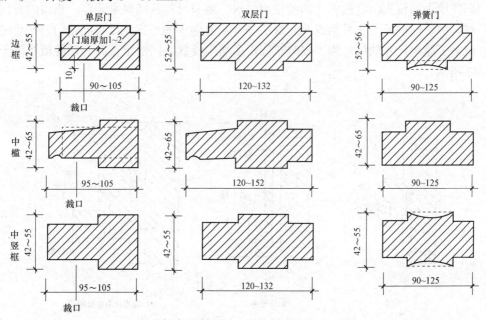

图 12-15 平开木门门框的断面形式与尺寸

(2) 门框的安装。

门框的安装有先立口安装和后塞口安装两类，但均需在地面找平层和墙体面层施工前进行，以便门边框伸入地面 20 mm 以上。施工时先立好门框后砌墙的做法称为先立口安装，也称为立樘子，如图 12-16（a）所示；目前常用的施工做法是后塞口安装，也称为塞樘子，是指在砌墙时沿高度方向每隔 500～800 mm 预埋经过防腐处理的木砖，留出洞口后，用长钉、木螺钉等固定门框，为了便于安装，预留的洞口应比门框的外缘尺寸多出 20～30 mm，如图 12-16（b）所示。

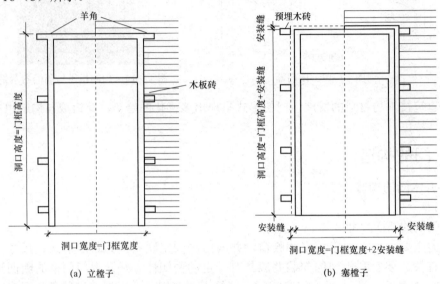

图 12-16　门框的安装方式

(3) 门框与墙的关系。

门框在墙中的位置，要根据房间的使用要求、墙身材料及墙厚来确定，常用的有门框内平、门框居中、门框外平 3 种情况。一般多与开启方向一侧平齐，尽可能使门扇开启时角度最大。但对于较大尺寸的门，为了安装牢固，多居中设置。门框位置、门贴脸板及筒子板如图 12-17 所示。

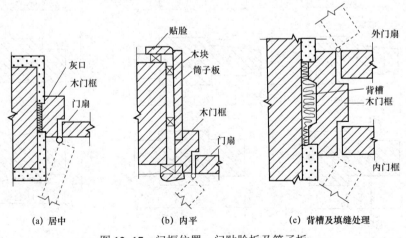

图 12-17　门框位置、门贴脸板及筒子板

2）门扇

木门扇主要由上冒头、中冒头、下冒头、门梃及门芯板等组成。常见的木门按照构造不同又分为镶板门、夹板门、纱门和百叶门等。

（1）镶板门。

镶板门的主要骨架由上、下冒头和两根边梃组成，有时中间还有一条或几条横冒头或一条竖向中梃，然后在其中镶装门芯板。门芯板可采用木板、胶合板、硬质纤维板及塑料板等。有时根据需要也可以做成部分玻璃或者全玻璃的门芯，称为半玻璃镶板门或全玻璃镶板门。另外，纱门和百叶门的构造与镶板门也基本相同。

木质的门芯板一般用 10～15 mm 厚木板拼装成整块，镶入边梃。门芯板在边梃与冒头中的镶嵌方式有暗槽、单面槽、双边压条等 3 种方式，如图 12-18 所示。其中，暗槽构造方式结合最牢，工程中最为常见。

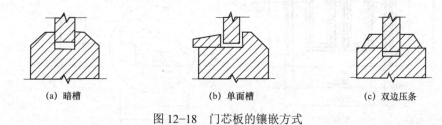

图 12-18　门芯板的镶嵌方式

为方便门锁的安装，门扇边框的厚度即上、下冒头和边梃厚度，一般为 40～45 mm，纱门的厚度为 30～35 mm，上冒头、中冒头和两旁边梃的宽度为 80～150 mm，根据设计可以将上、下冒头和边梃做成等宽。镶板门构造如图 12-19 所示。

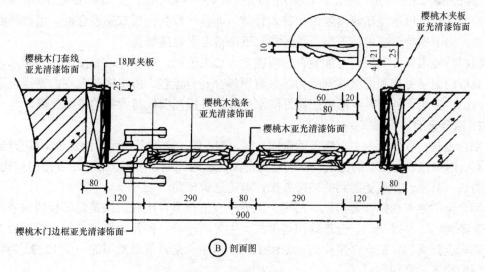

图 12-19　镶板门构造

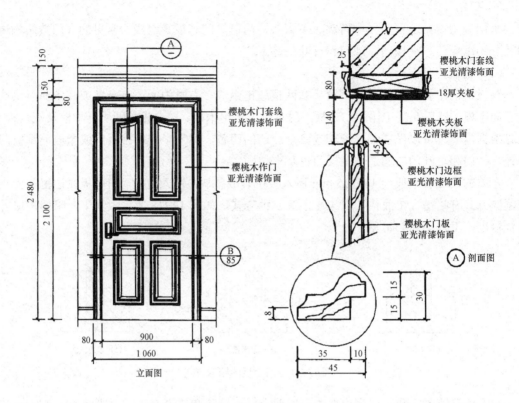

图 12-19 镶板门构造（续）

（2）夹板门。

夹板门是先用木料做成木框格，再在两面用钉或胶粘的方法加上面板。外框用料可以采用 23 mm×（80～150）mm，内框采用 23 mm×（30～40）mm 的木料，中距 100～300 mm，为节约木材也可以用浸塑蜂窝纸板代替木骨架。面板一般为优质双层胶合板，用胶结材料双面胶结。为了保持门扇内部干燥，最好在上下框格上贯通透气孔。

根据功能需要，夹板门可加装百叶或玻璃，如卫生间、厨房等，如图 12-20 所示。

夹板门由于骨架和面板共同受力，具有用料少、自重轻、外形简洁美观的特点，常用于建筑内门。当用于外门时，面板应做好防水处理，并提高面板与骨架的胶结质量。

2. 铝合金门

铝合金是一种以铝为主，加入适量镁、锰、铜、锌、硅等多种元素的合金，具有自重轻、强度高、耐腐蚀、易加工的优点，特别是其密闭性能远比钢、木门优越。铝合金门结构坚挺、光亮明快，对建筑外观能起到的装饰效果，但是造价较高。

铝合金门通常由铝合金门框、门扇、上壳子及五金零件组成。按其门芯板的镶嵌材料有铝合金条板门、半玻璃门、全玻璃门等形式，主要有平开、弹簧、推拉、折叠等开启方法，其中铝合金弹簧门、铝合金推拉门（如图 12-21 所示）是目前最常用的，图 12-22 为铝合金弹簧门的构造示意图。

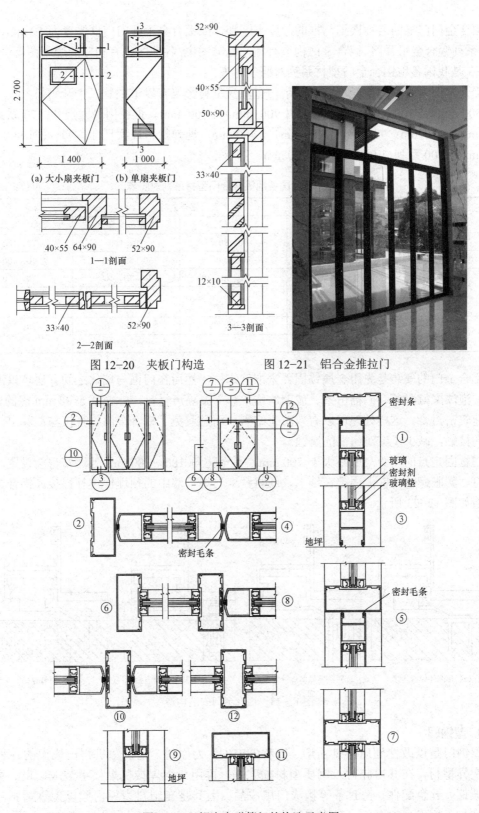

图12-20 夹板门构造　　图12-21 铝合金推拉门

图12-22 铝合金弹簧门的构造示意图

铝合金门门框的名称根据门框的厚度来区别，如铝合金平开门门框厚度为 50 mm，即称为 50 系列铝合金平开门。铝合金门构造有国家标准图集，各地区也有相应的通用图可供选用。表 12-3 是我国各地铝合金门型材系列对照参考表。

铝合金门为避免门扇变形，其单扇门宽度受型材影响有以下限制。平开门最大尺寸：55 系列 900 mm×2 100 mm；70 系列型材 900 mm×2 400 mm。推拉门最大尺寸：70 系列型材 900 mm×2 100 mm；90 系列 1 050 mm×2 400 mm。地弹簧门最大尺寸：90 系列 900 mm×2 400 mm；100 系列 1 050 mm×2 400 mm。

表 12-3 我国各地铝合金门型材系列对照表   单位：mm

地区 \ 系列门型	铝合金门			
	平开门	推拉门	有框地弹簧门	无框地弹簧门
北京	50、55、70	70、90	70、100	70、100
上海、华东	45、53、38	90、100	50、55、100	70、100
广州	38、45、46、100	70、73、90、108	46、70、100	70、100
	40、45、50、55、60、80			
深圳	40、45、50	70、80、90	45、55、70	70、100
	55、60、70、80		80、100	

铝合金门的安装是先用金属锚固件来准确定位，然后在门框与墙体之间分层填以泡沫塑料条、泡沫聚氨酯条、矿棉毡条、玻璃丝毡条等保温隔声材料，外表留 5～8 mm 深的槽口，后填建筑密封膏。这样处理可以有效防止结露，而且避免了铝合金门框直接与混凝土、水泥砂浆的接触，减少了碱对门框的腐蚀。

门框固定点的间距一般不大于 700 mm，且至边角 180～200 mm 处通常也会设置。可采用射钉、膨胀螺栓将铁卡固定在墙上，或将铁卡与焊于墙中的预埋件进行焊接。铝合金门安装构造如图 12-23 所示。

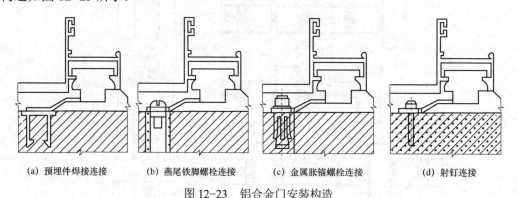

(a) 预埋件焊接连接　(b) 燕尾铁脚螺栓连接　(c) 金属胀锚螺栓连接　(d) 射钉连接

图 12-23 铝合金门安装构造

3. 塑钢门

塑钢门是以改性硬质聚氯乙烯（简称 UPVC）为原料，经挤塑机挤出成型的各种断面的中空异型材，在其内腔衬入钢质型材加强筋，再用热熔焊接机焊接组装成门框、扇，装配上玻璃、五金配件、密封条等构成门扇成品。因其是在塑料型材内腔以型钢增强，形成塑钢结构，故称为塑钢门。其特点是耐水、耐腐蚀、抗冲击、耐老化、寿命长、节约木材，比铝门窗经济。

4. 玻璃门

当要求增加采光量和通透效果时，可以采用玻璃门。一般分为无框全玻璃门和有框玻璃门。

无框全玻璃门用10～12 mm厚的钢化玻璃做门扇，上部装转轴铰链，下部装地弹簧，如图12-24所示。由于无框，此种门的视觉通透性良好，多用于建筑的主出入口处。在高档装修的场所（如宾馆、写字楼）多采用自动感应开启的玻璃推拉门，如图12-25所示。

图12-24 无框全玻璃门　　　　图12-25 自动感应玻璃推拉门

有框玻璃门的门扇构造与镶板门基本相同，如图12-26所示。只是把镶板门的门芯板用玻璃代替，有时会采用磨砂玻璃、冰裂玻璃、夹丝玻璃、彩釉玻璃等工艺玻璃来增加艺术效果。

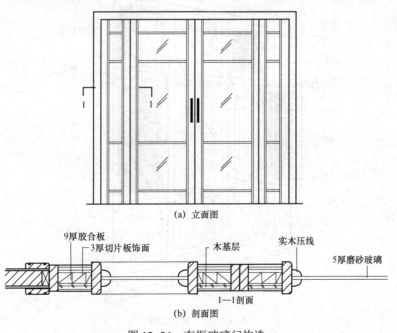

图12-26 有框玻璃门构造

12.3 窗

12.3.1 窗的尺寸

窗的尺寸主要取决于房间的采光、通风、构造做法和建筑造型等要求，并要符合《建筑模数协调标准》（GB/T 50002—2013）的规定，窗的高度与宽度通常采用扩大模数 $3M$ 数列作为标志尺寸。对一般民用建筑来说，各地均有通用图，可以按所需类型及尺寸大小直接选用。

通常情况下，为使窗坚固耐久，平开窗单扇宽度不宜大于 600 mm，双扇宽度 900~1 200 mm，三扇宽度 1 500~1 800 mm；高度一般为 1 500~2 100 mm；窗台距离地面高度 900~1 000 mm。推拉窗宽度不大于 1 500 mm，高度一般不超过 1 500 mm，也可以设置亮子。

12.3.2 窗的组成

窗主要由窗框、窗扇和五金零件组成。窗框又称窗樘，其主要作用是与墙连接并通过五金零件固定窗扇。窗框由上框、中框、下框、边框等组成。窗扇一般由上、下冒头和左右边梃组成，如图 12-27 所示，依镶嵌材料的不同，有玻璃窗扇、纱窗扇和百叶窗扇等。窗扇与窗框用五金零件连接。窗框与墙的连接处，为满足不同的要求，有时会加有贴脸板、窗台板、窗帘盒等。

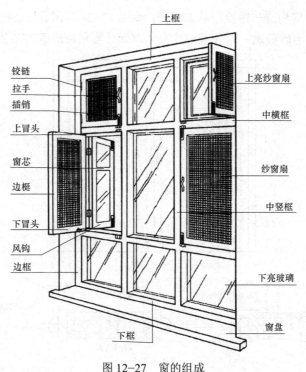

图 12-27　窗的组成

12.3.3 窗的构造

1. 平开木窗

1）窗框

（1）窗框的尺寸。

一般情况下，单层窗窗框的厚度常为 40～50 mm，宽度为 70～95 mm，中竖梃双面窗扇需加厚一个铲口的深度 10 mm，中横框除加厚 10 mm 外，加披水时一般还要加宽 20 mm。

（2）窗框的安装。

窗框的安装与门框的安装一样也是分先立口和后塞口两种方式。先立口可使窗框与墙的连接紧密，但施工不便，窗框及其临时支撑易被碰撞，目前较少采用，多采用后塞口来安装窗框。

（3）窗框在墙中的位置。

窗框一般是与墙内表面齐平，安装时窗框突出砖面 20 mm，以便在墙面粉刷后与抹灰面齐平。框与抹灰面交接处应用贴脸板搭盖，以阻止抹灰干缩形成缝隙后风透入室内，同时可增加美观性。贴脸板的形状及尺寸与门的贴脸板相同。

当窗框立于墙中时，应内设窗台板，外设窗台；窗框外平时，靠室内一面设窗台板。

外开窗的上口和内开窗的下口，一般须做披水板及滴水槽以防止雨水内渗，同时在窗樘内槽及窗盘处做积水槽及排水孔，以便将渗入的雨水排除。

2）窗扇

平开木窗一般由上、下冒头和左右边梃榫接而成，有的中间还设窗棂。窗扇厚度为 35～42 mm，一般为 40 mm。上、下冒头及边梃的宽度视木料材质和窗扇大小而定，一般为 50～60 mm，下冒头可较上冒头适当加宽 10～25 mm，窗棂宽度为 27～40 mm。玻璃常用厚度为 3 mm，面积较大时可采用 5～6 mm。

3）五金零件

窗的五金零件一般有铰链、插销、窗钩、拉手和铁三角等。铰链用来连接窗扇和窗框，插销和窗钩用来固定窗扇，拉手为开关窗扇之用。

由于木材的耐腐蚀、防火性能差，因此平开木窗目前较少用于建筑外墙面，多用于有特殊要求的室内空间。

2. 铝合金窗

铝合金窗具有质轻、气密性好、色泽光亮的优点，隔音、隔热、耐腐蚀等性能也比普通木窗、钢窗有显著提高，是目前建筑中使用较为广泛的窗型，不足的是强度较钢窗、塑钢窗低，且当平面开窗尺寸较大时易变形。铝合金窗的安装与铝合金门基本相同。

铝合金平开窗构造示意图如图 12-28 所示，铝合金推拉窗构造示意图如图 12-29 所示。

3. 塑钢窗

塑钢窗由窗框、窗扇、窗的五金零件等 3 部分组成。图 12-30 为推拉塑钢窗构造图。塑钢窗一般采用后塞口安装，墙和窗框间的缝隙应用泡沫塑料等发泡剂填实，并用玻璃胶密封。安装时可用射钉或塑料、金属膨胀螺钉固定，也可与预埋件固定，塑钢窗的安装如图 12-31 所示。

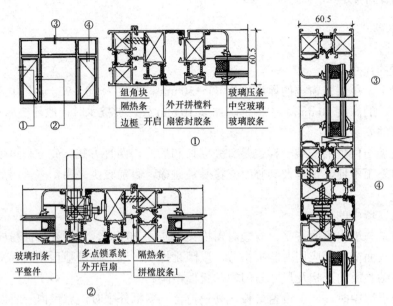

图 12-28 铝合金平开窗构造示意图

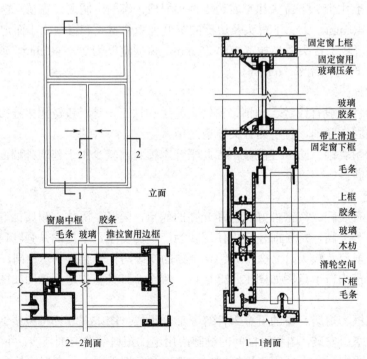

图 12-29 铝合金推拉窗构造示意图

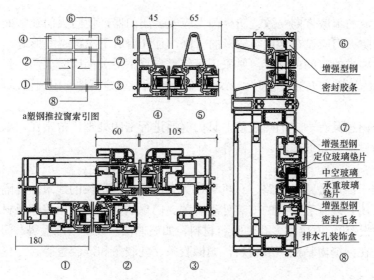

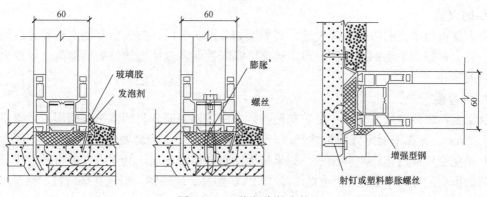

图 12-30 推拉塑钢窗构造图

图 12-31 塑钢窗的安装

12.4 特殊门窗

在建筑的门窗设计中，有时需要考虑特殊环境的使用要求，如防火、隔声、保温、隔热等方面的不同需要，选用一些特殊门窗。

12.4.1 特殊门

1. 防火门

在建筑防火设计中，要使建筑各部分构件的燃烧性能和耐火极限符合设计规范的耐火等级要求。防火门是建筑的重要防火分隔设施，常用非燃烧材料钢，或者木门外包镀锌铁皮、内填衬石棉板、矿棉等耐火材料制作。按照耐火极限的要求，防火门可分为甲、乙、丙三级。甲级防火门的耐火极限为 1.5 h，乙级为 1 h，丙级为 0.5 h。

防火门多采用平开形式。为了充分发挥防火门阻火防烟的作用，并便于使用，防火门的开启方向应与人流的疏散方向一致。防火门上应安装闭门器,使防火门经常处于关闭状态。设在变形缝处的防火门应设在楼层数较多的一侧,且开启后不应跨越变形缝。

对于有防火要求的车间或仓库,常采用可依靠自重下滑关闭的防火门,其是将门上的导轨做成5%～8%的坡度,火灾发生时,易熔合金片熔断,重锤落地,门扇依靠自重下滑关闭。

2. 保温门

保温门要求门扇具有一定的热阻值,且门缝要进行密闭处理,故常在门扇两层面板间填以轻质、疏松的材料(如玻璃棉、矿棉等)。

3. 隔声门

隔声门多用于高速公路、铁路、飞机场边等有严重噪声污染的建筑。其隔声效果与门扇材料、门缝的密闭处理及五金件的安装处理有关。门扇的面层常采用整体板材(如五层胶合板、硬质木纤维板等),内层填多孔性吸声材料,如玻璃棉、玻璃纤维板等。门缝密闭处理通常采用的措施是在门缝内粘贴填缝材料,如橡胶条、乳胶条和硅胶条等。

12.4.2 特殊窗

1. 防火窗

防火窗也是重要的防火分隔设施,其等级划分同防火门。防火窗有固定扇和开启扇两种形式。防火窗必须采用钢窗或塑钢窗,玻璃要镶嵌铁丝,以免玻璃破裂后掉落,导致火焰窜入室内或窗外。

2. 保温窗

保温窗常采用双层玻璃或中空玻璃两种。中空玻璃之间为封闭式空气间层,其厚度一般为4～12 mm,充以干燥空气或惰性气体,玻璃四周密封。该构造处理可增大热阻、减少空气渗透,避免空气间层内产生凝结水。如果采用低辐射镀膜玻璃,其保温性能将进一步提高。保温窗的框料应选用导热系数小的材料,如PVC塑料、玻璃钢、塑钢共挤型材,也有用铝塑复合材料。

3. 隔声窗

隔声窗的设计主要是通过提高玻璃的隔声量,并解决好窗缝的密封处理来实现。

提高玻璃的隔声量,可以通过适当增加玻璃的厚度来实现,另外还可以采用双层叠合玻璃、夹胶玻璃等。窗户缝隙包括玻璃与窗框间缝隙、窗框与窗扇间缝隙、窗框与隔墙间的缝隙,一般用胶条或玻璃胶密封。

若采用双层窗隔声,应采用不同厚度的玻璃,避免其高频临界频率重合而严重降低高频段隔声性能,同时也可防止低频段出现共振。厚玻璃应位于声源一侧,玻璃间的距离至少大于50 mm。窗框内应设置吸声材料,多采用穿孔板护面内填离心玻璃棉结构。

12.5 遮 阳

建筑中的遮阳是为了避免阳光直射室内,以保护物品、防止产生眩光、减少太阳辐射热,以及缓解夏季室内过热以节省空调能耗而采取的一种有效构造措施。建筑遮阳的方法很多,如设置室外绿化、室内窗帘、百叶窗、外廊阳台等,但对于太阳辐射强烈的地方,特别是朝向不利的墙面、建筑的门窗等，则应采用专用的遮阳构造措施，如图 12-32 所示。

图 12-32　建筑遮阳构造措施

建筑的遮阳措施有简易活动遮阳和固定遮阳板遮阳两种。简易活动遮阳是使用者利用苇席、布篷、竹帘等在需要时安装在窗外进行遮阳的一种遮阳措施。简易活动遮阳简单、经济、灵活，但耐久性差，如图 12-33 所示。固定遮阳板遮阳按其形状和效果，可分为水平遮阳、垂直遮阳、综合式遮阳及挡板遮阳 4 种形式，如图 12-34 所示。在工程中应根据太阳光线的高度角及方向选择遮阳板的尺寸和布置形式。

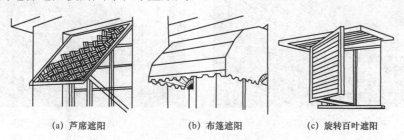

(a) 芦席遮阳　　　　(b) 布篷遮阳　　　　(c) 旋转百叶遮阳

图 12-33　简易活动遮阳

1. 水平遮阳

水平遮阳是在窗口上方设置具有一定宽度的水平遮阳板，该方式能够遮挡高度角较大、从窗口上方照射下来的阳光，适用于南向及附近朝向的窗口或北回归线以南低纬度地区之北向及其附近朝向的窗口，如图 12-34（a）所示。水平遮阳板可以做成实心板，也可以做成格栅板或百叶板。材料可以是木材、塑钢、铝板或者混凝土板。当窗口比较高大时，可以在不同的高度设置双层或多层水平遮阳板，如图 12-35 所示。

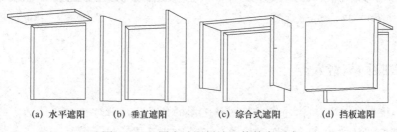

(a) 水平遮阳　　　(b) 垂直遮阳　　　(c) 综合式遮阳　　　(d) 挡板遮阳

图 12-34　固定遮阳板遮阳的基本形式

2. 垂直遮阳

垂直遮阳是在窗口两侧设置垂直方向的遮阳板，如图 12-34（b）所示。该方式能够遮挡高度角小的和从窗户侧边斜射过来的阳光，对高度角较大的、从窗口上方照射下来的阳光或接近日出日落时向窗口正射的阳光，不起遮挡作用。遮阳板可以垂直于墙面（如图 12-36 所示），也可与墙面形成一定的垂直夹角。主要适用于偏东偏西的南向或北向的窗口。

3. 综合式遮阳

综合式遮阳是水平遮阳和垂直遮阳的综合，如图 12-34（c）所示。该方式能够遮挡从窗左右侧及前上方斜射过来的阳光，遮挡效果比较均匀，如图 12-37 所示，主要适用于南、东南、西南向及其附近的窗口。

4. 挡板遮阳

挡板遮阳是在窗户前方离开一定的距离设置与窗户平行方向的垂直挡板，该方式能够遮挡高度角小的、正射窗口的阳光，主要适用于东、西向及其附近的窗口，如图 12-34（d）所示。为了利于通风，减少视线遮挡，多做成格栅式或百叶式挡板，如图 12-38 所示。

图 12-35　水平遮阳

图 12-36　垂直遮阳

图 12-37　综合式遮阳

图 12-38　挡板遮阳

 思政映射与融入点

通过手工绘制和 CAD 软件完成绘制施工图的任务，增强学生动手能力。将工匠精神引申到建筑行业中，让学生在学校期间养成良好的职业习惯，培养学生一丝不苟、精益求精的工匠精神，并且能够将"工匠精神"和实际任务联系起来。

思考题

12-1　门和窗的作用分别是什么?

12-2　门和窗按照开启方式可以分为哪几种形式?各有何特点?

12-3　门和窗的组成部分分别有哪些?

12-4　安装木窗框的方法有哪些?各有什么特点?如何安装?

12-5　铝合金门窗和塑料门窗有哪些特点?

12-6　建筑中的遮阳形式有哪些?

12-7　绘图说明平开木门的构造组成。

12-8　绘图说明镶板门和夹板门各自的构造特点。

12-9　木门窗框与砖墙连接方法有哪些?窗框与墙体之间的缝隙如何处理?画图说明。

12-10　画出一种日常生活中你所熟悉的窗或门的构造图。

第 13 章

变 形 缝

请按表 13-1 的教学要求，学习本章的相关教学内容。

表 13-1 教学内容和教学要求表

教学内容	教学要求	教学内容	教学要求
13.1　概述	了解	13.2.4　防震缝的设置	掌握
13.2　变形缝的种类及设置		13.3　变形缝的盖缝构造	重点掌握
13.2.1　变形缝的种类		13.3.1　伸缩缝盖缝构造	
13.2.2　伸缩缝的设置	掌握	13.3.2　沉降缝盖缝构造	
13.2.3　沉降缝的设置		13.3.3　防震缝盖缝构造	

13.1 概 述

当建筑的平面设计不规则，或同一建筑不同部分的高度或荷载差异较大时，建筑构件内部会因气温变化、地基不均匀沉降或地震等产生附加应力和应变。如不采取措施或者处理不当，则会引起建筑构件变形，进而导致建筑产生开裂甚至倒塌，影响其正常使用与安全。为了防止这种情况发生，一般采取两种措施，一是通过加强建筑的整体性，使之具有足够的强度和刚度来抵抗这种破坏；二是设计和施工时在这些变形敏感部位，预先设置宽度适当的缝隙，将建筑构件垂直断开，即将建筑分成若干独立、可自由变形的部分，通过减少附加应力避免破坏。这种将建筑垂直分开的预留缝隙称为变形缝。

13.2 变形缝的种类及设置

13.2.1 变形缝的种类

变形缝按其作用不同分为伸缩缝、沉降缝、防震缝 3 种。伸缩缝又称温度缝，是为防止建筑构件因温度、湿度等因素变化产生胀缩变形而设置的竖缝;沉降缝是为防止建筑由于高度不同、重量不同、平面转折等产生不均匀沉降而在适当位置设置的竖缝;防震缝是为避免建筑在地震中破坏而设置的竖缝。

不同的变形缝功能不同,应依据工程实际情况和设计规范规定要求设置。具体构造处理方法和材料选用应根据设缝部位和需要,分别达到盖缝、防水、防火、防虫和保温等要求,同时需确保缝两侧的建筑部分可自由变形、互不影响。

13.2.2 伸缩缝的设置

由于建筑处于温度变化的外界环境中,热胀冷缩会使其结构构件因内部产生附加应力而发生变形,并且这种影响会随建筑长度的增加而增加。当应力和变形达到一定数值时,建筑将出现开裂甚至破坏。为避免该情况出现,通常会沿建筑长度方向每隔一定距离或在结构变化较大处的垂直方向预留缝隙。

凡符合下列情况之一时应设置伸缩缝。

(1) 建筑长度过长。
(2) 建筑平面曲折变化较多。
(3) 建筑结构类型变化较大。

伸缩缝设置的最大间距应根据结构类型、材料特性和当地温度变化情况而定。砌体结构、钢筋混凝土结构房屋伸缩缝的最大间距分别见表 13-2 和表 13-3。此外,也可通过具体计算,采用附加应力钢筋抵抗可能产生的温度应力,使建筑减少设缝或不设缝。

表 13-2 砌体结构房屋伸缩缝最大间距   单位:m

屋盖或楼盖的类别		间距
整体式或装配整体式钢筋混凝土结构	有保温层或隔热层的屋盖、楼层	50
	无保温层或隔热层的屋盖	40
装配式无檩体系钢筋混凝土结构	有保温层或隔热层的屋盖、楼层	60
	无保温层或隔热层的屋盖	50
装配式有檩体系钢筋混凝土结构	有保温层或隔热层的屋盖	75
	无保温层或隔热层的屋盖	60
瓦材屋顶、木屋顶或楼板、轻钢屋顶		100

注:本表摘自《砌体结构设计规范》(GB 50003—2011)。

表 13-3 钢筋混凝土结构房屋伸缩缝最大间距   单位:m

结构类别		室内或土中	露天
排架结构	装配式	100	70
框架结构	装配式	75	50
	现浇式	55	35

续表

结构类别		室内或土中	露天
剪力墙结构	装配式	65	40
	现浇式	45	30
挡土墙及地下室墙壁等类结构	装配式	40	30
	现浇式	30	20

注：本表摘自《混凝土结构设计标准》(GB 50010—2010，2024年版)。

伸缩缝要求将建筑墙体、楼板层、屋顶等地面以上部分全部断开，使缝两侧的建筑沿水平方向可自由伸缩。基础部分由于埋于土层中受温度变化影响小而不必断开。在结构处理上，对于砖混结构可采用单墙或双墙承重方案，如图13-1所示；对于框架结构主要考虑其主体结构部分的变形要求，一般采用双侧挑梁方案，如图13-2（a）所示，也可采用双柱双梁［如图13-2（b）所示］、双柱牛腿简支［如图13-2（c）所示］等方案；对于砖混结构与框架结构交接处，可采用框架单侧挑梁方案，如图13-2（d）所示。伸缩缝最好设置在平面图形有变化处，以利隐藏处理。

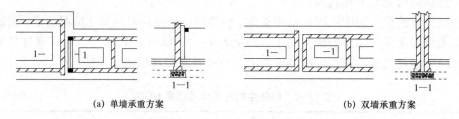

图13-1　砖混结构伸缩缝处结构简图

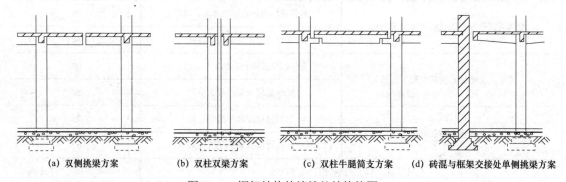

图13-2　框架结构伸缩缝处结构简图

13.2.3　沉降缝的设置

沉降缝是为了防止建筑结构内部因地基的不均匀沉降产生附加应力从而发生破坏而设置的缝隙。建筑的下列部位，宜设置沉降缝。

（1）建筑平面的转折部位。

（2）高度差异或荷载差异处。

（3）长高比过大的砌体承重结构或钢筋混凝土框架的适当部位。

（4）地基土的压缩性有显著差异处。
（5）建筑结构或基础类型不同处。
（6）分期建造房屋的交界处。

为使沉降缝两侧的建筑成为各自独立的单元，在垂直方向分别沉降，从而减少对相邻部分的影响，要求建筑从基础到屋顶的结构部分全部断开。基础沉降缝的结构处理有砖混结构和框架结构两种情况，如图 13-3 所示。

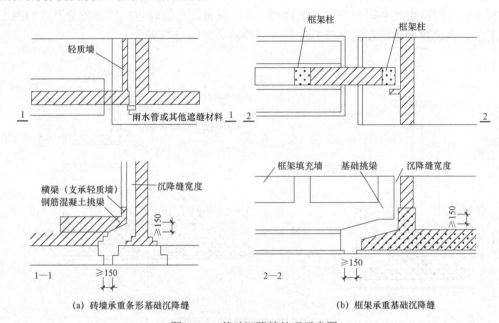

图 13-3 基础沉降缝处理示意图

沉降缝同时可以起到伸缩缝的作用。当建筑既要做伸缩缝，又要做沉降缝时，应尽可能将其合并设置。

13.2.4 防震缝的设置

建筑受地震作用时，不同的部分将具有不同的振幅和振动周期，差别较大时易产生裂缝、断裂等现象，因此建筑设计时必须充分考虑地震会对建筑造成的影响。我国建筑抗震设计规范中明确规定了我国各地区建筑抗震的基本要求。

防震缝设置部位需根据不同的结构类型来确定。

（1）对于多层砌体建筑，8 度和 9 度设防区凡符合下列 3 种情况之一时，宜设置防震缝，缝两侧均应设置墙体。
① 建筑立面高差大于 6 m。
② 房屋有错层，且楼板高差大于层高的 1/4。
③ 各部分结构刚度、质量截然不同。

（2）对于钢筋混凝土结构的建筑，遇到以下 5 种情况时宜设防震缝。
① 建筑平面不规则且无加强措施。
② 建筑有较大错层时。

③ 各部分结构的刚度或荷载相差悬殊且未采取有效措施时。
④ 地基不均匀，各部分沉降差过大，需设置沉降缝时。
⑤ 建筑长度较大，需设置伸缩缝时。

防震缝应根据抗震设防烈度、结构材料种类、结构类型、结构单元的高度和高差情况，留有足够宽度，其两侧的上部结构应完全分开，将建筑分割成独立、规则的结构单元。一般情况下基础可不设防震缝，如图 13-4（a）所示。但在平面复杂的建筑中、与震动有关的建筑各相连部分的刚度差别很大或具有沉降要求时，设置防震缝时也应将基础分开，如图 13-4（b）所示。当设置伸缩缝和沉降缝时，其宽度应符合防震缝要求。

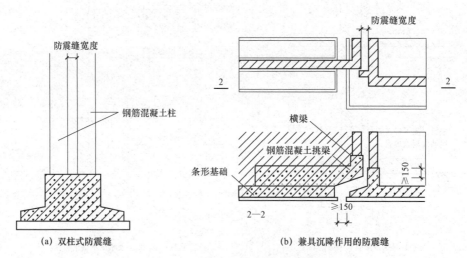

图 13-4　基础防震缝构造示意图

13.3　变形缝的盖缝构造

变形缝的盖缝处理应达到以下 3 个要求：ⓐ 满足各类缝的变形需要；ⓑ 设置于建筑外围护结构处的变形缝应能阻止外界风、雨、霜、雪对室内的侵袭；ⓒ 缝口的面层处理应符合使用要求，且外表美观。

13.3.1　伸缩缝盖缝构造

伸缩缝缝宽一般为 20～40 mm，通常采用 30 mm。

1. 墙体伸缩缝盖缝构造

砖墙伸缩缝一般根据墙体厚度，做成平缝、错口缝或企口缝，如图 13-5 所示。较厚的墙体应采用错口缝或企口缝，利于保温和防水。根据缝宽的大小，缝内一般应填塞具有防水、保温和防腐性能较好的弹性材料，如沥青麻丝、橡胶条、聚苯板、油膏等。外墙伸缩缝的外侧常选用耐候性好的镀锌薄钢板、铝板等盖缝，如图 13-6 所示；内墙一般结合室内装修用木板、各类金属板等盖缝处理，如图 13-7 所示。

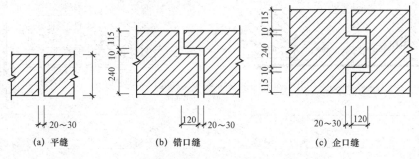

图13-5 砖墙变形缝的接缝形式

(a) 平缝　　(b) 错口缝　　(c) 企口缝

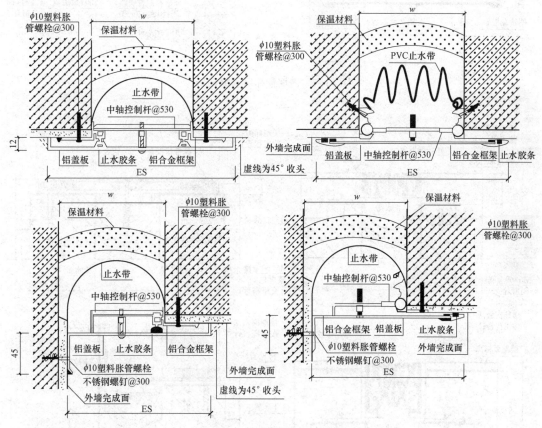

图13-6 外墙伸缩缝盖缝构造

2. 楼地板伸缩缝盖缝构造

楼地板伸缩缝的构造处理需满足地面平整、光洁、防水和卫生等使用要求。缝内常用油膏、沥青麻丝、金属或塑料调节片等材料做封缝处理，其上铺金属、混凝土或橡塑等活动盖板，如图13-8所示。顶棚伸缩缝需结合室内装修进行，一般采用金属板、木板、橡塑板等盖缝，盖缝板只能固定于一侧，以保证缝两侧构件能在水平方向自由伸缩变形。

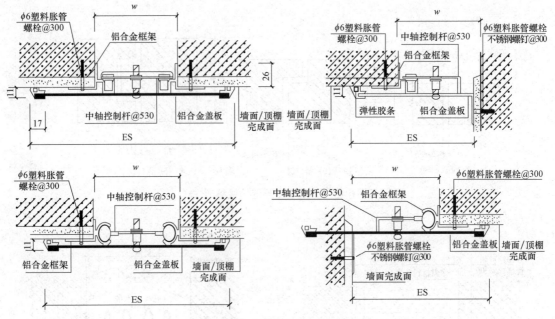

图 13-7 内墙伸缩缝盖缝构造

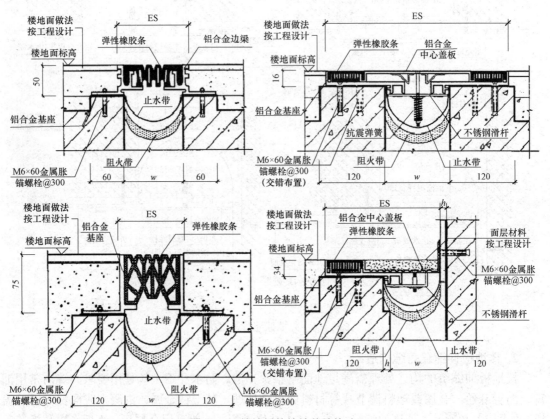

图 13-8 楼地板伸缩缝盖缝构造

3. 屋面伸缩缝盖缝构造

屋面伸缩缝位置一般有同一标高屋面或高低错落处屋面两种。屋面伸缩缝设置时需保证两侧结构构件能在水平方向自由伸缩，同时又能满足防水、保温、隔热等屋面结构要求。

当伸缩缝两侧屋面等高且不上人时，一般在伸缩缝处加砌砖矮墙或混凝土凸缘，并要高出屋面至少250 mm，再按屋面构造要求将防水层沿矮墙上卷固定。缝口用镀锌铁皮或混凝土板盖缝，也可采用彩色薄钢板、铝板或不锈钢皮等盖缝，如图13-9所示。

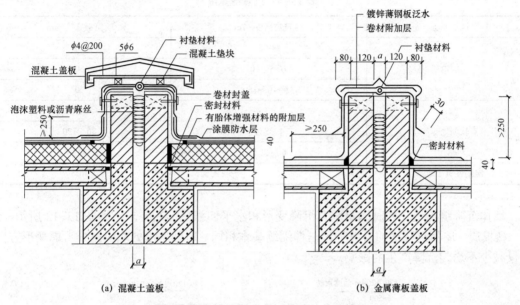

图13-9 不上人等高屋面伸缩缝盖缝构造

当伸缩缝两侧屋面标高相同又为上人屋面时，一般不设矮墙，通常做油膏嵌缝并注意防水处理，如图13-10所示。

当伸缩缝处于上人屋面出口处时，为避免人活动对于伸缩缝盖缝措施的损坏，需加设缝顶盖板等，如图13-11所示。

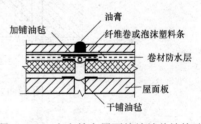

图13-10 上人等高屋面伸缩缝盖缝构造

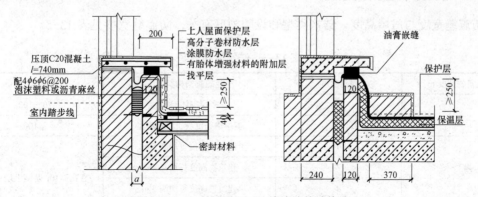

图13-11 上人屋面出口处伸缩缝盖缝构造

13.3.2 沉降缝盖缝构造

沉降缝宽度与地基性质和建筑高度有关,见表 13-4。地基越弱,建筑产生沉陷的可能性越大;建筑越高,沉陷后产生的倾斜越大。沉降缝一般兼具伸缩缝的作用。沉降缝盖缝条及调节片构造必须保证能在水平方向上和垂直方向自由变形。

表 13-4 沉降缝宽度

地基性质	建筑物高度 H/m	沉降缝宽度/mm
一般地基	$H<5$	30
	$H=5\sim10$	50
	$H=10\sim15$	70
软弱地基	2~3 层	50~80
	4~5 层	80~120
	6 层以上	≥120
湿陷性黄土地基		≥30~70

墙体沉降缝构造需同时满足垂直沉降变形和水平伸缩变形的要求,如图 13-12 所示。地面、楼板层、屋面沉降缝的盖缝处理与伸缩缝基本相同。顶棚盖缝处理应充分考虑变形方向,尽量减少不均匀沉降产生的影响。

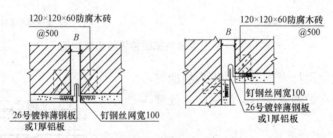

图 13-12 墙体沉降缝盖缝构造示意图

13.3.3 防震缝盖缝构造

防震缝宽度与房屋高度、结构类型和设防烈度有关,防震缝宽度见表 13-5。

表 13-5 防震缝的宽度

建筑物高度/m	设计烈度	建筑物结构类型	防震缝宽度/mm
≤15		多层砌体建筑	70~100
		多层钢筋混凝土结构房屋	≥100
>15	6	建筑物高度每增高 5 m	宜在≥100 基础上增加 20
	7	建筑物高度每增高 4 m	
	8	建筑物高度每增高 3 m	
	9	建筑物高度每增高 2 m	

建筑防震一般只考虑水平地震作用的影响，因此防震缝构造与伸缩缝相似。但墙体防震缝不能做成错口缝或企口缝。由于防震缝一般较宽，且地震时缝口处在"变动"中，盖板需具有伸缩功能，实际工程中通常将盖板设计为横向有两个三角凹口的形式。为防锈蚀通常选用铝板或不锈钢板制作，如图13-13所示。

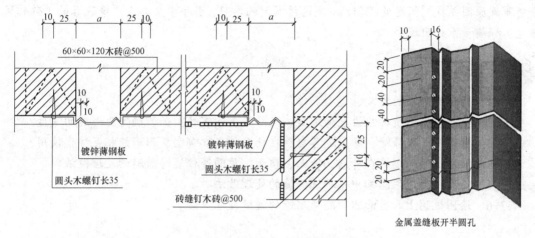

图13-13　外墙防震缝盖缝构造

楼地面防震缝设计时，由于地震中建筑来回晃动使缝的宽度处于瞬间的变化之中，为防止造成盖板破坏，可选用软性硬橡胶板做盖板。当采用与楼地面材料一致的刚性盖板时，盖板两侧应填塞不小于1/4缝宽的柔性材料，如图13-14所示。

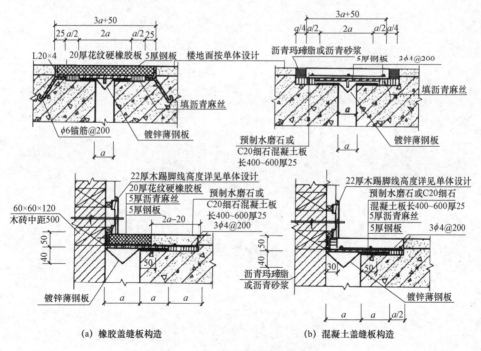

(a) 橡胶盖缝板构造　　(b) 混凝土盖缝板构造

图13-14　楼面防震缝盖缝构造

思政映射与融入点

以某安居工程住宅山墙出现裂缝为教学案例,引导学生调研住宅山墙面出现裂缝的现状,分析事故原因并找到问题处理措施。通过该案例的学习,引导学生养成严肃认真的工作作风,避免工程质量事故出现。

思考题

13-1 简述变形缝的定义、类型和作用。

13-2 建筑中哪些情况应设置伸缩缝、沉降缝、防震缝?如何确定变形缝的宽度?

13-3 伸缩缝、沉降缝、防震缝各自存在什么特点?哪些变形缝能相互替代使用?

13-4 绘图说明伸缩缝在外墙、地面、楼面、屋面等位置时盖缝的处理做法。

13-5 绘图说明框架结构中基础沉降缝的处理做法。

13-6 绘图说明上人屋面出口处变形缝的盖缝处理做法。

第 14 章

工业建筑设计概论

请按表 14-1 的教学要求，学习本章的相关教学内容。

表 14-1 教学内容和教学要求表

教学内容	教学要求	教学内容	教学要求
14.1 概述	掌握	14.2.5 单层工业建筑的剖面设计	了解
14.1.1 工业建筑的特点和分类		14.2.6 单层工业建筑的立面设计	
14.1.2 工业建筑的设计任务与要求		14.3 多层工业建筑设计	掌握
14.2 单层工业建筑设计		14.3.1 多层工业建筑的特点与适用范围	
14.2.1 单层工业建筑的组成		14.3.2 多层工业建筑的平面设计	
14.2.2 单层工业建筑的结构类型和选择		14.3.3 多层工业建筑的剖面设计	
14.2.3 单层工业建筑的内部起重运输设备的类型	了解	14.3.4 多层工业建筑的楼梯、电梯间及生活、辅助用房布置	了解
14.2.4 单层工业建筑的平面设计		14.3.5 多层工业建筑的体型组合和立面设计	

14.1 概 述

工业建筑是指以工业性生产为主要使用功能的建筑，一般称为厂房，供人们从事各类工业生产活动及直接为生产服务。工业建筑包括生产厂房和生产辅助用房，如车间、生活间、动力站和库房等。

工业建筑作为工业革命的产物，曾为推动工业生产的发展做出过重要贡献。工业建筑自其产生之初，就一直与工业革命的新技术成果、新型建筑材料、先进的空间结构体系和工业化施工方法等密切相连，是时代发展和科技创新的体现。图 14-1 为世界著名工业建筑实例。

(a) 德国AEG涡轮机工厂

(b) 德国法古斯工厂

(c) 英国巴特西电站

(d) 美国高地公园福特工厂

(e) 丹麦CopenHill新型垃圾焚烧发电厂

(f) 挪威The Plus家具工厂

图 14-1　世界著名工业建筑实例

　　自新中国成立特别是改革开放以来，我国工业发展取得了令人骄傲的成就，建成了全球最为完整的工业体系，主要产品产量跃居世界前列，出口贸易规模多年创世界第一，工业结构逐步优化，技术水平和创新能力稳步提升，国际竞争力不断增强，已成为世界第一大工业国。在我国工业成功实现由小到大、由弱到强的历史大跨越过程中，我国新兴工业区建设迅猛，多类型工业建筑技术得到提高，旧工业建筑的再利用得到重视，工业建筑取得了辉煌的成就，图 14-2 为国内著名工业建筑实例。

第14章 工业建筑设计概论

(a) 北京经济技术开发区

(b) 徐工集团智能化车间

(c) 秦山核电站二期

(d) 西昌卫星发射中心

(e) 华为南方工厂

(f) 蔚来合肥工厂

(g) 中国商飞上海总装车间

(h) 2022首钢西十冬奥广场

图 14-2 国内著名工业建筑实例

14.1.1 工业建筑的特点和分类

工业建筑设计与民用建筑设计一样，要体现"适用、经济、绿色、美观"的建筑方针，两者在设计原则、建筑用料和建筑技术等方面有许多相似之处，但由于工业建筑生产工艺复杂多样，在设计配合、使用要求、室内采光、屋面排水及建筑构造等方面，工业建筑又有其自身特点。

1. 工业建筑的特点

（1）以工艺设计为基础。工业建筑设计应满足生产工艺的要求，使生产活动顺利进行。由于工业产品及工艺的多样化，不同生产工艺的工业建筑具有不同的特征。

（2）内部起吊空间大而空旷。工业建筑内各生产工段联系紧密，需要设置大量或大型的生产设备及起重运输设备，同时要保证各种起重设备和运输工具的畅通运行。因此需要较大的内部面积和宽敞的空间。

（3）承重结构复杂。工业建筑由于其屋盖和楼板的荷载较大，多采用大型承重构件组成的钢筋混凝土骨架结构。对于特别高大的厂房，或有重型吊车的厂房，或高温厂房及地震烈度较高地区的厂房，宜采用钢结构骨架承重。

（4）屋顶等构造复杂。工业建筑由于其面积、体积较大，工艺联系密切，故采光、通风和防水、排水等建筑处理及结构、构造均较为复杂，而且技术要求较高。如多跨厂房为满足室内采光、通风的需要，屋顶上往往设有天窗；为满足屋面防水、排水的需要，还应设置屋面排水系统（天沟及水落管等）。

2. 工业建筑的分类

工业建筑通常按照用途、车间内部生产状况和厂房层数分类。

1）按用途分类

（1）主要生产厂房：指用于完成主要产品从原料到成品的生产工艺过程的各个车间。

（2）辅助生产厂房：指不直接加工产品而只为主要生产厂房服务的各类厂房，如机修和工具等车间。

（3）动力用厂房：指为工厂生产提供能源的各类厂房，如发电站、锅炉房、煤气站等。

（4）储藏用库房：指储存各种原材料、半成品或成品的仓库，如金属材料库、辅助材料库、油料库、零件库、成品库等。

（5）运输工具用库房：指管理、停放、检修各种运输工具的库房，如汽车库、电瓶车库等。

2）按车间内部生产状况分类

（1）热加工车间：指在高温、红热或材料融化状态下进行生产并在生产中会产生大量的热量及有害气体、烟尘的车间，如冶炼、铸造、锻造等车间。

（2）冷加工车间：指在正常温、湿度状态下进行生产的车间，如机加工、装配等车间。

（3）恒温恒湿车间：指为了保证产品质量，要求在温、湿度波动很小的范围内进行生产的车间，如精密仪表车间、纺织车间等。这些车间除了室内装有空调设备外，厂房也要采取相应措施，以减小室外气候对室内温、湿度的影响。

（4）洁净车间（无尘车间）：指产品的生产对室内空气的洁净程度要求很高的车间，如集成电路车间、精密仪表加工车间、食品厂、制药厂等。这类厂房的围护结构应保证严密，以免大气灰尘的侵入，还应对室内空气进行净化处理，将空气中的含尘量控制在允许范围内，以保证产品质量。

（5）其他特种状况的车间：指在生产过程中有爆炸可能性，或有放射性散发物，或会受到酸、碱、盐等侵蚀性介质作用，或有防振、高度隔声、防电磁波干扰等要求的车间，如核电站、化工生产车间、冶金酸洗车间、电磁屏蔽车间等，这类厂房在建筑材料选择及构造处理上应采取特殊措施。

3）按厂房层数分类

（1）单层厂房：广泛应用于机械、冶金等工业部门，对具有大型生产设备、振动设备、地沟、地坑或重型起重运输设备的厂房有较大的适应性。单层厂房按照建筑跨数的多少又有单跨厂房、多跨厂房之分，如图14-3所示。

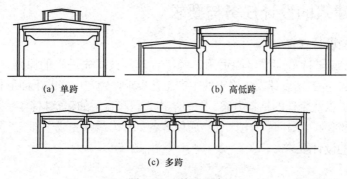

图14-3 单层厂房

（2）多层厂房：指层数在2层及以上的厂房，多为2~6层，如图14-4所示。多层厂房对需要垂直方向组织生产工艺流程的企业，以及设备、产品较轻的企业具有较大的适应性，多用于轻工、食品、电子、仪表等工业部门。车间运输分为垂直和水平运输两类，垂直运输靠电梯，水平运输则通过小型运输工具，如电瓶车等。

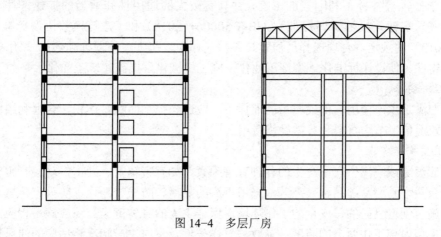

图14-4 多层厂房

（3）混合厂房：指单层工业厂房和多层工业厂房混合在一幢建筑中，在单层内或跨层设置大型生产设备，多用于化工和电力工业，如图14-5所示。

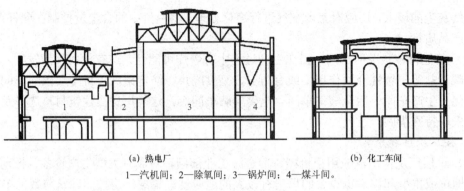

(a) 热电厂　　　　　　　　　　　　(b) 化工车间
1—汽机间；2—除氧间；3—锅炉间；4—煤斗间。

图 14-5　混合厂房

14.1.2　工业建筑的设计任务与要求

1. 工业建筑的设计任务

工业建筑设计应坚持贯彻"坚固适用、经济合理、技术先进"的原则，在建设单位提供的任务书的基础上，按工艺设计人员提出的生产工艺要求，确定厂房的平面形状、柱网尺寸、剖面形式、建筑体型，以及合理的结构方案、围护结构类型和合适的建筑材料，完成细部构造设计，进一步协调建筑、结构、水、暖、电、气、通风等各工种，最终完成全部施工图。

2. 工业建筑的设计要求

1) 工艺要求

工业建筑设计在建筑面积、平面形状、柱距、跨度、剖面形式、厂房高度及结构方案、构造措施等方面，要满足生产工艺的要求，还必须满足机器设备的安装、操作、运转、检修等方面的要求。

2) 建筑要求

工业建筑的坚固性和耐久性应符合建筑的使用年限，能够经受自然条件、外力、温湿度变化和化学侵蚀等各种不利因素的影响，并具有较大的通用性和适当的扩建条件。设计应严格遵守《厂房建筑模数协调标准》(GB/T 50006—2010)和《建筑模数协调标准》(GB/T 50002—2013)的规定，合理选择厂房建筑参数(柱距、跨度、柱顶标高等)，采用标准、通用的结构构件，使设计标准化、生产工业化、施工机械化，提高建筑工业化水平。

3) 经济要求

厂房在满足生产使用、保证质量的前提下，应适当控制面积、体积，合理利用空间，尽量降低建筑造价，节约材料和日常维修费用。

4) 卫生安全要求

厂房应消除或隔离生产中产生的各种有害因素，如有害辐射、冲击振动、有害气体和液体、烟尘余热、易燃易爆品、噪声等，采用可靠的隔离、防振、净化、防火、防爆、消声、隔声等措施，创造良好的、安全的工作环境，保证工人的身体健康；还应满足相应的采光条件，保证厂房内部工作面上的照度；采取与气候条件及室内生产状况相适应的通风措施；注意厂房内部的水平绿化、垂直绿化及色彩处理。

我国现代工业已从劳动力密集型转型提升为技术、资讯密集型，与此同时，现代工业建筑设计需要适应并满足生产的自动化、洁净化、精密化、产品微型化、环境无污染等要求。

在国家稳步推进碳达峰、碳中和行动的背景下，工业建筑设计正呈现节能省地、生态化、高科技化、可持续性等发展趋势。

14.2 单层工业建筑设计

14.2.1 单层工业建筑的组成

1. 功能组成

功能组成即房屋的组成，是指单层工业建筑内部生产房间的组成。生产房间是工厂生产的管理单位，一般由生产工段（也称生产工部）、辅助工段、库房、行政办公生活用房等部分组成。其中，生产工段是指加工产品的主体部分；辅助工段是为生产工段服务的部分；库房是存放原材料、半成品、成品的地方；行政办公生活用房是指办公室、更衣室等。

对于一幢厂房建筑而言，应综合考虑厂房性质、生产规模、工艺特点及总平面布置等因素来确定其内部的组成部分及其组织布置形式，以适应生产要求和建筑设计要求。

2. 结构组成

单层工业建筑的结构组成包括承重结构、围护结构和其他结构。

1）承重结构

承重结构分为墙体承重结构和骨架承重结构两种类型，目前后者应用广泛，因为该种结构受力合理、建筑设计灵活、施工方便、工业化程度也较高。我国采用横向排架结构较多，图14-6为典型的装配式钢筋混凝土结构的单层工业建筑。图中横向排架由基础、柱、屋架（或屋面梁）组成，承受各种荷载；纵向联系构件由基础梁、联系梁、圈梁、吊车梁组成，与

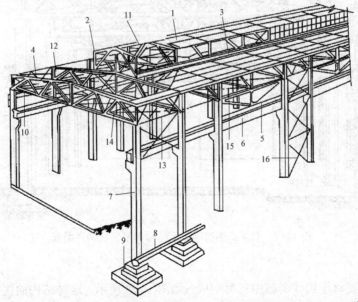

1—屋面板；2—天窗架；3—天窗侧；4—屋架；5—托梁；6—吊车梁；7—柱子；8—基础梁；9—基础；10—联系梁；11—天窗支撑；12—屋架上弦横向支撑；13—屋架垂直支撑；14—屋架下弦横向支撑；15—屋架下弦纵向支撑；16—柱间支撑。

图14-6 单层厂房构件部位示意

横向排架共同构成骨架。为了保证建筑的刚度，还应设置屋架支撑、柱间支撑等支撑系统。

2) 围护结构

单层工业建筑的围护结构包括外墙、屋顶、地面、门窗、天窗等。

3) 其他结构

其他结构包括散水、地沟、坡道、室外消防梯、内部隔墙等。

14.2.2 单层工业建筑的结构类型和选择

1. 混合结构

混合结构是由砖墙（或砖柱）和钢筋混凝土屋架（或屋面大梁）组成，或由砖墙（或砖柱）与木屋架（或轻钢屋架或组合屋架）组成的一种结构形式。该结构构造简单，但承载能力、抗震及抗振动性能较差，一般用于无吊车或吊车起重量不超过5t、跨度不大于14m、柱距为4～6m、柱顶标高不超过8m且无特殊工艺要求的小型厂房。

2. 钢筋混凝土结构

钢筋混凝土结构是单层厂房中应用最为广泛的一种结构形式，多采用预应力混凝土结构及装配式施工方式。这种结构坚固耐久，与钢结构相比可节约钢材、造价较低、抗腐蚀性好，但自重较大，抗震性能不如钢结构。可用于单跨、双跨、多跨、等高及不等高形式的大中型厂房。图14-7为装配式钢筋混凝土结构单层厂房构件组成。

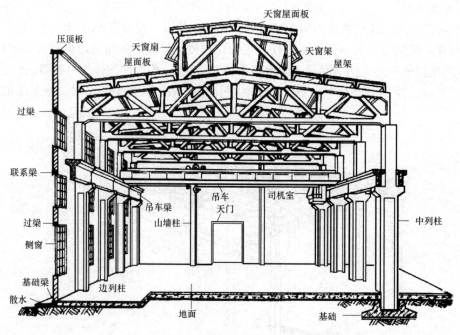

图14-7 装配式钢筋混凝土结构单层厂房构件组成

3. 钢结构

钢结构的主要承重构件全部由钢材制成，如图14-8所示。这种结构的优点是自重轻、抗震性能好、施工速度快，缺点是钢结构易锈蚀、保护维修费用高、耐久性能较差、防火性能差，使用时应采取必要的防护措施。钢结构主要用于跨度大、空间高、吊车载重量大、高温或振动荷载大的工业建筑。

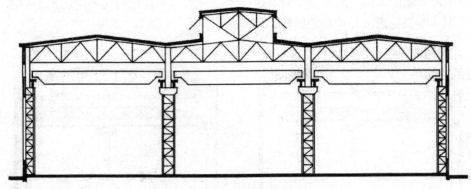

图 14-8 钢结构工业建筑

单层工业建筑的结构还有 V 形折板结构、单面或双面曲壳结构、网架结构和门式刚架结构，如图 14-9 所示。

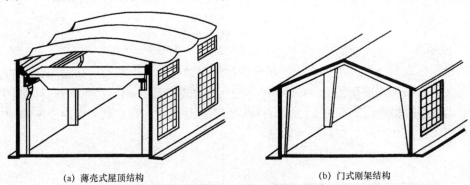

(a) 薄壳式屋顶结构　　　　　　　(b) 门式刚架结构

图 14-9 单层工业建筑的结构形式

14.2.3 单层工业建筑的内部起重运输设备的类型

为了在生产中运送原材料、成品或半成品，以及安装、检修生产设备，厂房内应设置必要的起重运输设备，常见的有单轨悬挂式吊车、梁式吊车和桥式吊车等。

1. 单轨悬挂式吊车

单轨悬挂式吊车按操纵方法不同有手动及电动两种。吊车由运行部分和起升部分组成，安装在工字形钢轨上，钢轨悬挂在屋架的下弦，可以布置成直线或曲线形。这种吊车适用于小型起重量的车间，一般起重量为 1~2 t，如图 14-10 所示。

2. 梁式吊车

梁式吊车也有电动和手动之分，一般厂房多采用电动梁式吊车。电动梁式吊车由梁架、工字钢轨道和

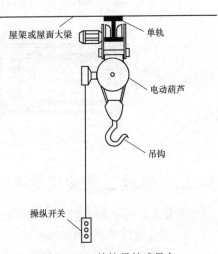

图 14-10 单轨悬挂式吊车

电动葫芦组成。吊车轨道可悬挂在屋架下弦或支承在吊车梁上,如图 14-11 所示。这种吊车适用于小型起重量的车间,起重量一般不超过 5 t。确定厂房高度时应考虑吊车净空高度的影响,结构设计时要考虑吊车荷载的影响。

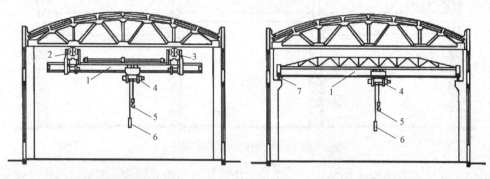

(a) 轨道悬挂在屋架下弦　　　　(b) 轨道支承在吊车梁上
1—钢梁；2—运行装置；3—轨道；4—提升装置；5—吊钩；6—操纵开关；7—吊车梁。

图 14-11 梁式吊车

3. 桥式吊车

桥式吊车由起重小车及桥架组成,吊车的桥架上铺有起重小车沿厂房横向运行的轨道,桥架两端支承在吊车梁的钢轨上,桥架借助车轮可在吊车轨道上沿厂房纵向运行,如图 14-12 所示。桥式吊车的起重范围可由 5 t 到数百吨,在工业建筑中应用广泛,但由于所需净空高度大、自重也大,因此对厂房结构要求较高。

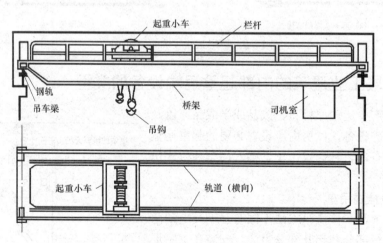

图 14-12 桥式吊车

14.2.4　单层工业建筑的平面设计

工业建筑的平面、剖面和立面设计是不可分割的整体,设计时应统一考虑。

1. 工业建筑平面设计内容

工业建筑平面设计及空间组合设计是在工艺设计及工艺布置的基础上进行的,应集中反映工业建筑的使用功能、生产工艺的布置情况及和总平面之间的关系。工业建筑的平面设计内容主要包括以下3个方面。

（1）根据厂房的生产工艺、工艺平面图及厂房和总平面的关系，选择合理的平面形状、方位和大小，使其符合生产要求，使车间获得良好的天然采光和自然通风，妥善处理安全疏散及防火措施。

（2）选择适用、经济、合理的柱网、结构形式与构造做法，提高建筑工业化水平，为施工创造方便条件。

（3）合理布置厂房通道、门窗，有害工段，辅助工段及生活间，使厂房内部及各个厂房之间的交通运输方便、快捷，生活设施完善，利于工人工作，并满足卫生、防火和安全等方面的要求。

2. 厂房平面设计与工厂总平面的关系

工厂总平面中运输道路的布置，人流、货流的分布及工厂所处的环境等都会对厂房平面设计产生影响。

工厂总平面按功能主要可分为生产区、辅助生产区、动力区、仓库区、厂前区等5个区域，其中，生产区布置主要生产车间。以机械制造为例，主要生产车间包括冷加工车间（如金工车间和装配车间）和热加工车间（如铸工车间、锻工车间）；辅助生产区由各种类型的辅助车间组成，如维修车间等；动力区内布置各种动力设施，如变电所、锅炉房、煤气站等；仓库区内布置各种仓库和堆场；厂前区包括厂部办公室、工人生活福利设施、技术学习培训设施等。

生产区是工厂的主要组成部分，设计时应注意与其他区域保持密切的联系。在总平面设计中，一般是厂前区与城市干道相衔接，职工通过厂前区的主要入口进厂。为兼顾职工上、下班方便，厂房的平面设计应把生活间设在靠近厂前区的位置上，使人流、货流分开。同时，辅助生产区是为生产区服务的，因此与生产区也应有方便而直接的联系。生产车间的原料入口和成品出入口应该与厂区铁路、公路运输线路及各种相应的仓库堆场相结合，使厂区运输方便而快捷。

3. 厂房平面设计与生产工艺的关系

工业建筑与民用建筑在平面设计中的一个重要区别就是厂房的建筑平面设计由生产工艺决定。厂房的平面设计是先由工艺设计人员进行工艺平面设计，然后建筑设计人员再在生产工艺平面图的基础上与工艺设计人员配合协商进行厂房的建筑平面设计。

不同产品的车间有不同的生产工艺流程，图14-13为不同冷加工车间的工艺流程。工艺设计人员根据生产工艺流程给建筑设计师提交生产工艺平面图，完整的工艺平面图主要包括以下5项内容。

（1）根据生产规模、性质、产品规格等确定生产工艺流程。
（2）选择和布置生产设备和起重运输设备。
（3）划分车间内部各生产工段及其所占用的面积。
（4）初步拟定工业建筑的跨间数、跨度和长度。
（5）提出生产对建筑设计的要求，如采光、通风、防振、防尘、防辐射等。

图14-14为某金工装配车间生产工艺平面图。建筑设计师再根据生产工艺平面图的要求进行建筑设计，图14-15为某机械加工装配车间建筑平面图。

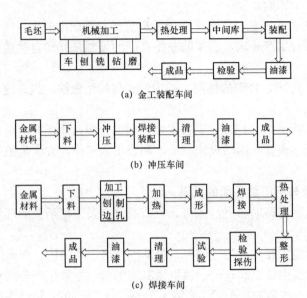

图 14-13 不同冷加工车间的工艺流程

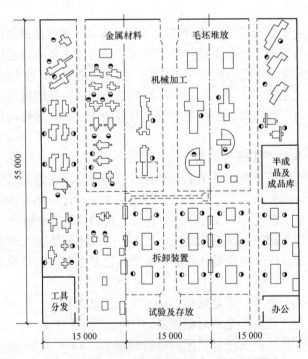

图 14-14 某金工装配车间生产工艺平面图

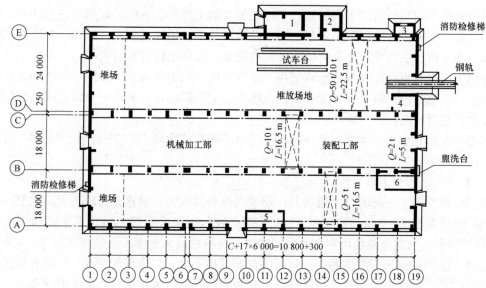

1—高压配电间；2—分压间；3—油漆调配室；4—水压试验室；5—工具分发室；6—中间仓库。

图 14-15　某机械加工装配车间建筑平面图

4. 单层厂房常用平面形式

单层厂房的平面形式会直接影响厂房的生产条件、交通运输和生产环境（如采光、通风、日照等），也会影响建筑结构、施工及设备等的合理性与经济性。

厂房的生产工艺流程和生产特征直接影响并在一定程度上决定了其平面形式。生产工艺流程的形式有直线式、直线往复式和垂直式 3 种，与之相适应的单层厂房常用平面形式有矩形、方形、L 形、U 形和山形等，如图 14-16 所示。

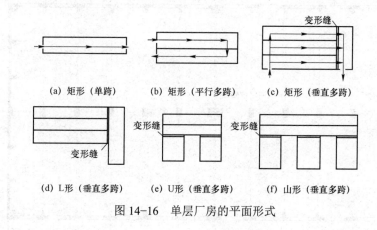

图 14-16　单层厂房的平面形式

1）矩形、方形平面

矩形平面形式的特点是构件类型少、工段之间交通联系方便、管线简短、节省外墙面积及门窗，适用于宽度不大（3 跨以下）的厂房。

矩形平面中最简单的是单跨，其是构成其他平面形式的基本单位。当生产规模较大或者厂房面积较多时，常用多跨组合的平面，其组合方式多随工艺流程而异。有的平行跨度方向布置，有的垂直跨度方向布置。

平行跨度方向布置适用于直线式、直线往复式的生产工艺流程,如图 14-16（a）、（b）所示。其形式规整,占地面积少。整个厂房柱顶及吊车轨顶标高相同,结构、构造简单,造价较低,施工快。在宽度不大的情况下,室内采光、通风都较容易解决。

矩形平面中垂直跨度布置的形式适用于垂直式的生产工艺流程,如图 14-16（c）所示。原材料由厂房纵跨的一端进入,加工成品从横跨的另一端运出。纵跨与横跨之间的结构构造较为复杂,费用较高,占地面积较大。

方形平面除具备矩形平面的特点外,还可节约围护结构周长约 25%,通用性强,有利于抗震,应用较多。

2）L 形、U 形和山形平面

当厂房宽度多于三跨时,一般将其一跨或两跨和其他跨相垂直布置成 L 形,如图 14-16 (d)所示。当产量较大、产品品种较多、厂房面积很大时,则可采用 U 形或山形平面,如图 14-16（e）、（f）所示。为避免浪费可利用两翼间的室外地段做露天仓库。

L 形、U 形和山形平面的特点是厂房各部分宽度不大,厂房周长较长,可以在较长的外墙上设置门窗,室内采光、通风条件良好,有利于改善室内劳动条件。这 3 种平面形式都有纵横跨相交的问题,在相交处结构构造复杂,而且由于外墙面积大,增加了投资,室内管线也较长,因而只适用于生产中产生大量余热和烟尘的热加工车间。

5. 柱网选择

柱网是指承重柱子在平面上排列所形成的网络。柱网尺寸由柱距和跨度组成。柱距（横向定位轴线之间的距离）决定着屋面板、吊车梁的跨度尺寸,跨度（柱子纵向定位轴线之间的距离）决定了屋架的尺寸。柱距和跨度尺寸必须符合《厂房建筑模数协调标准》(GB/T 50006—2010) 的有关规定。图 14-17 为单层厂房柱网平面示意图。

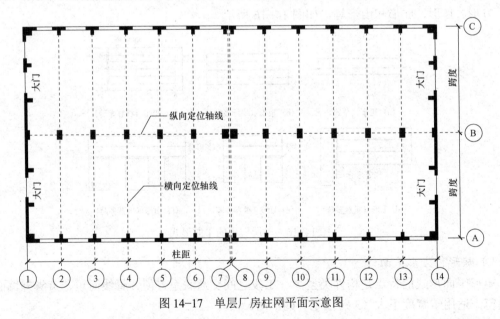

图 14-17 单层厂房柱网平面示意图

柱网尺寸根据生产工艺特征,综合建筑材料、结构形式、施工技术水平、基地状况、经济性及有利于建筑工业化等因素来确定。设计时应尽量扩大柱网,提高厂房的通用性和经济合理性。

1)跨度尺寸的选择

钢筋混凝土结构厂房的跨度小于或等于 18 m 时,应采用扩大模数 30M 数列,如 9 m、12 m 等;大于 18 m 时,宜采用扩大模数 60M 数列,如 18 m、24 m 等。

普通钢结构厂房的跨度小于 30 m 时,宜采用扩大模数 30M 数列;跨度大于或等于 30 m 时,宜采用扩大模数 60M 数列。

轻型钢结构厂房的跨度小于或等于 18 m 时,宜采用扩大模数 30M 数列;大于 18 m 时,宜采用扩大模数 60M 数列。

2)柱距尺寸的选择

钢筋混凝土结构厂房的柱距,应采用扩大模数 60M 数列,如 6 m、12 m 等。山墙处抗风柱柱距宜采用扩大模数 14M 数列。

普通钢结构厂房的柱距宜采用扩大模数 14M 数列,且宜采用 6 m、9 m、12 m。山墙处抗风柱柱距宜采用扩大模数 14M 数列。

轻型钢结构厂房的柱距宜采用扩大模数 14M 数列,且宜采用 6 m、7.5 m、9 m、12 m。无起重机的中柱柱距宜采用 12 m、14 m、18 m、24 m。山墙处抗风柱柱距,宜采用扩大模数 5M 数列。

14.2.5 单层工业建筑的剖面设计

生产工艺对剖面设计影响很大,设备的体形大小、生产工艺流程的特点、生产状况、加工件的体量与重量、起重运输设备的类型和起重量等都会直接影响工业建筑的剖面形式。图 14-18 为某氧气吹转炉厂房剖面图,由于生产工艺流程和生产设备不同,剖面中各跨的高低落差很大。

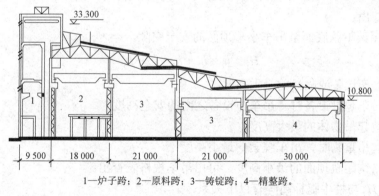

1—炉子跨;2—原料跨;3—铸锭跨;4—精整跨。

图 14-18 某氧气吹转炉厂房剖面图

1. 工业建筑剖面设计原则

(1) 在满足生产工艺要求的前提下,经济合理地确定厂房高度,并尽可能节约空间。

(2) 合理解决厂房的天然采光、自然通风和屋面排水问题。

(3) 合理选择围护结构形式及构造,使其具有良好的保温、隔热和防水等功能。

2. 厂房高度确定

厂房高度是指厂房室内地坪到屋顶承重结构下表面的垂直距离,根据是否使用吊车确定,一般与柱顶标高基本相同。

1）无吊车厂房

无吊车厂房柱顶标高按最大的生产设备高度及其使用、安装、检修时所需的净空高度来确定，且应符合《工业企业设计卫生标准》（GBZ 1—2010）的要求，并满足模数的要求。为保证室内最小空间满足采光、通风的要求，一般净高不应低于 3.9 m。

2）有吊车厂房

有吊车厂房（如图 14-19 所示）柱顶标高按照以下公式计算求得。

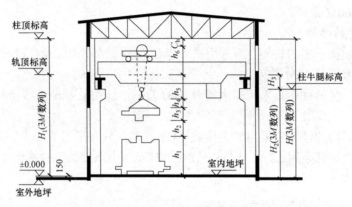

图 14-19　有吊车厂房柱顶标高的确定

$$H = H_1 + h_6 + C_h \tag{14-1}$$

式中，H——柱顶标高，应符合 $3M$ 数列；

　　　H_1——轨顶标高，应符合工艺设计要求，且符合 $3M$ 数列；

　　　h_6——轨上尺寸，指轨顶至吊车上小车顶面的高度，根据吊车起重量由吊车规格表查出；

　　　C_h——屋架下弦底面至吊车小车顶面的安全空隙。

$$H_1 = h_1 + h_2 + h_3 + h_4 + h_5 \tag{14-2}$$

式中，h_1——生产设备或隔断的最大高度；

　　　h_2——吊车越过设备时，吊车与设备之间的安全高度；

　　　h_3——被起吊物体的最大高度；

　　　h_4——起吊重物时，吊车缆索的最小高度；

　　　h_5——吊钩距轨顶面的最小高度，可由吊车规格表查出。

轨顶标高 H_1 与柱牛腿标高等有以下关系：

$$H_1 = H_2 + H_3 \tag{14-3}$$

式中，H_2——柱牛腿标高，应符合 $3M$ 数列；

　　　H_3——吊车梁高、吊车轨高及垫层厚度之和。

为了适应设备更新和生产工艺流程变化，提高厂房的通用性，通常将厂房高度提高一些。

3. 室内地坪标高的确定

单层厂房室内地坪标高由厂区总平面设计确定，其相对标高为±0.000。室内地坪与室外地面须设置高差，以防止雨水侵入室内，但高差不宜过大，以便于运输车辆进出厂房，一般取 140~200 mm 为宜。厂房出入口处宜设置坡道,其坡度不宜过大。

4. 天然采光

天然光线照明质量好,在厂房设计时应首先考虑天然采光,并根据生产性质对采光的要求进行采光设计,确定采光窗的大小,选择采光窗的形式及其布置方式,各采光等级参考平面上的采光标准值应符合《建筑采光设计标准》(GB 50033—2013)的要求,保证室内光线均匀,避免眩光。

厂房的采光方式有侧面采光、上部采光、混合采光等,在采光口面积相同的情况下,不同采光方式的采光效果各不相同。侧面采光是利用开设在侧墙上的窗子进行采光,这种采光方式光线方向性强、造价低;上部采光是利用开设在屋顶上的窗子进行采光,这种采光方式光线均匀、采光效率高,但构造复杂,造价较高;混合采光是将上述两种方式组合起来同时采光。图 14-20 为高低侧窗结合布置采光实例。

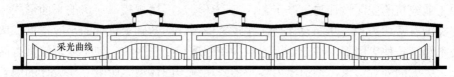

图 14-20 高低侧窗结合布置采光实例

5. 厂房通风

在无特殊要求的厂房中,尽量以自然通风的方式解决厂房通风问题。为组织好自然通风,在厂房剖面设计中要正确选择厂房的剖面形式,合理布置进、排气口位置,使外部气流不断地进入室内,进而迅速排除厂房内部的热量、烟尘和有害气体,营造良好的生产环境。

根据热压通风原理,进气口的位置应尽可能低。南方炎热地区低侧窗窗台可低至 0.4~0.6 m,或不设窗扇而采用下部敞口进气,如图 14-21(a)所示;北方寒冷地区低侧窗可分为上下两排,夏季将下排窗开启、上排窗关闭,冬季将上排窗开启、下排窗关闭,避免冷风直接吹向人体,如图 14-21(b)所示。侧窗开启方式有上悬、中悬、平开和立转 4 种,其中立转窗通风效果最好。

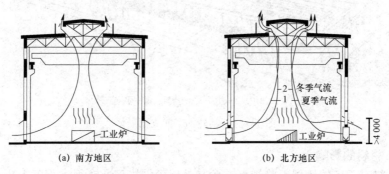

图 14-21 南北方地区热加工车间通风示意图

排气口的位置要尽可能高,一般设在柱顶处或靠近檐口处。当设有天窗时,天窗一般设在屋脊处。另外,为了尽快排除热空气,需要缩短通风距离,天窗宜设在散发热量较大的设备上方。外墙中间部分的侧窗,应按采光窗设计,常采用固定窗或中悬窗,一般不采用上悬窗,以免影响下部进气口的进气量和气流速度,如图 14-22 所示。

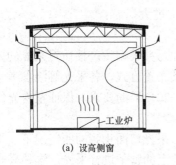 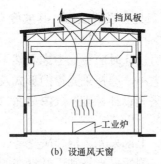 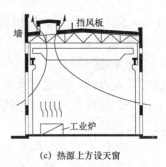

(a) 设高侧窗　　　　　　(b) 设通风天窗　　　　　(c) 热源上方设天窗

图 14-22　排风口布置示意图

14.2.6　单层工业建筑的立面设计

单层工业建筑的立面设计与生产工艺，工厂环境，厂房规模，厂房的平面形式、剖面形式及结构类型有密切关系。立面设计是在建筑整体设计的基础上进行的，应根据厂房的功能要求、技术经济条件等因素，综合运用建筑构图原理和处理手法，使工业建筑具有简洁、朴素、新颖、大方的外观形象，创造出内容与形式相统一的体型。影响立面设计的因素主要有以下3个。

1. 使用功能的影响

厂房的工艺特点对其体型有很大的影响。例如轧钢、造纸等工业，由于生产工艺流程采用直线式，厂房也多采用单跨或单跨并列的形式，厂房的立面形体通常呈现出水平构图的特征，图 14-23 为某轧钢车间立面形体。

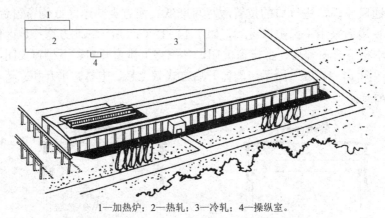

1—加热炉；2—热轧；3—冷轧；4—操纵室。

图 14-23　某轧钢车间立面形体

2. 结构、材料的影响

结构、材料对厂房的体型影响较大，尤其是屋顶结构形式在很大程度上决定了厂房的体型。图 14-24 为某无缝钢管厂金工车间立面形体，因为厂房内有吊车，空间较高、面积较大，为了解决车间内自然采光问题，屋顶采用折板结构、锯齿形天窗。图 14-25 为某造纸厂车间立面形体，其采用两组 A 形钢筋混凝土塔架，支承钢缆绳，悬吊屋顶，车间外墙不与屋顶相连，车间内部没有柱子，工艺布置灵活，整个造型给人以明快、活泼及新颖的感受。

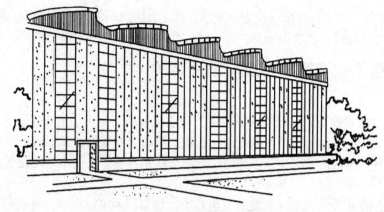

图 14-24 某无缝钢管厂金工车间立面形体

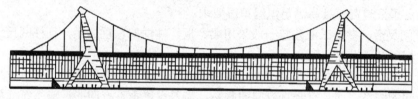

图 14-25 某造纸厂车间立面形体

3. 气候、环境的影响

室外太阳辐射强度、空气的温湿度等因素对立面设计均有影响。南方炎热地区的厂房，重点考虑通风、隔热、散热问题，因此常采用开敞式外墙，空间组合分散、狭长，具有轻巧、明快的特征；北方寒冷地区的厂房一般要求防寒保暖，窗口面积不应开启较大，空间组合宜采取集中围合布置方式，给人稳重、深厚的感觉。图 14-26 为南北方不同气候条件下，陶瓷厂立面形体的不同处理方案。

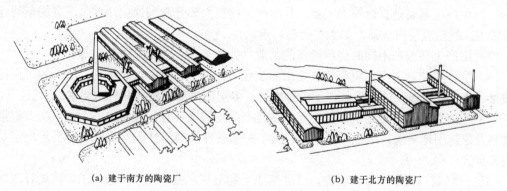

(a) 建于南方的陶瓷厂　　　　　　(b) 建于北方的陶瓷厂

图 14-26 南方和北方的陶瓷厂立面形体

14.3　多层工业建筑设计

多层工业建筑是随着科学技术的进步、新兴工业的产生而得到迅速发展的一种工业建筑形式，目前在机械、电子、电器、仪表、光学、轻工、纺织、化工和仓储等行业中应用广泛。多层工业建筑对提高城市建筑用地率、改善城市景观等方面起着积极的作用。

14.3.1　多层工业建筑的特点与适用范围

1. 特点

（1）建筑占地面积小。一般情况下多层工业建筑占地仅为单层工业建筑的 1/6～1/2，并且还降低了基础工程量，缩短了厂区道路、管线、围墙等的长度，从而降低了建设投资和维护管理费。同时厂区占地面积少，各部门、各车间联系方便，工人上下班路线短捷，便于保安管理等。

（2）外围护面积小。多层工业建筑宽度较小，顶层房间可以不设天窗而用侧窗采光，屋面雨水排除方便，屋顶构造简单、面积小，可节约建筑材料并获得节能效果。在寒冷地区，还可以减少冬季采暖费，且易满足恒温恒湿要求。

（3）分间灵活。多层工业建筑一般采用梁、板、柱框架承重体系，且柱网尺寸较小，厂房的通用性相对有所提高。

（4）交通运输面积较大。多层工业建筑内的生产在不同标高的楼层上进行，生产工艺不仅有水平方向的联系，而且有竖直方向的联系，需要设置垂直方向的运输系统（如楼梯间、电梯间、坡道等）服务自上而下、自下而上或上下往复式的生产工艺流程，因此增加了用于交通运输的面积和体积。

（5）结构、构造处理复杂。多层工业建筑中较重的设备通常放在底层，较轻的设备放在楼层。但是在布置振动较大的设备时，结构计算和构造处理复杂，适应性不如单层工业建筑。

2. 适用范围

适合于布置在多层厂房内的工业有以下 6 种类型。

（1）生产上需要垂直运输的工业。其生产原材料大部分送到顶层，再向下层的车间逐一传送加工，最后底层出成品，如大型面粉厂等。

（2）生产上要求在不同的楼层操作的工业，如化工厂、热电站主厂房等。

（3）生产工艺对生产环境有特殊要求的工业，如电子、精密仪表类的厂房。为了保证产品质量，要求在恒温及洁净等条件下进行生产，多层厂房易满足这些技术要求。

（4）生产上虽无特殊要求，但生产设备及产品均较轻，且运输量也不大的厂房。根据城市规划及建筑用地要求，结合生产工艺、施工技术条件及经济性因素等综合分析后确定是否建造多层式厂房。

（5）一些老厂位于城市市区内，厂区基地受到限制，生产上无特殊要求，需进行改建或扩建时，可向空间发展，建成多层厂房。

（6）仓储型厂房及设施，如冷藏车间、设环形多层坡道的车库等。

14.3.2　多层工业建筑的平面设计

多层工业建筑的平面设计同样要以生产工艺流程为依据，综合考虑建筑、结构、采暖通风和水、电设备等各工种要求，合理确定平面形式、柱网布置、交通和辅助用房布置等。平面布置形式主要有以下 4 种。

1. 内廊式

内廊式指多层工业建筑中每层的各生产工段空间用隔墙分隔成大小不同的房间，再用内廊将其联系起来的一种平面布置形式，如图14-27所示。该平面布置形式适用于生产工段所需面积不大、生产中各工段间既需要联系又需要避免干扰的厂房。

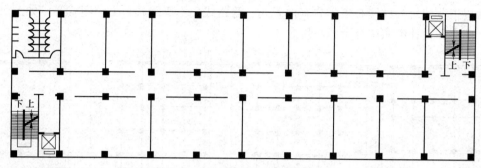

图14-27 内廊式平面布置形式

2. 大宽度式

为了平面布置更经济合理，可加大厂房宽度，形成大宽度式的平面布置形式。垂直交通可根据生产需要设置于中间或周边部位，如图14-28所示。大宽度式的平面呈现为厅廊结合、大小空间结合，如双廊式、三廊式、环廊式、套间式等。该平面布置形式主要适用于技术要求较高的恒温恒湿、洁净、无菌等生产车间。

(a) 中间布置交通服务性用房　　(b) 环状布置通道（通道在外围）　　(c) 环状布置通道（通道在中间）

1—生产用房；2—办公、服务性用房；3—管道井；4—仓库。

图14-28 大宽度式平面布置形式

3. 统间式

统间式指厂房的主要生产部分集中布置在一个空间内，不设分隔墙，将辅助工段和交通运输部分布置在中间或两端的平面布置形式，如图14-29所示。该平面布置形式适用于生产

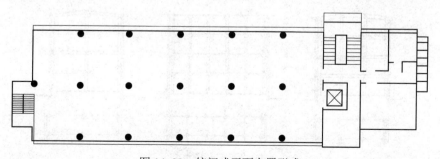

图14-29 统间式平面布置形式

工段需要较大面积、相互之间联系密切、不宜用隔墙分开的车间，各工段一般按照生产工艺流程布置在大统间中。

4. 混合式

混合式指根据生产工艺及建筑使用面积等不同需要，将上述各种平面形式混合布置。

多层工业建筑的柱网布置形式有内廊式、等跨式、不等跨式、大跨度式等，如图 14-30 所示。在实际设计中应综合考虑应用。

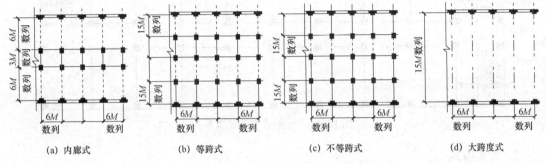

图 14-30　多层厂房的柱网布置形式

14.3.3　多层工业建筑的剖面设计

多层工业建筑的剖面设计，主要研究和确定建筑的剖面形式、层数和层高、工程技术管线布置及内部设计等相关问题，并应该结合平面和立面设计进行处理。

1. 剖面形式

多层工业建筑的结构形式、生产工艺的平面布置会对剖面形式产生直接影响。其平面柱网不同时，剖面形式也有变化。目前多采用图 14-31 所示的几种剖面形式。

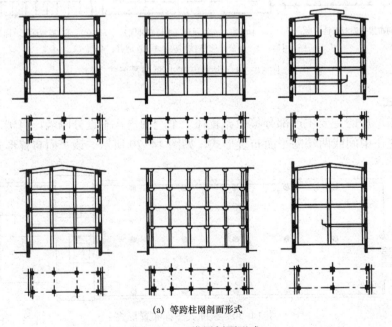

(a) 等跨柱网剖面形式

图 14-31　常用剖面形式

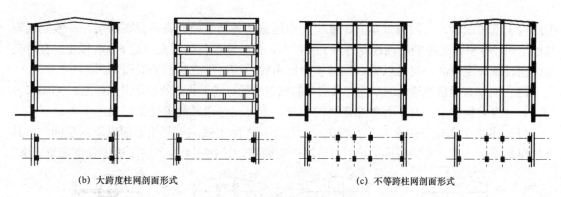

(b) 大跨度柱网剖面形式   (c) 不等跨柱网剖面形式

图 14-31 常用剖面形式（续）

2. 层数的确定

多层工业建筑层数的确定与生产工艺、楼层使用荷载、垂直运输设施及地质条件、基建投资等因素均有密切关系。为节约用地，在满足生产工艺要求的前提下，可增加厂房的层数，向竖向空间发展，目前建造的厂房以三到四层居多。

层数的确定还应综合考虑生产工艺、城市规划及其他技术条件和经济因素的影响。如面粉加工厂就是利用原材料或半成品的自重，用垂直布置生产流程的方式，自上而下地分层布置除尘、平筛、清粉、吸尘、磨粉、打包等 6 个工段，厂房层数相应地确定为 6 层，如图 14-32 所示。厂房的层数与造价有直接的关系，层数增加，会加大技术难度、延长施工周期，直接或间接地影响单位面积的造价，图 14-33 为根据统计资料绘成的层数与单位面积造价的关系曲线，可见较为经济的层数为 3～5 层，有些厂房由于生产工艺的特殊要求或受城市用地限制，也有提高到 6～9 层甚至更高的。

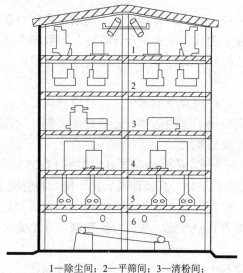

1—除尘间；2—平筛间；3—清粉间；
4—吸尘、刷面、管子间；5—磨粉机间；6—打包间。

图 14-32 面粉加工车间的层数

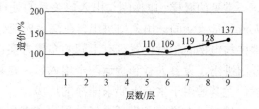

图 14-33 层数与单位造价的关系

3. 层高的确定

（1）层高在满足生产工艺要求的同时，还要考虑生产和运输设备对层高的影响。为了利于结构承重和运输,一般将重量大、体积大和运输任务繁重的设备布置在底层,一般底层较其他层高,有空调管道的层高通常在 4.5 m 以上,有运输设备的层高可达 6.0 m 以上。有时某些个别设备高度很高,也可以采取局部楼面抬高的做法,形成参差的剖面形式。

(2) 对于采用自然通风的车间,其层高的确定应满足《工业企业设计卫生标准》(GBZ 1—2010)对净高的要求。对于有散热需要的工段,则应根据通风要求选择层高。

(3) 多层工业建筑的管道布置与单层厂房不同,除了底层可利用地面以下的空间外,其余楼层都需要占有一定的空间高度,对层高产生影响。图 14-34 为多层厂房的管道布置方案。

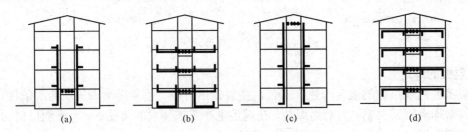

图 14-34　多层厂房的管道布置方案

(4) 层高在满足生产工艺要求的前提下,还要兼顾室内建筑空间比例的协调。

(5) 层高的确定还要考虑经济因素。根据计算,层高和单位面积造价的变化成正比,层高每增加 0.6 m,单位面积造价提高约 8.3%。

多层厂房各个层高,应采用扩大模数 $3M$ 数列。层高大于 4.8 m 时,宜采用 5.4 m、6.0 m、6.6 m、7.2 m 等数值。

14.3.4　多层工业建筑的楼梯、电梯间及生活、辅助用房布置

多层工业建筑的电梯间和主要楼梯间通常布置在一起,并且和生活、辅助用房组合在一起,既方便使用又有利于节约建筑空间,其在平面中的具体位置是设计重点。一般要考虑生产工艺流程的组织、建筑防火或防震要求、建筑结构方案的选择及施工吊装方法等因素。

1. 布置原则和平面组合形式

楼梯、电梯间及生活、辅助用房的位置应选择在厂房合适的部位,路线应该满足直接、通顺、短捷的要求,使之既方便运输、利于工作人员上下班的活动,还要避免人流、货流的交叉,同时还要满足安全疏散及防火、卫生等有关规范要求。

常见的楼梯、电梯间与出入口关系的处理有两种方式。第一种布置方式如图 14-35 所示,人流和货流从同一出入口进出,在满足人流、货流同门进出、直接通畅、互不相交的前提下,楼梯与电梯的相对位置可有不同的布置方案;第二种布置方式如图 14-36 所示,人流和货流分门进出,设置人行和货运两个出入口,这种布置方式的人流、货流分流明确,互不交叉干扰,尤其适用于生产上要求洁净的厂房。

楼梯、电梯间及生活、辅助用房在多层工业建筑中的布置方式有多种,可外贴在厂房周围、厂房内部,独立布置及嵌入厂房不同区段交接处等,如图 14-37 所示。这几种布置方式各有特点,使用时应考虑实际需要,通过分析比较后加以选择,也可以采用几种方式的结合,以适应不同的需要。

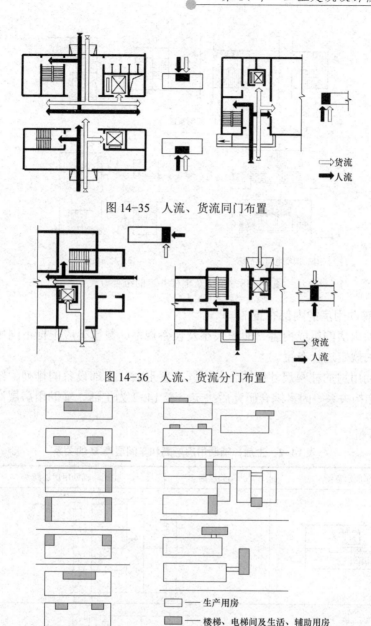

图 14-35 人流、货流同门布置

图 14-36 人流、货流分门布置

图 14-37 楼梯、电梯间及生活、辅助用房的布置方式

2. 楼梯及电梯井道的组合

在多层工业建筑中，由于生产使用功能和结构单元布置的需要，楼梯和电梯井道在建筑空间布置时一般采用组合的布置方式。根据电梯和楼梯相对位置的不同，常见的组合方式如图 14-38 所示。不同的组合方式，具有不同的特点，如图 14-38（a）中电梯和楼梯采用同侧布置，但第④种布置直接面向车间，需具有缓冲地带，才不会有拥挤的感觉；又如当生活、辅助用房与生产车间需要采取错层布置时，图 14-38（a）中③、④及图 14-38（c）中②的布置都能够适应这种要求。设计时选择哪一种组合方式，应该结合厂房的实际情况，分析比较后决定。

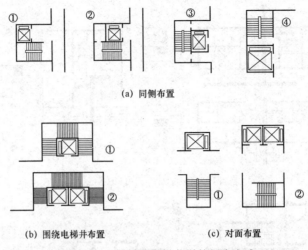

(a) 同侧布置

(b) 围绕电梯井布置　　　(c) 对面布置

图 14-38　楼梯及电梯井道的组合方式

3. 生活、辅助用房的内部布置

生活、辅助用房的组成内容、面积大小及设备规格、数量等应根据不同生产要求和使用特点，按照有关规定进行布置。

生活、辅助用房的柱网尺寸应结合其不同布置形式、内部设备的排列、结构构件的统一化和生产车间结构关系等因素综合研究后决定。表 14-2 为生活、辅助用房层高和车间层高 H 的关系。

表 14-2　生活、辅助用房层高和车间层高 H 的关系

楼梯间平面示意图	车间层高	生活、辅助用房层高	层高比
			1:2
			2:3
			3:4

14.3.5 多层工业建筑的体型组合和立面设计

多层厂房的体型组合与立面设计是其建筑设计的有机组成部分,从方案设计之初就应重视,并将其贯穿整个设计的全过程。在进行平面、剖面设计时,根据生产工艺的特征、结构类型的选择及其他技术、自然条件等,对建筑的体型组合、门窗和室内空间布置进行考虑,应力求使厂房外观形象和生产使用功能、物质技术应用达到有机的统一,符合城市规划的要求,给人以简洁明快、朴素大方而又富于变化、个性鲜明的感觉。

多层厂房的体型组合和立面设计与单层厂房有相似之处,又兼有多层民用建筑的造型特征。在进行多层厂房体型组合与立面设计时,可借鉴单层厂房与多层民用建筑的相关内容。

思政映射与融入点

1. 结合我国著名工业建筑实例,介绍新中国成立特别是改革开放以来我国工业发展取得的辉煌成就,激发学生爱国热情,坚定民族自信。

2. 在讲解工业建筑的设计要求时,引导学生领会国家稳步推进碳达峰、碳中和行动的重要意义,在进行工业建筑设计时能够自觉践行节能省地、生态化、高科技化、可持续性等要求。

思考题

14-1 工业建筑的特点有哪些?

14-2 简述单层厂房的组成。

14-3 单层厂房内常见的起重运输设备有几种?各有何特点?

14-4 单层厂房的平面布置形式有哪些?

14-5 多层工业建筑的特点及适用范围有哪些?

14-6 多层工业建筑的平面布置形式有哪些?并简单图示。

14-7 多层工业建筑楼梯、电梯间及生活、辅助用房的布置原则及平面组合形式有哪些?

附录 A　常用商业建筑图纸目录

附录 A-0　图纸目录
附录 A-1　总平面图
附录 A-2　节能设计专篇
附录 A-3　设计总说明
附录 A-4　工程做法表及门窗表
附录 A-5　地下一层、半地下层平面分区图
附录 A-6　地下一层平面图
附录 A-7　商业一层平面图
附录 A-8　入户夹层平面图
附录 A-9　商业屋面平面图
附录 A-10　商住楼整体东、西立面图
附录 A-11　商住楼整体南、北立面图
附录 A-12　地下室、商业 $A—A$、$B—B$ 剖面图
附录 A-13　地下室、商业 $C—C$、$D—D$ 剖面图
附录 A-14　地下室、商业 $E—E$、$F—F$、$G—G$、$J—J$、$H—H$ 剖面图
附录 A-15　A 型、B 型楼梯详图
附录 A-16　C 型、D 型楼梯详图
附录 A-17　汽车坡道详图
附录 A-18　自行车坡道详图
附录 A-19　商业入口大样（一）
附录 A-20　商业入口大样（二）
附录 A-21　商业入口详图
附录 A-22　商业屋面构件大样
附录 A-23　商业卫生间详图（一）
附录 A-24　商业卫生间大样（二）
附录 A-25　门窗详图（一）
附录 A-26　门窗详图（二）

附录B 常用住宅施工图纸目录

附录B-0 图纸目录
附录B-1 建筑设计总说明
附录B-2 工程做法表
附录B-3 二层（入户）平面、三、四层平面图
附录B-4 五、六层平面图
附录B-5 阁楼层、屋面平面图
附录B-6 轴（10—1）—（10—31）立面图、（10—31）—（10—1）立面图
附录B-7 轴（10—A）—（10—F）立面图、（10—F）—（10—A）立面图、1—1剖面图、门窗表
附录B-8 阳台飘窗详图（一）
附录B-9 阳台飘窗详图（二）
附录B-10 墙身屋面节点
附录B-11 楼梯详图（一）
附录B-12 厨卫详图
附录B-13 门窗详图

参考文献

[1] 同济大学，西安建筑科技大学，东南大学，重庆大学. 房屋建筑学[M]. 5 版. 北京：中国建筑工业出版社，2016.
[2] 聂洪达. 房屋建筑学[M]. 3 版. 北京：北京大学出版社，2016.
[3] 北京市规划和自然资源委员会. 建筑构造通用图集：工程做法：19BJ11-1[A/OL]. [2020-06-05]. http://ghzrzyw.beijing.gov.cn/biaozhunguanli/bzgj/tytj/202006/t20200605_1917434.html.
[4] 李晓玲，张艳萍. 房屋建筑学[M]. 2 版. 北京：中国水利水电出版社，2018.
[5] 姜忆南. 房屋建筑学[M]. 2 版. 北京：机械工业出版社，2009.
[6] 姜忆南，李世芬. 房屋建筑教程[M]. 北京：化学工业出版社，2004.
[7] 杨维菊. 建筑构造设计：上册[M]. 2 版. 北京：中国建筑工业出版社，2016.
[8] 杨维菊. 建筑构造设计：下册[M]. 2 版. 北京：中国建筑工业出版社，2017.
[9] 李必瑜，魏宏杨. 建筑构造：上册[M]. 4 版. 北京：中国建筑工业出版社，2008.
[10] 刘建荣，翁季. 建筑构造：下册[M]. 4 版. 北京：中国建筑工业出版社，2008.
[11] 裴刚，安艳华. 建筑构造：上册[M]. 2 版. 武汉：华中科技大学出版社，2008.
[12] 安艳华，裴刚. 建筑构造：下册[M]. 2 版. 武汉：华中科技大学出版社，2010.
[13] 胡建琴，崔岩. 房屋建筑学[M]. 北京：清华大学出版社，2007.
[14] 陆可人，欧晓星，刁文怡. 房屋建筑学[M]. 3 版. 南京：东南大学出版社，2013.
[15] 裴刚，沈粤，扈媛，等. 房屋建筑学[M]. 3 版. 广州：华南理工大学出版社，2011.
[16] 房志勇. 房屋建筑构造学[M]. 北京：中国建材工业出版社，2003.
[17] 沈福煦. 建筑方案设计[M]. 上海：同济大学出版社，1999.
[18] 舒秋华. 房屋建筑学[M]. 6 版. 武汉：武汉理工大学出版社，2018.
[19] 彭一刚. 中国古典园林分析[M]. 北京：中国建筑工业出版社，1986.
[20] 彭一刚. 建筑空间组合论[M]. 3 版. 北京：中国建筑工业出版社，2008.
[21] 清华大学建筑学院，同济大学建筑与城市规划学院，重庆大学建筑城规学院，等. 建筑设计资料集：第 1 分册 建筑总论[M]. 3 版. 北京：中国建筑工业出版社，2017.
[22] 清华大学建筑设计研究院有限公司，重庆大学建筑城规学院. 建筑设计资料集：第 2 分册 居住[M]. 3 版. 北京：中国建筑工业出版社，2017.
[23] 华东建筑集团股份有限公司，同济大学建筑与城市规划学院. 建筑设计资料集：第 3 分册 办公·金融·司法·广电·邮政[M]. 3 版. 北京：中国建筑工业出版社，2017.
[24] 中国建筑设计院有限公司，华南理工大学建筑学院. 建筑设计资料集：第 4 分册 教科·文化·宗教·博览·观演[M]. 3 版. 北京：中国建筑工业出版社，2017.
[25] 中国中建设计集团有限公司，天津大学建筑学院. 建筑设计资料集：第 5 分册 休闲娱乐·餐饮·旅馆·商业[M]. 3 版. 北京：中国建筑工业出版社，2017.

[26] 中国中元国际工程有限公司，哈尔滨工业大学建筑学院. 建筑设计资料集：第 6 分册 体育•医疗•福利[M]. 3 版. 北京：中国建筑工业出版社，2017.

[27] 北京市建筑设计研究院有限公司，西安建筑科技大学建筑学院. 建筑设计资料集：第 7 分册 交通•物流•工业•市政[M]. 3 版. 北京：中国建筑工业出版社，2017.

[28] 东南大学建筑学院，天津大学建筑学院，哈尔滨工业大学建筑学院，等. 建筑设计资料集：第 8 分册 建筑专题[M]. 3 版. 北京：中国建筑工业出版社，2017.

[29] 清华大学，田学哲，郭逊. 建筑初步[M]. 4 版. 北京：中国建筑工业出版社，2019.

[30] 张树平，李钰. 建筑防火设计[M]. 3 版. 北京：中国建筑工业出版社，2020.

[31] 住房和城乡建设部标准定额研究所. 建筑地基基础设计规范：GB 50007—2011[S]. 北京：中国建筑工业出版社，2012.

[32] 总参工程兵科研三所. 地下工程防水技术规范：GB 50108—2008[S]. 北京：中国计划出版社，2009.

[33] 王雪松，李必瑜. 房屋建筑学[M]. 6 版. 武汉：武汉理工大学出版社，2021.

[34] 张芹. 建筑幕墙与采光顶设计实施手册[M]. 3 版. 北京：中国建筑工业出版社，2012.

[35] 山西建筑工程(集团)总公司，上海市第二建筑有限公司. 屋面工程质量验收规范：GB 50207—2012[S]. 北京：中国建筑工业出版社，2012.

[36] 中国建筑标准设计研究院有限公司. 房屋建筑制图统一标准：GB/T 50001—2017[S]. 北京：中国建筑工业出版社，2018.

[37] 金少蓉. 房屋建筑学课程设计及习题集[M]. 重庆：重庆大学出版社，2005.

[38] 中国建筑标准设计研究院. 国家建筑标准设计图集：常用建筑构造：1 2012 年合订本：J11-1 [M]. 北京：中国计划出版社，2012.

[39] 中国建筑标准设计研究院. 国家建筑标准设计图集：常用建筑构造：2 2013 年合订本：J11-2 [M]. 北京：中国计划出版社，2013.

[40] 中国建筑标准设计研究院. 国家建筑标准设计图集：常用建筑构造：3 2014 年合订本：J11-3 [S]. 北京：中国计划出版社，2014.

[41] 郭院成，王新玲，蒋晓东. 建筑结构体系概念和设计[M]. 郑州：黄河水利出版社，2001.

[42] 周云. 高层建筑结构设计[M]. 3 版. 武汉：武汉理工大学出版社，2021.

[43] 何淅淅，黄林青. 高层建筑结构设计[M]. 武汉：武汉理工大学出版社，2007.

[44] 董石麟. 新型空间结构分析、设计与施工[M]. 北京：人民交通出版社，2006.

[45] 完海鹰，黄炳生. 大跨空间结构[M]. 2 版. 北京：中国建筑工业出版社，2008.

[46] 蓝天，张毅刚. 大跨度屋盖结构抗震设计[M]. 北京：中国建筑工业出版社，2000.

[47] 尹德钰，刘善维，钱若军. 网壳结构设计[M]. 北京：中国建筑工业出版社，1996.

[48] 中国建筑科学研究院. 空间网格结构技术规程：JGJ 7—2010[S]. 北京：中国建筑工业出版社，2010.

[49] 李阳. 建筑膜材料和膜结构的力学性能研究与应用[D]. 上海：同济大学，2007.

[50] 徐其功. 张拉膜结构的工程研究[D]. 广州：华南理工大学，2003.

[51] 吕西林，程明. 超高层建筑结构体系的新发展[J]. 结构工程师，2008，24(2)：99-106.

[52] 中国建筑标准设计研究院. 国家建筑标准设计图集：《中小学校设计规范》图示：11J934-1[M]. 北京：中国计划出版社，2012.

[53] 中国建筑标准设计研究院. 国家建筑标准设计图集：中小学校建筑设计常用构造做法：16J934-3 [M]. 北京：中国计划出版社，2017.
[54] 张泽惠，曹丹庭，张荔. 中小学校建筑设计手册[M]. 北京：中国建筑工业出版社，2001.
[55] 张宗尧，张必信. 中小学校建筑实录集萃[M]. 北京：中国建筑工业出版社，2000.
[56] 中国建筑标准设计研究院. 国家建筑标准设计图集：工程做法：05J909[M]. 北京：中国计划出版社，2006.
[57] 中国建筑标准设计研究院. 国家建筑标准设计图集：《民用建筑设计统一标准》图示：20J813[M]. 北京：中国建筑工业出版社，2010.
[58] 中国建筑标准设计研究院. 国家建筑标准设计图集：建筑工程施工质量常见问题预防措施：装饰装修工程：16G908-3[M]. 北京：中国计划出版社，2018.
[59] 中国建筑标准设计研究院有限公司. 民用建筑设计统一标准：GB 50352—2019[S]. 北京：中国建筑工业出版社，2019.
[60] 公安部天津消防研究所，公安部四川消防研究所. 建筑设计防火规范：GB 50016—2014：2018版[S]. 北京：中国计划出版社，2018.
[61] 北京市建筑设计研究院. 无障碍设计规范：GB 50763—2012[S]. 北京：中国建筑工业出版社，2012.
[62] 北京市建筑设计研究院，天津市建筑设计院. 中小学校设计规范：GB 50099—2011[S]. 北京：中国建筑工业出版社，2011.
[63] 中国建筑设计研究院. 住宅设计规范：GB 50096—2011[S]. 北京：中国建筑工业出版社，2011.
[64] 中国建筑科学研究院. 住宅建筑规范：GB 50368—2005[S]. 北京：中国建筑工业出版社，2006.
[65] 浙江省建筑设计研究院，恒尊集团有限公司. 办公建筑设计标准：JGJ/T 67—2019[S]. 北京：中国建筑工业出版社，2020.
[66] 中南建筑设计院股份有限公司. 商店建筑设计规范：JGJ 48—2014[S]. 北京：中国建筑工业出版社，2014.
[67] 中国建筑设计院有限公司. 旅馆建筑设计规范：JGJ 62—2014[S]. 北京：中国建筑工业出版社，2015.
[68] 中国建筑东北设计研究院有限公司，广厦建设集团有限责任公司. 墙体材料应用统一技术规范：GB 50574—2010[S]. 北京：中国建筑工业出版社，2010.
[69] 住房和城乡建设部工程质量安全监管司，中国建筑标准设计研究院.全国民用建筑工程设计技术措施：规划·建筑·景观：2009年版[M]. 北京：中国计划出版社，2010.
[70] 住房和城乡建设部标准定额研究所. 建筑幕墙产品系列标准应用实施指南[M]. 北京：中国建筑工业出版社，2017.
[71] 崔艳秋，吕树俭. 房屋建筑学[M]. 4版. 北京：中国电力出版社，2020.
[72] 王雪松，许景峰. 房屋建筑学[M]. 4版. 重庆：重庆大学出版社，2021.
[73] 唐海艳，李奇. 房屋建筑学[M]. 3版. 重庆：重庆大学出版社，2016.
[74] 金虹. 房屋建筑学[M]. 北京：机械工业出版社，2020.
[75] 胡向磊. 建筑构造图解[M]. 2版. 北京：中国建筑工业出版社，2019.

[76] 向新岸. 张拉索膜结构的理论研究及其在上海世博轴中的应用[D]. 杭州：浙江大学，2010.

[77] 米祥友. 新时代中小学建筑设计案例与评析：第一卷[M]. 北京：中国建筑工业出版社，2018.

[78] 米祥友. 新时代中小学建筑设计案例与评析：第二卷[M]. 北京：中国建筑工业出版社，2019.

[79] 米祥友. 新时代中小学建筑设计案例与评析：第三卷[M]. 北京：中国建筑工业出版社，2021.

[80] 苏笑悦，汤朝晖. 适应教育变革的中小学校教学空间设计研究[M]. 北京：中国建筑工业出版社，2021.

[81] 陈晓霞，吴双双. 房屋建筑学课程设计指南：含施工图[M]. 北京：中国建材工业出版社，2018.

[82] 中国建筑标准设计研究院有限公司，华通设计顾问工程有限公司，中冶建筑研究总院有限公司，等. 民用建筑通用规范：GB 55031—2022[S]. 北京：中国建筑工业出版社，2023.

[83] 应急管理部天津消防研究所，中国建筑科学研究院有限公司，江苏省消防救援总队，等. 建筑防火通用规范：GB 55037—2022[S]. 北京：中国计划出版社，2022.

[84] 北京市建筑设计研究院有限公司，清华大学无障碍发展研究院，中国信息通信研究院，等. 建筑与市政工程无障碍通用规范：GB 55019—2021[S]. 北京：中国建筑工业出版社，2022.